패션 디자이너를 위한

형태의 힘

패션 디자이너를 위한
형태의 힘

로셀라 밀리아치오 지음

음경훈 옮김

북스힐

6부
스타일리스트 백과사전

형태 사전

위대한 비율 게임

나는 몇 년 동안 이미지 컨설턴트로 일하였다. 그동안 다양한 나이, 피부색, 그리고 체형의 사람들을 만났다. 나는 신체의 표준화가 어떻게 고통을 낳는지, 도달할 수 없는 미(美)의 모델과 다르다는 생각이 얼마나 많은 사람들에게 불안감과 큰 고통을 일으키는지 생생하게 확인할 수 있었다. 많은 여성들이 광고 이미지를 보며 자신이 부적절하다고 느끼고, 매장에서 자신을 돋보이게 할 옷을 한 벌도 찾지 못해 실망하며, 패션 게임에서 배제되고, 자신이 잘못되었다고 생각하는 것을 보았다. 하지만 우리 중 아무도 잘못되지 않았으며, 그것은 패션의 획일성이라는 잘못된 개념일 뿐이다.

이 책을 쓰기 시작했을 때, 나는 곧 '인체의 형태'라는 주제를 다루는 접근법에 관해서 커다란 책임을 느꼈다. 우리는 광범위하고 포괄적인 방식으로 아름다움을 바라볼 수 있는 역사적 순간에 살고 있다. 나로서는 두 배의 도전이다. 이러한 새로운 경향에 기초한 '자기 몸 긍정주의'(body positivity, 자신의 몸을 있는 그대로 받아들이고 사랑하자는 주의) 개념은 이미지 컨설턴트를 좋은 시각으로 보지 않는다. 역사적으로 고정관념에 따라 다양한 체형으로 분류하는 경향이 있기 때문이다. 나 자신도 이러한 방법으로 이 주제에 대한 연구를 시작했지만, 시간이 흘러 가르치는 입장이 되면서 접근 방식과 방법을 바꾸었다. 나는 사람들이 스스로를 변화시키는 데 도움을 주는 것이 어떤 의미가 있는지 자문하게 되었다. 그들의 강점, 즉 독특성에 더 가치를 두고 자신의 신체에서 좋은 느낌을 가질 수 있도록 돕는 편이 낫지 않을까? 궁극적으로 이것이 매력의 비밀이 아닐까?

이 책은 옷장에서 어떤 옷을 꺼내 입을지, 또는 쇼윈도에서 보았던 멋진 옷을 입어보는 것 이상의 것을 완성할 수 있게 해주는 안내서 이상의 의미를 갖고 있다. 이는 진정한 선언문, 즉 형태를 숨겨야 하고, 기준은 되지만 따라잡을 수 없는 모델을 가능한 한 가장 닮아가야 한다는 생각에 반하는 반란의 증서다. 따라서 먼저 이 책에서 찾아볼 수 없는 것들부터 이야기하겠다.

여기서는 따라야 할 아름다움의 기준을 다루지 않을 것이다. 단점이 아니라 특징에 관해 이야기할 것이다. 여기에는 규율(규칙)은 없지만, 우리와 우리 몸, 우리의 강점을 받아들이고 가치를 부여할 수 있는 것들에 대한 조언이 있다. 여러분에게 위대한 비율 게임을 가르쳐줄 것이지만, 그것을 이끄는 것은 바로 여러분이다. 여러분에게 컷과 디테일, 색상과 직물을 보여줄 것이고, 놀라운 시각적 착시를 창조해낼 수 있는 방법을 알려줄 것이다. 여러분은 옷이 잘 맞지 않을 때 그것이 우리 몸의 문제가 아니라, 우리 신체의 형태를 잘못된 용기에 억지로 집어넣고 있는 것이므로 나에게 맞는 형태의 용기를 찾기만 하면 된다는 것을 알게 될 것이다. 그 용기는 모두를 위해 존재한다. 몸에 맞는 옷이 되어야지 그 반대가 아니기 때문이다.

이 책에서는 다양성(variety)이라는 개념을 극복하여 또 다른 접근법인 다름(diversity, 누구와 다름?)이라는 개념을 제안하고자 한다. 자연은 우리 몸에 대해서 형태의 무한한 다양성을 상상해 냈고, 원형이 존재하지 않기 때문에 그중 어떤 것도 옳거나 잘못된 것은 없다. 이러한 나의 새로운 모험 정신은 때로는 아름다움의 개념을 최소화하거나, 심지어 악으로 취급하는 경향이 있는 새로운 이론들을 다시 생각해 보는 것이기도 하다. 나는 아름답다고 느끼는 욕망은 경박하지도 피상적이지도 않다고 확신한다. 의상, 액세서리, 신체를 다루는 것은 놀랍도록 빛나는 차원을 포함하고 있으며, 이는 우리 모두의 권리이다. 미적 감각과 조화를 추구하는 것은 인간의 본성이다. 러시아의 문호 도스토예프스키가 말한 것처럼 아름다움은 '세상을 구할 것'이기 때문이다. 문제는 아름다움을 하나의 기준으로 정의하고 분류하려고 할 때, 타인을 기쁘게 하기 위해서 무언가를 따를 때 발생한다. 우리 몸을 우리가 살고 있는 집이라고 상상해 보자. 때로 우리는 손님을 위해 아름답게 꾸미지만, 실제로는 무엇보다도 아름다움을 직접 즐기기 위해 우리 몸을 가꾸고 있는 것이다. 혼자 있어도 테이블 중앙에 꽃다발을 놓는 우리의 단순한 행동은 주변 환경과 우리 마음까지도 따뜻하게 해준다. 이와 마찬가지로 의식적으로 우리 신체에 가치를 두고 귀중하게 여기는 것은 무엇보다 우리에게 유익하다. 우리가 진정 누구인지를 표현할 수 있게 해주고, 소수에만 인정되는 표준을 준수해야 하는 의무로부터 벗어나게 해준다.

아름다움이란 무엇일까? 그것은 가장 다양한 형태로 표현될 수 있고 지리적·시간적 제한이 없는 조화이다. 19세기 누드화 및 고전

회화의 사실적이고 아름다운 형태를 생각해 보자. 그림 속에서 아름다움을 인식하는 것처럼 우리는 왜 자신을 비추는 거울 앞에서는 아름다움을 보지 못할까? 우리는 왜 컴퓨터로 보정한 사진과 비교하며 스스로를 자책하고 실제로는 화가가 그린 그림과 닮아 있다는 자부심을 느끼지 못하는 것일까?

나와 함께 이 매혹적인 세계를 발견해 보자. 우리는 예술의 천재성뿐만 아니라 기하학의 원리에서도 영감을 받을 것이다. 아름다움은 저울의 숫자나 옷에 부착된 라벨과는 아무런 관련이 없다. 아름다움은 오직 비율의 균형, 즉 몸무게나 사이즈의 문제가 아니라 형태의 문제이기 때문이다.

1부

비율의 문제

마리안나 이야기

마리안나와 함께하는 컨설팅은 정말 밀고 당기는 과정의 연속이었다. 마리안나는 약속을 잡기 위해 내게 메일을 썼지만 곧 취소했고, 그 후 시간을 갖고 다시 문의 메일을 보내왔다. 그 뒤 마리안나는 결심을 했다가 다시 취소했고, 몇 달이 지난 뒤 마침내 나타났다! 나는 절대로 강요하지 않았는데, 이는 이러한 과정이 외부 영향이나 압력이 없는 의식적인 선택이 되어야 한다고 생각했기 때문이었다.

우리가 마침내 만났을 때, 나는 마리안나가 가졌던 의심의 원인을 이해했다. 마리안나는 매우 예뻤지만 표정이 어둡고 낙담한 듯 보였다. 그녀는 결혼식을 준비해야 했는데 전혀 확신이 들지 않았다. 손을 가만히 두지 못했고, 눈동자는 계속 동요하고 있었다. 나는 마리안나가 이야기하게 그냥 두었는데, (가족 경영 회사 내에서 좋은 직책을 맡고 있고, 능력 있는 약혼자에 본인 소유의 멋진 주택이 있는) 완벽한 인생처럼 보이는 그녀의 인생 뒤로 불편함이 커지고 있는 것 같은 느낌을 받았다. 마리안나의 친구들도 "너는 그렇게 말랐는데 무슨 불평을 하니? 뭐든 너한테는 다 어울려!"라며 그녀를 놀려댔다. 마리안나는 만족하지 못할 것이 하나도 없었지만, 결혼식에서 더 '매력적'으로 보일 수 있기를 바랐기 때문에 그런 표정을 드러낸 것이었다.

나는 뭔가 더 있을 거라고 생각했다. 그리고 며칠 뒤 두 번째 만났을 때 나는 그 나머지 이야기를 모두 알게 되었다. 마리안나는 고등학교와 대학교 시절 매우 개성 있는 스타일로 자신의 중성적인 몸매에 맞춰 스타일링을 했다. 그 후 그녀가 남편이 될 사람과 연인이 되었을 때, 여성스러운 룩에 대한 그의 요구와 더욱 매력적인 여성이 되기 위해 변하기 시작했다. 마리안나는 이전에는 문제가 되지 않았던 것이 차츰 비판의 원인이 되었다고 털어놓았다. 사실 마리안나의 약혼자는, 예를 들면 그녀와 전혀 다른 매력적인 여배우들의 미모에 대해 이러쿵저러쿵 평을 늘어놓을 뿐만 아니라, 급기야 결혼 선물로 가슴 크기를 약간 키우는 성형 수술을 하는 것이 어떻겠냐고 묻기에 이르렀다. 정말 끔찍한 일이지만, 그런 일은 사람들이 생각하는 것보다 더 일반적으로 발생한다.

마리안나는 의심이 들기 시작했다. 자신이 잘못되었다면 여성스럽다는 말을 들을 '더 많은' 형태를 찾는 게 옳지 않을까 하는 생각이 들었다. 마리안나가 나에게 대학 시절 사진을 보여주었을 때, 나는 진정할 수가 없었다. 짧은 머리가 마리안나에게 무척 잘 어울렸으며, 시가렛 팬츠 또한 다리를 굉장히 가늘어 보이게 했다. 나는 마리안나가 자기 자신보다는 다른 사람들에게 맞는 스타일을 만들어 가고 있다는 것을 알았다. 그렇게 마리안나는 연인의 요구에 따라 머리카락을 기르고 자신에게 전혀 어울리지 않는 더욱 여성스러워 보이는 옷을 구입했다. 나는 마리안나에게 그러한 사실을 알려주었고, 처음으로 그녀가 미소 짓는 것을 보았다. 그리고 마리안나는 말했다.

"그래요, 제가 정말 예뻤네요."

우리가 여러 가지 웨딩드레스를 착용해 보러 갔을 때, 정말 중요한 그날 마리안나가 어떤 옷을 입고 싶은지 찾게 되었다. 그녀에게 가장 잘 어울리는 드레스는 광택이 있고 볼륨감이 있는 원단의 드레스였다. 우리는 오랫동안 여러 가지 드레스를 살펴보았고 마침내 공작부인 실크 드레스를 골랐는데, 이 드레스는 그녀를 아주 잘 드러내 주었다. 마리안나는 그 드레스를 구입했고 매우 만족한다고 말했다. 나는 그녀가 진실을 모두 이야기하고 있지 않다는 느낌이 들었지만, 마리안나에게 나중에 결혼식 소식을 들려 달라고 말하며 인사를 나눈 후 헤어졌다.

몇 달 뒤 마리안나가 나를 찾아왔을 때, 나는 믿을 수가 없었다. 대학 시절에 찍은 오래된 사진 속 마리안나가 내 앞에 있었기 때문이었다! 마리안나는 다른 사람들을 만족시키기 위해 입었던 옷을 전부 버리고 과거의/새로운 모습을 되찾았던 것이다. 그녀는 정말 좋아 보였는데, 확신에 차고 아름다우며 살아 있는 눈빛을 하고 있었다. 현재 마리안나는 런던에 살고 있으며, 가족 경영 회사를 떠나 더 성숙한 사람이 되고 자기 자신에게 투자하기 위해서 석사 과정을 수강하고 있다고 한다.

"그럼 결혼은?" 나는 마리안나에게 물었다. 마리안나는 미소를 지으며 약혼자와 헤어졌다고 했다. 마리안나는 약혼자를 만나기 위해 자기 자신, 즉 자신의 룩, 직업, 관점에서 멀어지고 있었다는 것을 깨달았다고 말했다.

"선생님이 내가 가지고 있던 꿈과 원하던 인생을 되찾게 해주셨어요. 그와 함께가 아니라."

아름다움은 무엇보다 먼저 자유로움이며, 자기 자신으로 존재하는 기쁨이다.

1
형태의 조화

황금비에서 비트루비안 맨까지

갈릴레오 갈릴레이는 "자연이라는 책은 기하학 문자들로 쓰여져 있다"라고 말했다. 실제로 꽃, 식물, 조개, 동물 그리고 인간의 몸을 관찰해 보면 창조물의 특별한 조화에 놀라지 않을 수 없다. 이 모든 자연의 형태들은 본질적으로 다른 방식으로 자신을 드러내고 있지만 자연 현상에서 놀라운 빈도로 나타나는 수학적 관계를 숨기고 있는데, 이는 1.618033…에 해당하는 숫자로 표현된다.

이 숫자는 φ(그리스어 phi)로 나타내는데, 기원전 3세기에 유클리드에 의해 정의되었으며, 우주 전체를 규제하는 초지구적 완벽함이라는 특징을 나타내기 위해서 고대부터 '황금비' 또는 '신의 비율'이라는 이름으로 불려졌다. 이탈리아 수학자 피보나치는 13세기에 수많은 자연 현상의 특별한 형태를 판독할 수 있는 수열, 즉 '피보나치의 수열'을 만들었다. 우리는 이 비율을 꽃잎의 수와 각도, 솔방울의 포엽, 조개껍데기 모양, 동물 발자국, DNA 분자처럼 무한히 작은 형태와 은하계의 나선 팔과 같이 무한대로 큰 형태에서도 볼 수 있다.

어떻게 모든 것이 한 동일한 숫자로 규제되는지 놀랍다. 물리학, 화학, 동물학, 해부학, 천문학 같은 소위 '정확한' 과학이 그것을 확증해 준다.

이 조화의 원리에 대한 연구는 항상 학문의 대상이었고 예술과 건축, 그리고 음악에까지 반영되었는데, 과거의 위대한 작품들은 자연이라는 모델을 관찰하고 모방하는 미적 규범(기준)과 과학적이고 수학적인 비평의 숭고한 통합이기 때문이다. 이 선택이 의도적이었는지 확인할 수 없지만, 여러 시대와 지역의 많은 작품들이 동일한 '황금비'에 기인하는 비율을 가지고 있다는 점에서 놀라움을 주고 있다. 스톤헨지의 거석, 이집트 피라미드, 아테네 파르테논 신전, 볼리비아 태양의 문, 파리의 노트르담 대성당, 밀라노 두오모 대성당뿐만 아니라, 국제연합기구 건물 및 뉴욕 구겐하임 박물관 또한 그러하다.

예술 분야에 있어서 우리는 어떻게 이미지 구성의 필수 요소, 얼굴의 대칭 관계나 체적 분포가 황금비 원리에 따라 설계되는지 그 훌륭한 예들을 볼 수 있다. 레오나르도 다빈치, 도나텔로, 베르나르디노 루이니, 산드로 보티첼리, 피에로 델라 프란체스카 같은 르네상스 예술가들의 작품에서뿐만 아니라, 폴리클레이토스, 미론 그리고 페이디아스와 같은 고대 조각가들에게서도 그러한 예들을 찾을 수 있다. 큐비즘과 추상주의의 가장 최근 경향에서도 발견할 수 있다. 예를 들어 몬드리안의 작품에서는 회화 주제의 구성이 황금 비율에 따라 배열된 3원색의 선과 직사각형으로 표현된다.

오늘날 완벽한 비율을 구체화한 것처럼 보이는 이 마법의 숫자는 다양한 물건(예를 들어 신용카드는 황금 비율의 직사각형임)의 정보학(컴퓨터 과학), 사진 및 디자인에서 참고되고 있다. 그러므로 나는 여러분을 초대하여 이 매력적인 개념을 심화시키기고자 한다. 자연은 우리가 영감을 얻을 수 있는 가장 큰 예술가로서의 감각을 우리에게 제공해 주기 때문이다.

이 책의 주제로 돌아가서, 여러분은 우리가 어디로 향하고 있는지 알아챘을 것이다. 이 모든 이야기는 각자 다른 형태를 가진 인체의 완벽함과 아름다움에 관해 여러분이 생각해 볼 수 있도록 하기 위한 것이다. 《색깔의 힘(Armocromia)》에서와 같이 나는 아름다움의 개념을 탐구하기 위해서 다시 한번 조화의 개념과 수학과 자연의 규칙을 활용하고자 한다.

레오나르도와 그의 황금비 및 인체의 묘사를 향한 집념에 대해 우리는 무한한 감사의 마음을 갖는다. 그는 시체를 발굴해 골격의 정확한 비율을 측정하고 신체 각 부분의 길이 가운데 미학적으로 가장 좋은 비율을 찾았다. 이 피렌체의 천재는 로마시대의 건축가 비트루비오의 인체 비율에 관한 연구에서 영감을 얻었으며, 다양한 부분이 그들 사이에서 φ의 관계로 있다는 것을 처음으로 보여주었다. 비트루비안 맨(Vitruvian Man)을 묘사하면서 레오나르도는 원과 사각형이라는 기하학적 도형 안에 인간을 넣었으며, 황금 숫자에 따라 남자의 키와 배꼽을 통과하는 직선의 교차점에서 얻은 세그먼트의 비율을 정립했다.

여성 신체 묘사에 있어서 황금비의 예로 보티첼리의 비너스가 있다. 몇 가지 더 언급하자면 프락시텔레스의 아프로디테, 아크로폴리스 아테네의 에렉테우스 카리아티데스, 그리고 피레아스의 아테나 청동상 등이 있다.

우리는 인체의 완변함을 다음과 같이 다양한 비율에서 발견할 수 있다.

- 전체 신장과 배꼽에서 지면까지 거리의 관계
- 팔 길이와 팔꿈치에서 손까지 길이의 관계
- 골반부터 측정한 다리 길이와 골반에서 무릎까지 길이의 관계
- 어깨에서 배꼽까지 거리와 어깨에서 이마까지 거리의 관계
- 약지(넷째 손가락)와 가운뎃손가락의 관계

이 모든 관계는 1.618이라는 황금비에 상응하며, 이는 인간의 얼굴의 조화에도 적용될 수 있다. 즉 눈, 코, 턱, 입, 이마의 비율은 각각의 길이와 높이의 관계처럼 φ 값에 상응한다.

여러 보디 셰이프(body shape: 아름다운 6가지 다양한 신체 형태로, 이에 대해서는 3부 참고) 또한 이 계산을 적용할 수 있다. 역사적으로 예술과 패션에서 소위 '모래시계형' 실루엣에 대한 특정한 선호를 찾아볼 수 있다. 한때 미인대회에 나온 여성들의 유명한 90-60-90 치수를 보자. 이 숫자들을 서로 연관시켜 보면 90/60 = 1.50임을 알 수 있는데, 이는 황금 숫자 1.618에 매우 근접하다. φ에 이르기 위해서 우리는 97/60 비율을 고려해 봐야 한다.

그러나 잘 알다시피 유행은 돌고 돈다. 예를 들어 현재는 잘 알려진 것처럼 직사각형 형태가 더 유행하고 있다. 그러니 얼마 뒤 어떤

형태가 연단에 오를지 누가 알겠는가? 여기서 말하고자 하는 것은, 분명히 이 계산이 준수해야 할—우리가 이미 충분히 가지고 있다고 할 수 있다!—완벽함의 또 다른 기준이기를 바라지 않는다는 것이다. 오히려 관점을 넓혀서 아름다움은 자연의 완벽한 계획만큼이나 인체에 깃들어 있기 때문에 하나의 표준이나 지나가는 유행에 묶일 수 없다고 생각해야 한다. 기하학에 관한 이러한 관점은 우리가 형태 안에서 조화의 개념을 모으는 것을 배우고, 그리하여 우리에게 맞는 의상과 액세서리를 선택하는 법을 배우게 도와주는 좋은 출발점이 될 수 있다.

따라서 이하에서는 여러 관점에서의 아름다움에 대해 살펴보고, 왜 신체 사이즈나 몸무게와는 관련이 없는지, 그리고 비율의 조화만이 관련이 있는지 함께 알아보고자 본다.

황금 숫자와 신성 비율

비율과 라인은 스타일링과 의상 및 액세서리 선택에서 매우 유용하며, 선택의 최종 목표를 추구하기 위해서도 유효하다. 그 목표는 의상 사이의 조화를 이루는 것이지만, 또한 의상과 그 의상을 입을 몸의 조화를 만드는 것이기도 하다. 우리는 고대 예술가들(이들에 관해서는 4부 참고)로부터 영감을 받아 황금비의 기본이 되는 조화의 원리를 활용할 수 있다. 인간의 눈이 1:1이 아닌, 즉 두 부분이 정확히 동일해 보이지만 약간 차이가 있는 1.618이라는 비율에서 조화롭게 느낀다는 것을 알고 있다.

이 추론은 매우 추상적이고 복잡해 보일 수 있지만 실제로는 아주 간단하며, 우리가 의문을 풀거나 설명할 수 없는 직감을 확인하는 데 도움이 된다. 그러면 먼저 일상에서 구체적으로 이해하기 위해 옷장에서부터 시작해 보겠다. 우리 옷장에 있는 아웃핏, 즉 상하 한 벌로 된 슈트에서부터 시작해 보자. 짧은 스커트에 짧은 재킷(1:1 비율)이 어울리기는 어렵다. 긴 스커트에 짧은 재킷이 훨씬 낫다. 다시 말하면 다음과 같은 비율이다.

$$a : b = (a + b) : a$$

이 비율에서 두 부분(a : b)의 길이 비율은 선분 전체 길이(a + b)와 더 긴 부분(a)의 길이 비율과 같다.

계속해서 다른 예를 더 들어보자. 재킷과 팬츠 한 벌을 보면, 긴 재킷과 시가렛 팬츠 또는 반대로 짧은 재킷과 긴 판타롱 팬츠를 매치하면 더욱 효과적이며 균형을 이룬다.

원피스와 겉옷을 생각해 보자. 길이가 짧은 원피스에는 무릎까지 오는 코트나 더 긴 코트가 잘 어울린다. 그러나 길이가 긴 롱 드레스의 경우에는 모피나 데님 소재의 짧은 재킷이 더 쉽게 매치된다. 이브닝드레스의 경우에도 마찬가지다. 사실 보통은 망토 같은 외투나 짧은 볼레로를 입는 편이 더 낫다.

이것은 무릎 길이 코트 밑으로 내려오는 종아리 길이 드레스의 경우 우리가 절대 받아들이지 못하는 이유를 설명하고 있다. 두 가지 선택지가 있다. 중간-긴 길이의 드레스에 비율을 맞춘 짧은 재킷을 고르거나 드레스 밑단 전체를 덮는 충분히 긴 코트를 선택하는 것이다.

수직선에 대해 자세히 다루기 전에 기하학적인 규칙을 언급하고 싶지만, 그렇다고 해서 우리가 그것들을 엄격하거나 구속력이 있다고 간주한다는 것을 의미하지는 않는다. 이 장(그리고 이 책 전체)의 의도는 자신만의 독창성을 잘 살리고 규칙을 강요하지 않는 비율의 비밀을 함께 발견하는 것이다. 그리고 독창성에 관해서는 개인의 스타일을 절대로 잊어서는 안 된다. 이는 정해진 규칙을 따르지 않는, 독특한 영혼을 가진 여성에게 자신의 고유한 독창성을 표현하는 방법이기 때문이다. 파격적인 컷들로 이루어진 패션을 선보인 영국의 여배우 헬레나 본햄 카터(Helena Bonham Carter)를 생각해 보라. 비율(그리고 색채) 면에서의 특이성은 이 배우의 개성과 놀라운 조화를 이루고 있다.

모든 시대에 패션 자체도 비율에 맞지 않는 의상이나 액세서리를 제안하기도 한다. 이들은 일종의 스타일 연습이며, 균형을 깨거나, 더욱 대담한 스타일을 전달하거나, 이제는 식상해 하는 대중을 놀라게 하기 위한 것이다. 이것들은 유행이며, 그만큼 일시적이다. 《색깔의 힘》에서 강조한 것처럼, 패션은 표준화되는 경향이 있고 한 개인의 고유성을 고려하지 않기 때문에 이미지 컨설팅에 반(反)한다.

수직선, 대각선 그리고 곡선

그럼 선(라인) 분석으로 들어가 보자. 선은 형태와 스타일을 살리는 데 핵심적인 지렛대가 된다. '선'이라는 단어는 점 A에서 점 B에 이르는 방향 또는 움직임을 묘사하기 위해 사용되는데, 이러한 선은 직선, 곡선 또는 직선과 곡선의 조합일 수도 있다.

그 비밀은 인간의 눈이 어떻게 작동하는지 이해하여 눈을 속이는 법을 배우는 데 있다. 눈은 직선이나 곡선 또는 중단된 선을 따라 대충 훑어보는 데 각기 다른 시간이 걸린다. 시선은 스캐너와 같다. 따라서 직선을 따라가면 형체를 더욱 빠르게 스캔할 수 있으며, 더 빠르게 형체를 읽을수록 더 작게 인식한다.

수직선은 형체를 더 길어 보이게 하는 것 외에 마르게 보일 수도 있다. 수직선은 인간의 눈에 가장 쉽게 읽혀지며 중단되지 않으므로 한눈에 전체적으로 형태를 보게 해준다. 반면 선이 끊어지거나 수평선으로 중단되면 이러한 종류의 스캔은 차단된다. 이런 식으로 눈은 이미지를 더 넓게 인식할 뿐만 아니라, 우리가 숨기고 싶었던 세부 사항에도 집중할 수 있게 한다.

따라서 만약 목표가 실루엣을 길게 보이게 하거나 늘씬하게 보이게 하는 것이라면 수직선에 집중하는 것이 좋다. 반대로 볼륨 있는 실루엣을 원한다면 수평선을 이용하면 된다.

먼저 실루엣을 연장하는 효과를 만드는 수직선부터 알아보자. 당연히 핀스트라이프나 줄무늬 패턴뿐만 아니라 세로 스티치(바느질), 주름, 다트, 단추 선 그리고 가슴을 따라 밖으로 길게 걸친 스카프 같은 것들이 포함된다. 여기서 선은 어떤 방향으로 눈을 이끄는, 또는 형태를 빠르게 인식하게 하는 움직임을 말한다.

색층으로 중단되지 않은 모든 것은 수직으로 간주할 수 있다. 그런 의미에서 톤 온 톤(tone on tone) 룩이나 나누어지지 않은 단색 드레스도 수직성을 나타낼 수 있다. 수직선의 이 기능을 연장하려는 특정 부분에도 역시 적용할 수 있다. 예를 들어 시각적으로 다리를 길게 보이게 하려면 바지와 같은 색 부츠를 선택하거나, 중간에 끊어짐 없이 양말과 같은 색 신발을 선택하는 것이 유용하다.

선이 가지고 있는 마법의 힘을 이해하기 위해서 다음 두 실루엣을 관찰해 보자. 이 두 실루엣은 완전히 동일하지만, 형태를 더 길고 가늘어 보이게 하기 위해서는 오른쪽 실루엣의 원피스에 있는 수직선이면 충분하다.

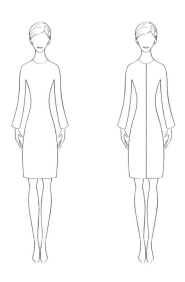

수직선과 비슷하게 길어 보이는 효과를 내는 대각선은 특히 시각적으로 선을 숨기는 것이 아니라 선을 강조하는 것을 목표로 하며, 곡선이 더 많은 곳에 적당하다. 이 경우 대각선은 사선 패턴을 의미하는 것뿐만 아니라 비스듬한 드레이프, 원단의 측면, 크로스 드레스, 한쪽 어깨 네크라인, 그리고 주름, 절개, 솔기 등 대각선으로 작용하는 모든 것을 의미한다.

웨딩드레스나 이브닝드레스 같은 여성의 곡선을 강조하는 이상적인 의상은 보통 원단이 가로지르는 휘장처럼 드리워져 있다. 대각선이 신체 전체에 조화를 이루게 하면서 자연스러운 곡선과 일치하는 일종의 트위스트를 만들어 내기 때문이다. 따라서 형태를 훼손하고 형체가 없는 큰 셔츠 아래 전체 실루엣을 숨기는 것보다, 주름이나 가벼운 드레이프로 허리선을 강조하는 것이 훨씬 더 전략적이다.

한편 수직, 수평 그리고 대각선 방향을 가질 수 있는 곡선의 경우 이들을 구별하는 것은 '파동'의 움직임이다. 플로럴 패턴, 프릴, 장식 주름, 직물에 따라 만들어진 주름과 겹침 등이 다뤄질 수 있다. 이러한 종류의 선들은 부드러움을 주기 때문에, 특히 상체가 마른 체형이나 볼륨을 만들거나 확장하려는 사람들에게 유용하다.

수평선과 포컬 포인트

앞서 수직선의 장점을 주장했기 때문에 수평선을 사용하는 것이 의미가 없는 것처럼 보일 수도 있다. 아니다. 수평선은 신체의 한 부분을 넓히거나 줄이기 위해서, 또는 신체의 다른 부분들과 균형을 이루게 하기 위해서 매우 유용할 수 있다.

내가 말하는 것은 신체 형태의 조화를 이루고자 하는 데 그 목적이 있는 것이지, 결함을 바로잡는 데 있지 않다는 것을 기억하라. 나는 어떤 경우에는 명확하게 보이는 특정한 특징에 집중하는 대신에 윤곽을 균형 있게 조절하는 것을 선호한다. 예를 들어 가로 줄무늬가 있는 스웨터는 어깨가 작거나 엉덩이 선이 부드러운 경우 잘 어울리는데, 시각적으로 가슴을 넓혀주기 때문에 실루엣의 균형이 더 잘 잡히기 때문이다.

가로 줄무늬를 말할 경우 줄무늬 스웨터뿐만 아니라 허리띠, 발목 스트랩, 높이 올라오는 칼라, 그리고 우리 몸 위에 걸치는 다른 많은 수평선들도 해당한다. 스커트나 바지에 대조되는 스웨터를 입을 때 생성되는 색상의 대비도 수평선으로 볼 수 있다.

이제 수직선에 의해 생성되는 시각적 효과를 보자. 면적과 둘레가 모두 똑같은 직사각형 2개가 있다. 왼쪽 직사각형이 더 길어 보이는데, 분명한 분리가 없기 때문에 더 빨리 눈에 들어오게 된다. 반면 오른쪽 직사각형은 여러 번 끊어져 있기 때문에 더 넓고 전체적으로 더 짧아 보인다. 실제로 왼쪽 직사각형에도 수평 밴드가 있지만 톤 온 톤으로 연결되어 있어 색 연속성을 생성하고 있기 때문에 수평 밴드를 강하게 보지 않고 심지어 전혀 신경 쓰지 않는다.

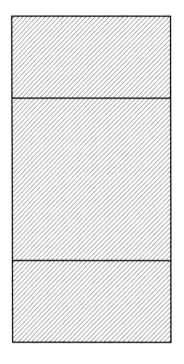
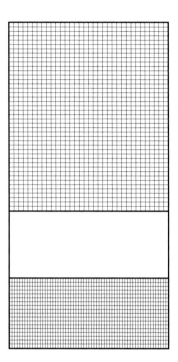

이제 다음 두 실루엣을 보자.

앞서 본 직사각형과 마찬가지로, 완전히 똑같은 형체이지만 왼쪽은 중간에 분리가 되지 않는 한 벌로 된 원피스를 입고 있고, 오른쪽은 옷이 분리되어 있어 시각적으로 중단되기 때문에 덜 날씬해 보인다. 그뿐 아니라 잘 살펴보면 수평선이 여러분의 시선을 거침없이 끌어당긴다는 것도 알 수 있다. 사실 분리가 있는 곳에서는 소위 '포컬 포인트(focal point)', 즉 관심의 초점이 생성된다.

어떻게 작동하는지 알아보자. 우리는 길을 걸을 때 보통 무의식적으로 앞서 걷는 사람들의 엉덩이를 보는 경향이 있다. 우리의 눈이 분리된 곳 또는 바지 위 셔츠의 수평선 위에 머물기 때문이다. 이와 달리 시선이 머리카락에 닿을 때가 있는데, 머리카락이 길면 재킷 위에 분리를 생성하고 이것이 '포컬 포인트'가 되기 때문이다.

아름다운 발목을 강조하고 싶다면 스트랩이 있는 신발을 선택할 것이다. 또한 허리에 집중하고 싶다면 의상과 대조되는 벨트를 허리에 두를 것이다. 시각을 다른 곳으로 돌리기 위해서 신체의 한 부분에 포컬 포인트를 생성하는 것도 가능하다. 엉덩이에서 허리로 주의를 옮기기 위해서는 허리에 벨트를 두를 수 있다. 이는 신체의 다른 모든 부위에서도 동일하게 적용된다.

신체의 한 부분이 두드러지게 보이지 않기를 바란다면 재킷, 셔츠, 스커트 등등 모든 의류의 밑단이 신체 위로 떨어지지 않아야 한다. 바로 전에 멈추거나 최대한 바로 다음으로 이어져야 한다. 반대로 신체의 한 부분을 강조하기를 바란다면 옷의 밑단은 정확히 그 자리에 떨어져야 한다.

우리는 종종 인식하지 못한 채 덜 좋아하는 신체 부위에 바로 그러한 색상 분리를 만들고 있다. 가장 눈에 띄는 것은 엉덩이를 가리기 위해서 셔츠를 엉덩이 위로 길게 늘어뜨리는 것이다. 옷매무새를 정돈하기 위해서, 수줍어서, 또는 불편하게 느껴서 엉덩이를 가리려고 자주 셔츠를 잡아 내리는 행동을 한다. 편안하게 느끼려고 하는 그 행동이 나도 모르는 사이에 숨기려는 부분 위로 포컬 포인트를 가져다 놓는 것이다. 그곳이 바로 우리가 수평선을 가져다 두는 곳이다. 하지만 시선을 허리로 돌리게 하므로 셔츠를 바지 안으로 넣는 편이 훨씬 더 효과적이다. 또한 수평선 대신 수직선을 선호하도록 색채 연속성에 더 많이 치중하게 할 수 있다. 바로 그래서 (도덕적으로뿐만 아니라) 기술적으로 어째서 우리 몸을 가치 있게 표현해야 하는지 설명한 것이다!

또한 셔츠와 바지 사이의 색채 분리는 (적어도 시각적으로) 상체의 끝과 다리의 시작을 구분한다(즉 경계를 정한다)는 점을 고려해야 한다. 그 분리가 높은 곳에 있으면 무게중심을 높이고, 반대로 낮은 곳에 있으면 무게중심을 낮춘다. 이 경우 또한 절대적으로 옳고 그른 선택은 없다. 이 선택이 우리의 비율에 맞는지 이해하고 의식적으로 그 잠재성을 이용하는 것이 중요하다.

T 규칙

수평 비율과 수직 비율은 서로 연결되어 있으며 서로 영향을 미친다. 앞선 비교에서 수평적 중단이 신체를 넓히는 것 외에도 눈으로 이미지를 스캔하는 속도를 늦추기 때문에 시각적으로 짧아 보이게 한다는 것을 알았다.

'T 규칙'으로 이 상관관계를 설명할 수 있다. 다음 두 T자 중에서 왼쪽에 있는 T자가 너무 넓어 보인다. 이 문자의 균형을 잡기 위해서 무엇을 해야 할까? 오른쪽 T자에서 볼 수 있는 간단한 속임수를 쓰는 것이다.

T자를 수평에 국한하지 않고 수직으로 길게 늘렸고 그것만으로 T자가 균형을 찾았다. 사실은 넓이에 비례해서 길이를 조화시켰기 때문이다. 이 두 T자는 하나가 세로로 더 길 뿐 동일하다. 그런데 더 긴 T자가 더 비율이 맞기 때문에 더 좁게 보인다. 즉 절대적 사이즈의 문제가 아니라 상대적인 치수의 문제이며, 넓이는 항상 길이와 상관관계에 있는 것이다. 사이즈를 정하는 데에서도 이 비율을 참고할 수 있다. 의상 사이즈가 같은 두 사람이 키 또는 시각적으로 실루엣을 길게 보이는 방법 등에 따라 완전히 다른 인상을 줄 수 있다.

숫자는 절대적인 것이 아니다. 우리 신체는 표준 사이즈에 들어간다고 해서 아름다운 것이 아니라, 가늘든 풍성하든 상관없이 전체적으로 비율이 맞아야 아름답다. 때로는 신체가 이미 균형을 잘 이루고 있지만, 때로는 균형을 이루게 하기 위해서 작은 속임수를 몇 가지 쓰면 그만이다. 이 경우 T 규칙을 적용하면 유용할 수 있다.

계속해서 이제 거울을 보며 엉덩이 넓이를 절대 가치로 보지 않고 다리 길이와의 관계로 살펴보자.

앞서 엉덩이의 부드러운 선의 조화를 위해서 밖으로 내놓은 셔츠로 엉덩이를 가리지 말라고 제안한 바 있다. 이렇게 하는 것은 수평 단절로 포컬 포인트를 생성하는 것 외에 다리를 짧게 보이게 하며, T 그림에서 보듯이 그 짧음이 더 넓게 보이게도 한다. 그러므로 셔츠를 바지 안으로 집어넣고 판탈롱 팬츠로 다리를 더 길어 보이게 하는 편이 훨씬 낫다. 원형을 감추는 것이 아니라, 균형의 도움으로 원형을 돋보이게 해야 한다는 것을 기억하라.

이와 같은 방식은 대부분의 경우 단점을 바로잡는 데는 소용이 없지만, 신체의 자연적 특징을 살리거나 균형을 이루게 하는 데 유용하다. 비난받을 수 있다고 생각되는 부분을 긴 셔츠로 가리는 것은 오히려 이전에는 존재하지 않았던 단점을 만들 위험이 있다.

수직으로 작업을 하면 할수록 수평 부분을 덜어낸다는 것을 보여주는 또 다른 예는 어깨를 보면 알 수 있다. 양모나 깃털 등을 넣어서 어깨를 수평적으로 넓힌 옷은 목을 더 짧아 보이게 할 위험이 있다. V 네크라인 쪽으로 방향을 잡는 것이 바람직하며, 이렇게 하면 네크라인을 수직화해서 균형을 잡을 수 있다.

가슴이 풍만한 사람은 V 네크라인과 긴 셔츠의 수직성이 효과가 있다. 바로 그 길이가 가슴의 수평적 볼륨을 덜어주기 때문이다. 반대로 상체를 짧게 하는 허리 위 높은 곳에 두른 벨트는 실루엣을 넓어 보이게 하며 아름다운 데콜테를 강조하지 않는다.

어떤 사이즈가 가슴이 풍만한 것으로 생각될까? 다시 한번 말하지만 절대적 사이즈를 말하지 말라. 항상 상대적 비율의 문제다. 이 경우 상체, 엉덩이 그리고 신체의 나머지 부분과 상대적인 관계가 중요하다. 따라서 수평 사이즈를 말할 때 신장에 비례해서 몸의 한 부분이 얼마나 넓은가를 고려해야 한다.

자연히 T 규칙은 그 반대에도 적용된다. 신체의 한 부분을 시각적으로 강조하고 싶다면 그곳을 넓히기만 하면 된다. 내 발이 길다고 가정하고 샤넬의 클래식 스타일의 발가락 부분이 대조되는 투 톤 구두를 선택하거나 또는 가로 끈이 달린 샌들을 선택한다면, 두 경우 모두 수평선이 신발의 수직성을 줄게 할 것이다. 무엇보다 발 자체가 T 규칙이 어떻게 작동하는지 가장 잘 보여주는 예다. 발만 가지고 그것이 길거나 짧다고 할 수 있을까? 그것은 다리와의 비율에 따라 달라진다. 250이라는 발치수는 키가 160cm인 사람에게는 긴 발이지만, 키가 180cm인 사람에게는 짧다고 할 수 있다. 항상 절대적인 사이즈는 중요하지 않으며, 모든 것이 비례의 문제라는 것을 기억하라!

2
높이와 무게중심

8등신의 무게중심과 규칙

고전적인 규범에 따르면 인체는 이상적으로 각각 머리 길이에 해당하는 8개의 부분으로 나눌 수 있다. 표준 사이즈를 말하는 것이 아니라, 머리가 실제 길이에 관계없이 측정 단위가 되는 비례 사이즈를 말한다. 어떤 부분인지 함께 살펴보자.

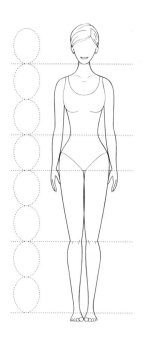

첫 번째 부분은 머리카락이 붙어 있는 부분부터 턱끝까지 잰, 머리 자체에 해당한다.

두 번째와 세 번째 부분은 턱끝부터 허리까지로, 배꼽과 항상 일치하지는 않아서 상체가 좁아지는 지점으로 생각하면 된다. 허리에 손을 대보면 쉽게 찾을 수 있는데, 몸을 옆으로 기울이면 몸이 구부러지는 곳이다.

네 번째 부분은 허리에서 바짓가랑이까지, 또는 서혜부나 치골까지다. 소위 '단절점'을 말하는데, 몸을 앞으로 굽히기 위해서 몸이 굽어지는 부분이다.

다섯 번째와 여섯 번째 부분은 가랑이에서 무릎 중앙까지다.

마지막 두 부분은 무릎 중앙부터 복사뼈까지에 이르는 다리 부분에 해당하는데, 뒤꿈치나 땅바닥까지가 아니라 발목(복사뼈) 바깥쪽에 있는 작은 뼈까지다.

곡선에서 숫자가 더해지거나 빼지는 것을 피하기 위해 단단한 자나 팽팽하게 잡은 줄자를 이용해 측정하는 것이 좋다. 또한 사진이 아니라 실제 사람을 측정해서 치수를 얻는 것이 좋다. 각도와 원근법은 실제 비율을 왜곡할 수 있기 때문이다. 아래에서 위쪽으로 찍은 사진은 사람을 더 커 보이게 하고, 위에서 내려 찍은 사진은 더 작아 보이게 한다.

8등신 형태는 회화나 많은 조각상에서 볼 수 있는 고전적 사이즈로, 디자이너들의 디자인에서도 마찬가지다. 그러나 진실을 말하자면 실제 사람은 6등신이나 6등신보다 조금 더 넘으며, 8등신에 이르는 사람은 정말로 드물다. 각각의 비율을 상세히 들여다보면 체질과 골격 구조에 따라 어떤 사람은 조금 더 길고 어떤 사람은 조금 더 짧다는 것을 발견할 수 있다. 만일 여러분의 몸이 정확히 8등신에 일치한다면 여러분은 진짜 극소수의 사람이다.

어떤 경우든 이 구분은 체형의 자연스러운 비율을 높이고 시각적으로 여기저기 몇 센티미터를 재조정하려는 목적에 맞게 의상과 액세서리를 선택할 때 유용한 자료이며, 다음 그림에서 볼 수 있듯이 아웃핏 자체에 더 조화롭게 매치하기 위한 좋은 참고 자료이기도 하다.

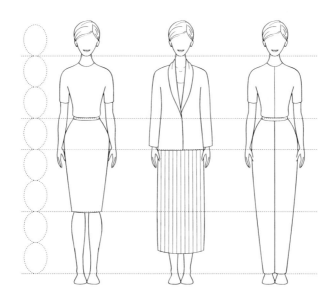

8개의 머리 유형을 통해 무게중심 개념을 도입하고 심화할 수 있는데, 이는 다리 길이에 비례해서 상체가 얼마나 더 긴지 이해하는 데 유용하다. 여기서 몸통은 턱에서 가랑이까지, 다리는 가랑이에서 복사뼈까지를 의미한다.

몸통 길이를 다리 길이와 비교하면 그 차이로 무게중심 유형을 추론할 수 있다. 몸통이 다리보다 몇 센티미터 더 길다면 무게중심이 낮고, 반대로 몸통이 다리보다 더 짧다면 무게중심이 높다. 편차의 센티미터는 또한 무게중심 자체의 측정을 나타낸다. 몇 가지 예를 들어보자. 만일 다리 길이가 몸통 길이보다 5cm 더 길다면 우리는 그 길이를 일종의 몸에 장착된 힐로 상상할 수 있다. 반대로 그 길이가 짧다면 이것이 우리가 최소한 몸통과 동일하게 하기 위해 신을 수 있는 최소한의 힐이라는 것을 의미한다.

　이 경우에도 무게중심은 키가 크거나 작은 것과 전혀 관련이 없다는 것을 다시 한번 강조하고 싶다. 역설적으로 아주 키가 큰 사람이 낮은 무게중심을 가질 수 있다. 즉 180cm 키라고 해도 신체의 다른 부위에 비례해서 다리가 짧을 수 있다. 이와 반대로 몸집이 작은 사람은 키가 작을 수 있지만, 체형에 비해 다리가 길다면 어쨌든 날씬해 보일 수 있다.

　다음 세 실루엣을 살펴보자.

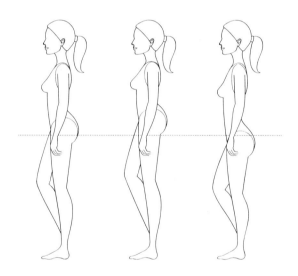

　첫 번째 실루엣이 평균 무게중심을 가지고 있음을 알 수 있는데, 몸통이 다리와 충분히 균형을 이루고 있기 때문이다. 두 번째 실루엣의 경우 무게중심이 높은데, 다리가 상체에 비해 길기 때문이거나 또는 상체가 다리에 비해 더 짧기 때문이다. 마지막으로 세 번째 실루엣은 낮은 무게중심을 가지고 있는데, 다리가 상체에 비해 더 짧기 때문이다.

　이 실루엣 모델의 키가 얼마인지 모르며 중요하지도 않다. 무게중심은 상대적인 매개 변수이며, 단지 몸의 한 부분이 다른 부분에 비해 얼마나 긴지 말해준다. 또한 잘 들여다보면 세 실루엣의 키가 같지만 무게중심이 높은 실루엣이 더 날씬해 보이는 반면, 무게중심이 낮은 실루엣이 더 작아 보인다는 것을 알 수 있다. 이것은 많은 키 큰 여자들이 플랫 슈즈가 어울리지 않는다고 느끼고, 많은 키 작은 여자들이 플랫 슈즈를 신고도 날씬한 체형으로 보이는지 설명해 준다.

　속옷 브랜드 빅토리아 시크릿(Victoria's Secret)의 유명한 '천사들' 가운데 한 명인 모델 알레산드라 앰브로시오(Alessandra Ambrosio)가 그 좋은 예다. 알레산드라의 키는 176cm인데 시각적으로 다리에 비해 상체가 더 길어 보인다. 그녀가 속옷을 착용하고 패션쇼에 나온 장면을 보면 어떻게 무게중심이 키는 같지만 비례적으로 다리가 더 긴 동료들보다 그녀를 더 작아 보이게 하는지 알 수 있다.

　그러나 다행스럽게도 우리는 쉽게 체형의 균형을 바로잡을 수 있으며, 알맞은 의상으로 눈을 속일 수 있다. 실제로 다리는 스커트 또는 바지가 분리되는 곳에서 시작하여 신발로 분리되는 지점에서 끝난다. 우리가 매일 일상생활에서 경험할 수 있는 낮은 무게중심을 완화시키는 간단한 방법은 셔츠를 바지 안에 넣는 것인데, 이는 상의와 하의 사이의 탈착점을 높여주기 때문이다.

　앞서 여러 번 언급한 바와 같이—이것은 정말로 중요한 기본적인 원칙이다!—모두에게 적용되는 일반 규칙은 존재하지 않는다. 예를 들어 상체가 매우 짧은 체형을 가진 사람의 경우 체형을 더욱 불균형하게 만드는 것이 의미가 없을 수 있다. 마찬가지로 가슴이 매우 풍만한 사람이라면 T 규칙에 따라 다리보다는 몸통을 늘리는 것을 선호할 수 있다.

무게중심의 위치는 맨눈으로도 보이며, 상체와 하체가 완벽하게 균형을 이룬 사람은 정말 극소수다. 더 뚜렷하게든 약간의 차이든 우리는 무게중심이 높거나 낮다. 몸의 더 짧은 부분은 보통 더 많은 무게를 축적하는 경향이 있다. 예를 들어 지중해 여성은 무게중심이 낮고 엉덩이가 풍만한 경우가 전형적이다. 이에 대해서는 나중에 체형에 대해 이야기할 때 더 자세히 설명하고자 한다. 지금은 두 유형의 무게중심과 관련된 분석과 조언에 집중하자.

낮은 무게중심

무게중심은 몸통에 비해 다리가 더 짧을 때 낮아진다. 낮은 무게중심을 '신체적 약점'이라고 폄하하기 전에, 이것은 사실 제니퍼 로페즈(Jennifer Lopez) 식의 가이노이드(gynoid) 체형의 전형적인 특징일 뿐만 아니라, 케이트 미들턴(Kate Middleton) 식의 키가 크고 날씬한 여성의 전형적인 특징임을 알아야 한다. 여기서는 몸통의 길이를 가져다가 다리에 주고 싶다면 어떻게 해야 하는지 알아보자.

진짜 비밀은 시각적으로 눈을 속이는 것이다. 시각적으로 다리는 스커트나 바지가 위쪽에서 분리되는 곳에서 시작하여 바지 밑단이나 신발이 분리되는 지점에서 끝나는 것처럼 보이기 때문이다. 이는 당연히 색채의 변화로도 생성될 수 있지만, 스티칭(솔기)이나 주름 또는 무게중심을 '이동'시키는 디테일로도 만들 수 있다.

일반적으로 대조되는 스티칭 또는 색상에 대한 언급이 없을 때 벨트를 추가할 수 있는데, 의상에 딸려 있는 벨트가 아니더라도 큰 도움이 된다. 옷은 특히 더 많은 연속성을 만들고 다리가 시작되는 위치에 대해 알 수 없게 해준다. 왕실의 결혼식 이후 드레스를 자신의 유니폼으로 만들기 위해서 바지를 포기했던 케임브리지 공작부인도 그것을 잘 알고 있었다.

가장 잘 작동하는 스타일은 허리를 강조하는 스타일이다. 크로스 또는 플레어 드레스뿐만 아니라 고전적인 튜브 드레스, 특히 1950년대 스타일의 드레스가 효과적이다. 허리를 강조하고 싶지 않을 때는 색채의 연속성을 활용하거나 바지 위로 셔츠를 한쪽만 내놓음으로써 대각선 라인을 만들 수 있다. 다리를 옆으로 길어 보이게 해주기 때문에 밑단의 균형을 맞추지 않은 셔츠나 탑 또한 매우 좋다. 그러나 1920년대식 칼럼 드레스나 허리선이 낮은 스타일은 추천하지 않는다. 이것은 외투에도 그대로 적용된다.

상의의 경우 바지나 스커트 안쪽으로 스웨터나 셔츠를 집어넣으면 시각적으로 몸통을 짧아 보이게 함으로써 비례적으로 다리가 길게 보인다. 중간-짧은 길이의 타이트한 스웨터도 마찬가지다. 엉덩이를 드러내는 것을 두려워하지 마라. 앞서 T 규칙을 다룬 부분에서 다리를 길게 하는 것만이 엉덩이의 넓이를 덜어낼 수 있다는 것을 알 수 있었다. 또한 레깅스 위에 입은 너무 긴 스웨터는 해당 영역에 정확하게 포컬 포인트를 만드는 수평선을 제공하여 좋지 않다.

신체 윗부분에 걸치는 액세서리를 포함한 그 어떤 것도 포컬 포인트를 위쪽으로 옮기는 것이 목적이다. 반대로 소매가 너무 길거나 엉덩이 위로 주머니가 낮게 달린 재킷과 카디건은 조심해야 한다. 반면 7부 소매 또는 살짝 집어넣은 소매는 완벽하다.

자루 모양(튜브형)이나 종 모양의 스커트로 다리를 가늘어 보이게 하기 위해서는 하이 웨이스트 스타일에 맞추면 된다. 미디 길이 스커트와 마찬가지로 긴 스커트가 신체를 작게 하는 것은 아니며, 오히려 신체를 수직적으로 보이게 할 수 있다. 중요한 것은 하이 웨이스트로 하고, 주름과 프릴이 너무 많지 않고 볼륨이 너무 풍성하지 않아야 한다는 것이다. 항상 수직 방향으로 작업하는 것이 좋다. 예를 들면 갈라진 틈을 만드는 것이다. 길이로는 무릎 길이가 권할 만하다. 미니스커트는 다리의 더 많은 부분을 보여줌으로써 대퇴골 지점의 불균형을 강조할 수 있다. 일단 허리선이 조정되면 작업의 반은 끝낸 것이다. (이 책 뒷부분의 '형태 사전'에서 유용하게 쓰일 수 있는 이미지 샘플을 보여주고 있다.)

바지는 하이 웨이스트인 경우 항상 그 기능을 한다. 특히 부츠컷이나 팔라초 팬츠라면 꼭 시도해 봐야 한다. 익숙한 방식을 바꾸기가 쉽지 않지만 새로운 길을 경험해 보라. 이와 관련하여 소셜 미디어를 통한 피드백 중 하나를 소개한다.

"로셀라 씨, 당신에게 감사해요. 나는 하이 웨이스트 팬츠에 믿음이 없었어요. 엉덩이를 너무 많이 내놓는 것이 두려워 항상 망설였죠. 그런데 당신이 추천한 스타일을 시도해 보았고, 이제는 하이 웨이스트 팬츠를 즐겨 입게 되었어요. 내가 왜 전에는 그 스타일을 시도하지 않았는지 모르겠어요."

소중한 몇 센티미터를 얻기 위해서 우리는 바닥에까지 닿는 스트레이트형이나 약간 플레어형 팬츠를 선택한다. 이와 달리 로우 웨이스트 팬츠, 시가렛 팬츠 및 발목 길이 정도의 짧은 바지 또는 허벅지 중간 길이의 버뮤다 반바지 등 다리를 분리하는 스타일은 절대적으로 불리하다. 그러나 단 두 가지 스타일로 제한하지 않기 위해서 여기서 몇 가지 작은 트릭을 제안하고자 한다. 반바지를 구입하고 싶다면, 시각적으로 다리의 시작점이 위에 있는 것으로 보이게 하는 하이 웨이스트 및 분리를 생성하지 않는, 피부와 색채의 연속성이 있는 베이지 또는 페이스 파우더 색과 같은 누드 색채를 선택한다. 매우 편한 퀼로트 팬츠에 있어서도 마찬가지다. 매끄러운 직물로 된 팬츠를 선택하기만 하면 되는데, 서혜부 라인과 다리의 분리를 너무 강조하지 않으면서도 무엇보다 하이 웨이스트 팬츠면 된다. 마지막으로 마른 체형일 경우 하이 웨이스트에 동일한 색의 부츠를 신는다면 그렇게 나쁘지 않다. 왜 마른 체형이라고 부적절하다고 느끼고 특정 항목을 포기할까? 잘 선택하고 몇 가지 트릭을 곁들이기만 하면 된다.

지금까지 다리가 길어 보이는 요령에 대해 이야기했는데, 아직 신발을 언급하지 않았다. 많은 사람들이 하이힐이면 될 것이라고 생각하지만, 이것은 또 다른 거짓 신화다. 물론 신발 굽이 우리에게 몇 센티미터를 선물하기는 하지만, 다리 같은 필요한 곳에만 선택적으로 몇 센티미터를 더 주지는 않는다. 결국 무게중심이 낮은 사람의 경우 중간 굽 신발과 하이 웨이스트 의상이 훨씬 더 효과적이지, 지나치게 높은 굽과 로우 웨이스트 스키니 팬츠가 답이 아니라는 것이다. 시각적으로 다리는 바지가 시작되는 곳에서 시작한다고 말한 것은, 하이 웨이스트 의상으로 신발 굽으로는 절대로 가능하지 않는 훨씬 더 긴 길이를 몸통에서 가져올 수 있다는 뜻이었다!

로우 웨이스트 스키니 팬츠는 위에서든 아래서든 다리를 짧게 보이게 한다. 그리고 이 상실을 회복할 수 있는 하이힐도 없다. 굽이 매우 높은 스틸레토 힐(stiletto heel)은 오히려 다리가 얼마나 짧은지를 강조한다. 이제 왜 하이힐을 신어도 소용이 없는 것처럼 보이는지 이해할 수 있을 것이다. 하이 웨이스트 그리고/또는 색채의 연속성을 고려한 이러한 작은 트릭들이 실제로 많은 차이를 만들 수 있다.

힐은 스타일 면에서는 매우 매력적이지만 비율 면에서는 과대 평가되었다. 그럼 낮은 무게중심을 가진 사람들을 위한 신발에 대해 알아보자.

알맞은 신발을 선택하는 진정한 비결은 색채 분리를 피하는 것이다. 따라서 여름에는 맨발에 살색, 겨울에 어두운 색상을 착용할 때는 어두운 색 신발과 바지가 이상적이다. 케이트 미들턴은 그것을 잘 알고 있기에, 무게중심이 낮은 모든 여자들에게 꼭 필요한 필수 아이템(머스트 해브) 누드 데콜테(nude décolleté)를 만들었다. 누드 색채는 피부색에 가까운 중성 색을 말한다. 《색깔의 힘》에서 언급한 것처럼, 차가운 색을 가진 사람에게는 페이스 파우더 색일 수도 있고, 따뜻한 색을 가진 사람에게는 베이지나 피부색일 수도 있다. 크리스찬 루부탱(Christian Louboutin)은 다양한 피부 타입에 동일한 효과를 만들기 위해 더 밝은 색에서 더 어두운 색에 이르는 다양한 색상을 제안했다. '누드'라는 개념은 모든 인종에 적용된다. 어떤 인종에게는 달걀색이 피부색이고 또 다른 인종에게는 흑단색이 피부색이지만, 피부와 색채의 연속성을 만든다면 여전히 누드이기 때문이다. 나는 누드 톤 없이는 스타일링할 수 없으며, 모든 상황을 위한 누드 톤 여름 신발 콜렉션을 가지고 있다. 누드 톤은 더 슬림하게 보여줄 뿐만 아니라, 매칭 걱정을 하지 않아도 된다.

신발 스타일에 관해서는, 글래디에이터 샌들과 중간 길이 부츠 형태처럼 다리를 나눌 수 있는 것은 어떤 것이든 피하면서, 끝이 뾰족하거나 또는 약간 테이퍼드 슈즈 같은 신발이 좋다. 신발 벨트는 얇고 분리를 하지 않는 색이 좋으며, 무엇보다 발목 위로 올라가지 않고 발등으로 내려오는 편이 낫다.

한편 무게중심을 높이기 위해서 드레스와 외투에 두르는 멋진 벨트를 빼놓으면 안 된다. 몸통을 채울 수 있게 두꺼운 벨트를 선택한다. 데님과 바지에 맬 얇은 벨트라면 상의 셔츠 색보다는 하의 색채에 맞추는 편이 좋은데, 이는 연속성을 만들고 여기저기서 몇 센티미터를 가져오기 위해서다.

가방은 어깨끈을 너무 길게 매지 않아야 하는데, 어깨끈이 길면 몸통을 더 수직적으로 만들고 키를 작아 보이게 하기 때문이다. 이는 어깨끈을 짧게 함으로써 쉽게 바로잡을 수 있는데, 스트랩이 있는 경우 구멍을 추가하거나 체인이 있는 경우 링을 몇 개 없애기만 하면 된다. 구두 수선을 하는 곳이면 어디서든 적은 비용으로 수선할 수 있다.

이 외에도 눈길을 끄는 액세서리를 착용하고 싶을 때는 상체 쪽에 착용하는 편이 낫다. 화려한 앵클 부츠보다 헤어밴드나 목걸이가 더 좋다. 포컬 포인트는 우리를 더 편안하게 해주는 곳에 눈을 향하게 하는 데 필요하다는 것을 기억하라!

속옷과 수영복의 경우 내 고객들은 하이컷 브리프와 미들-하이 웨이스트 브리프를 매우 좋아한다. 아주 가늘거나 투명한 측면 끈도 좋다. 목적은 가능한 한 공간을 덜 차지하는 것이므로 큰 밴드나 부피가 큰 장식으로 공간을 낭비하지 마라. 반바지와 퀼로트는 다리를 짧아 보이게 하는 효과가 있어 무게중심이 높은 사람에게 더 적합하다.

요컨대 여러분의 다리가 몸통에 비해 짧다고 해도 절망할 필요가 없다. 이것은 실제로 매우 흔한 특징이라 할 수 있다. 팔라초 팬츠 또는 하이 웨이스트 스커트 같은 의상을 완벽하게 입을 수 있다.

높은 무게중심

몸통에 비례해서 다리가 긴 것은 정말 아름다운 특징이다. 전체 키가 어떻든 체형이 확실히 더 가늘어 보이고 더 유동적인 태가 난다. 영국의 모델이자 텔레비전 진행자인 알렉사 청(Alexa Chung)이 가장 훌륭한 예다. 이러한 특징을 가진 사람들은 그것을 당연하게 여기며 그에 합당한 가치를 부여하지 않는 경우가 많다. 나는 종종 자신의 신체에 대해 갖는 감정이 무관심에서 편협에 이르기까지 다양하다는 사실에 놀라곤 한다. 완전히 행복한 사람은 거의 없고, 바로 그 순간이 나의 사명감이 발동하는 때다.

다리를 길어 보이게 하는 조언은 다리가 긴 경우에도 받아들이려는 경향이 있다. 그러나 이미 높은 무게중심을 더 올릴 필요가 없고 오히려 신체가 불균형해질 위험이 있다. 이는 무게중심을 억지로 낮춰야 한다는 뜻이 아니며, 그럴 이유도 없다.

뮤지션이자 모델인 캐롤라인 브릴랜드(Caroline Vreeland)의 경우에서와 마찬가지로, 상체가 매우 풍만한 경우 다시 균형을 잡을 필요가 있다. 허리에 벨트를 두를 수 있는데, 실제로 이것은 가슴 바로 아래에서 다리가 시작되어 연속성이 없을 수 있다. 이 경우 상체에 최소한의 수직성을 주기 위해서, 바지 밖으로 내놓은 더 긴 셔츠 또는 살짝 내려간 의상 라인으로 상체를 길게 함으로써 비율을 조정할 수 있다. T 규칙을 기억하라. 수평적 체적을 덜어내기 위해서 수직으로 작업하라.

이러한 예는 사실 특수한 경우로, 여러 가지 이유로 무게중심을 낮출 수 있다. 이 경우 다리에서 몇 센티미터를 가져다(더 기니까) 몸통에(더 짧으니까) 준다! 반대로 다른 모든 경우에는 신발부터 시작하여 높은 무게중심은 다양한 선택지를 줄 수 있다. 모카신, 플랫 슈즈, 어떤 형태의 데콜테와 부츠든, 키가 크든 작든 상관없다. 히든 힐이 내장되어 있는 다리가 이미 몸의 한 부분이기 때문이다.

또한 색깔이 있거나 자수를 넣었거나 패턴이 있는 양말, 컬러풀하고 독특한 신발, 발목 스트랩 및 일반적으로 다리가 짧게 보이는 모든 것들이 아주 잘 어울린다.

드레스의 경우 1920년대식 칼럼 드레스와 실제 허리 위치보다 낮은 솔기, 포켓, 주름 또는 색채 분리로 허리가 낮아진 모든 드레스가 매우 효과적이다. 튜브 드레스와 원피스 또한 아주 좋다. 그리고 균형이 맞지 않는 것처럼 보이는 벨트가 포함되어 있는 경우 루프를 제거하거나 적합한 위치에 재배치할 수 있다.

상의의 경우 상체를 길게 하고 싶다면 셔츠의 프릴과 그 외 것들을 제거하고 수직성에 집중한다. 따라서 미디엄 롱 재킷, 특히 싱글 브레스티드 재킷, 바지 밖으로 내놓은 셔츠 및 V자로 깊게 패인 네크라인 등이 좋은데, 원피스 스타일이 선호되는 수영복도 괜찮다. 스키니 팬츠나 시가렛 팬츠 밖으로 내놓은 긴 셔츠도 좋은데, 다리가 이미 길기 때문에 더 길게 해야 할 필요가 없기 때문이다. 높은 무게중심의 장점은 반바지와 버뮤다 팬츠에 이르는 카프리 스타일인 복숭아뼈에서 잘리는 바지를 자유롭게 입을 수 있다는 것이다. 그러나 플레어 팬츠가 그립다면 상의와 색채 연속성을 이루거나 셔츠를 밖으로 내놓고 입으면 된다.

미니스커트도 좋지만 무릎 아래 중간 길이가 좋으며, 허리가 너무 높지 않은 것이 더 좋다. 비대칭 밑단과 밑으로 떨어지는 모든 것들도 좋다. 즉 비대칭 단과 손수건식 단, 이중 길이, 인어 꼬리 그리고 스커트 하단의 가로 주름 등이 효과적이다.

액세서리의 경우 무게중심이 낮은 경우와 반대로 길게 늘어뜨린 목걸이나 스카프 같이 몸통을 수직화하기 위해 어깨에 메는 가방이 좋다. 대신 벨트는 얇고 낮게 위치시킨다. 단, 모래시계형(3부에서 분석할 6가지 체형 중 하나) 허리를 가지고 있는 경우 실루엣을 강조하기 위해서 가슴을 줄이지 않고 허리를 강조하는 주름과 셔링을 이용할 수 있다.

키에 대한 자신감

"키는 절반의 아름다움이다"라는 속담이 있는데, 이는 큰 키 자체가 이미 아름다운 외모를 위해 충분하다는 것 같다. 키에 관한 이러한 강박은 최근 수십 년 동안 슈퍼모델들이 세계에서 가장 아름다운 여배우의 자리를 차지한 이후로 더 심해졌다.

1950년대 미(美)의 아이콘이었던 미국의 마를린 먼로(Marilyn Monroe)와 이탈리아의 지나 롤로브리지다(Gina Lillobrigida)는 매력이 남달랐지만 키가 크지는 않았다. 1980년대 말 슈퍼모델의 시대가 시작될 때까지 키는 결코 중요한 요인이 아니었다. 그러나 더 이상 아름다운 얼굴과 몸매로서 충분하지 않았으며, 특정 키 이상어어야 했다.

지난 몇 년 동안 트렌드가 변화하여 다양한 기준의 표준에 대해 개방되고 있다. 현재는 소셜 미디어와 인스타그램의 시대이며, 인스타그램에서 우리는 모두 똑같고 웹 스타가 되기 위해 키 표준을 따라야 할 필요가 없다.

어쨌든 키 또한 다른 것들과 마찬가지로 단지 한 가지 특징이라고 할 수 있다. 작은 여성은 항상 매력적인 여성성을 지니고 있고, 키가 큰 여성은 부인할 수 없는 위엄으로 눈에 띈다. 모든 것들이 그렇듯이 장점과 단점이 있으며, 장점은 소중히 여기고 단점은 피하면 된다.

좀 더 명확히 하기 위해서 몸집이 작은 사람과 키가 작은 사람을 구분하는 것부터 시작하자. 몸집이 작은 사람부터 보자면, 그들은 보통 키가 1m 60cm 미만이며 뼈가 작은 것이 특징이다. 또한 다리 길이와 상체 비율이 균형을 이루고 있으며, 그로 인해 무게중심이 높은 경우가 적지 않다.

의상 선택에서 키워드는 수직성이다. 상체와 하체 사이 색채의 연속성을 가능한 한 이용하여 시각적으로 길어보이는 효과를 얻는 데서 시작한다. 외투의 경우 버튼이 한 줄인 슬림한 재킷에 집중하는 편이 나으며, 짧은 재킷도 잘 어울린다. 샤넬 스타일은 소매가 7부 길이라면 더 좋다. 반대로 너무 크고 넓은 외투나 길이가 긴 외투는 피하는 것이 좋다.

스커트의 경우 플리츠 또는 튜브 스커트, 랩 스커트가 완벽하다. 단, 무릎 또는 종아리까지 오는 중간 길이를 조심해야 하는데, 다리를 분리할 수 있기 때문이다. 분리된 것보다 원피스가 훨씬 잘 작동하며 이는 수직성을 강조하기 때문이다. 플레어 스타일이나 클래식한 스트레이트 튜브 스커트, 랩 스커트 또는 좀 더 타이트한 원피스도 아주 잘 어울린다. 그러나 오버사이즈 원피스 또는 엠파이어 스타일이나 벌룬 스커트처럼 약간 어린아이 같은 모습을 보일 수 있는 스타일은 피해야 한다.

반면에 키가 작은 사람은 뼈나 구조가 반드시 작은 것은 아니며, 작은 키는 종종 낮은 무게중심을 동반하여 전체적으로 그리고 시각적으로도 체형을 축소한다. 이 경우 무엇보다 상체보다 다리가 짧은 사람들을 위해 앞서 살펴본 규칙을 적용할 수 있다. 허리 라인을 올리는 것이다. 단, 신체를 분리하지 않기 위해서 또는 덜 분리시키기 위해서 색채의 연속성을 유지하는 것이 좋다.

이와 반대의 경우인 키가 큰 사람으로 넘어가자. 여기서도 역시 매우 다양한 이유로 자신의 키가 만족스럽지 않다고 느끼는 많은 여성들을 만났다. "네 옆에 서지 않을 거야. 네가 나를 볼품없이 보이게 하니까"라는 말을 듣는 데 지쳤고, 연인이 자신보다 키가 작아서 불편하게 느끼는 사람도 있으며, 또 사람들 사이에서 눈에 띄는 키 때문에 수줍어하며 고군분투하는 사람도 있다. 따라서 키는 반드시 강조해야 하는 특성이 아닐 수 있다.

이 경우 신체를 더 수직화하는 것은 의미가 없으며, 키가 작은 사람들에게 불이익을 줄 수 있는 컷과 그 외 디테일을 자유롭게 선택할 수 있다. 겹침과 비대칭, 긴 외투, 패턴이 그려진 원피스, 그리고 수평 컷(신체의 더 넓은 부분은 피해야 함)이 좋다. 아무 문제 없이 오버사이즈 액세서리를 착용할 수 있지만, 아웃핏 선택에 있어서는 볼륨을 조절하는 편이 낫다. 넓은 바지는 타이트한 셔츠와 매치하고, 스키니한 바지는 긴 재킷과 매치한다. 디자인에 관해서는 카프리 팬츠나 복숭아뼈에서 잘리는 짧은 팬츠를 권하고 싶다. 반대로 단색 룩과 모든 수직선들과 같이 아래로 쳐지고 흐르는 의상은 권하지 않는다.

만일 무게중심이 높다면 상의는 긴 셔츠와 스웨터를 입고 스커트나 바지 밖으로 꺼내놓음으로써 신체를 약간 낮출 수 있다. 같은 이유로 짧은 재킷과 항공 재킷은 피하는 편이 좋다.

키가 큰 사람에게는 신발이 매우 중요하다. 우리는 키가 큰 사람을 볼 때 자동적으로 신발을 보게 되는데, 신발 굽 때문인지 타고난 날씬함인지 알고 싶은 호기심 때문이다. 다리 길이가 길기 때문에 무게중심이 높아 독특한 형태와 색상의 신발을 마음껏 선택할 수 있다. 플랫 슈즈에서 퀴이사르드(cuissardes, 고무 장화), 스니커즈에서 캠퍼

스화에 이르기까지, 자신의 취향과 개인적인 스타일 외에 다른 제한은 없다.

3
착시

비율

착시는 눈을 속이는 가장 단순한 방법이다. 나는 독일의 심리학자 에빙하우스(Hermann Ebbinghaus)가 19세기에 개발한 것으로 그의 이름을 딴 '에빙하우스의 광학–기하학적 착시'를 선호한다. 다음 그림을 살펴보자.

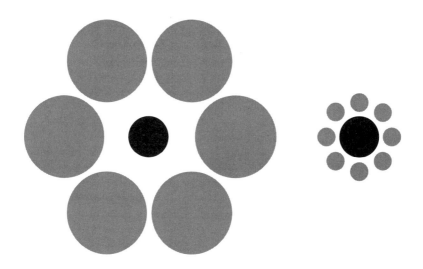

왼쪽과 오른쪽의 두 검은색 원을 보면, 커다란 원들로 둘러싸인 왼쪽 검은색 원은 작아 보이고, 작은 원들로 둘러싸인 오른쪽 검은색 원은 더 크게 보인다. 믿기지 않지만 실제로 두 검은색 원은 정확하게 똑같은 크기다. 크기를 측정해도 두 원 사이에 여전히 큰 차이가 있는 것처럼 보일 것이다. 이는 뇌가 사물의 크기를 평가할 때 그 사물이 위치한 환경을 고려하기 때문에 발생하는 현상이다. 큰 사물들 옆에 있는 작은 사물은 작게, 작은 사물들 옆에 있는 큰 사물은 더 크게 보인다.

착시를 인식하는 능력은 뇌의 후두엽에 위치한 일차 시각 피질에 달려 있다. 이 책에서 우리가 관심을 가지는 것은 물체에 대한 인식과 실제와의 차이에서 얻을 수 있는 엄청난 잠재력이다.

액세서리, 특히 가방에 대한 평가서부터 출발해 보자. 어떤 스타일이든 신체와 균형을 맞추는 비율에 따라 선택해야 한다. 이브닝 클러치나 숄더백은 신체가 작은 사람의 경우 작은 것, 풍만한 사람의 경우 중간 크기가 적당하다. 이는 더 큰 데일리 백에도 마찬가지로 적용되는데, 키가 큰 여성은 너무 커 보이지 않기 위해서 큰 모델과 대형 쇼퍼백을 선택한다. 평균보다 키가 작은 사람은 중간 크기의 모델을 선택하여 최대 크기의 가방 효과를 낼 수 있다. 이는 앞에서 본 두 검은색 원과 같은 원리로 작동한다. 한 원은 커다란 원들 옆에서 작아 보이고, 이와 반대로 다른 한 원은 작은 원들 옆에서 더 커 보이는 것처럼 말이다.

핸드백에 대해 이야기할 때, 나는 미국 가수 리조(Lizzo)의 예를 들기를 좋아한다. 리조는 자기 몸 긍정주의(body positivity)를 주장하는 활동가로도 알려져 있으며, 자신의 노래에서 체형, 피부색, 성적 지향과 관련이 있는 모든 종류의 포용성에 대해 이야기한다. 2019 아메리칸 뮤직 어워드 레드 카펫 위에서의 그녀의 의상이 기억에 남는다. 손톱만큼 작은 발렌티노의 마이크로 핸드백을 매치한 주황색의 볼륨감 있는 프릴 드레스였다. 리조의 마이크로 핸드백은 도발 그 이상이었다. 규모에 맞게 비율을 과장하고 볼륨을 의도적으로 크게 만들어 옷과 액세서리를 선보였다. 내가 이 예를 제시한 이유는, 이 책에서는 비율의 규칙을 제시하지만 그 비율을 이용할지 그리고 어떻게 이용할지는 언제나 여러분이 결정할 수 있기 때문이다.

가방으로 돌아와서, 동일한 원칙이 백팩에도 적용된다. 손을 자유롭게 하는 편리함 이외에도, 백팩은 등에 위치해 정면에서는 보이지 않기 때문에 신체에 아무런 부피를 더하지 않으며 포컬 포인트도 생성하지 않는다. 그러나 우리가 의식하지 못하더라도 다른 사람들은 옆과 뒤, 사방에서 우리를 관찰하기 때문에 배낭의 비율은 신체 뒤쪽에 대한 평가를 필요로 하며, 등 한가운데 위치한 너무 작은 백팩은 더 화려하게 보일 수 있다.

이와 같은 추론은 모든 종류의 액세서리 선택에 있어서도 적용할 수 있다. 예를 들어 중요한 시계는 굵은 손목에 더 잘 어울리는 반면, 팔찌만큼 가느다란 시계는 가는 팔에 더 잘 어울린다. 그러나 한번 더 강조하자면, 스타일적으로 대담해지기 위해서는 비례를 뒤바꿀 수 있다. 빅토리아 베컴(Victoria Beckham)은 체구가 작지만 골드 크로노그래프가 장착된 커다란 스포츠 시계를 자주 착용한다. 에빙하우스의 착시 효과에 따르면, 손목 위의 사각판은 비율이 맞지 않는 것처럼 보일 수 있지만, 전체적인 룩에 더 많은 힘을 더해주는 방법이다.

얼굴 근처에 위치하는 주얼리도 동일한 원칙을 따른다. 커다란 귀걸이는 좁은 어깨와는 잘 어울리지 않으며, 마찬가지로 가느다란 목걸이는 굵은 목에 어울리지 않는다. 굵은 목에는 균형 잡힌 팬던트가 달린 미디엄 롱 길이의 목걸이가 필요하다. 나중에 자세히 설명하겠지만 반지에 대해서도 정확히 동일한 규칙이 적용된다.

모자에 대해서는 일반적으로 어깨의 너비와 실루엣이 또한 고려된다. 가늘고 마른 체형이라면 로비아(lobbia, 테가 좁은 중절모의 일종) 또는 보닛, 트위드 캡 그리고 다양한 종류의 베레모와 같은 수평으로 넓어지지 않는 중소형의 테두리가 있는 모델이 선호된다. 반대로 키가 크고 두드러진 실루엣의 다소 인상적인 존재감을 갖고 있는 사람의 경우 자신만의 개성 있는 스타일에 맞는 챙이 아주 넓은 모델도 자신있게 선택할 수 있다.

신발은 항상 별도의 논의가 필요한데, 우선 발 모양에 맞아야 한다. 2부에서 살펴볼 것이지만, 그 전에 발목, 종아리 그리고 체형과의 비율에 대해서 알아보기로 한다. 뼈와 근육 구조에 따라 만들어지는 두꺼운 발목과 굵은 종아리는 흔히 볼 수 있으며, 때로는 혈액 순환과 생활 방식에 따라 달라지기도 한다. 많은 여성들이 이 정상적인 특징을 보기 흉하다고 생각하지만, 넓은 굽을 이용해서 쉽게 균형을 맞출 수 있다. 에빙하우스의 규칙이 여기에도 적용되며, 굽이 얇을수록 종아리가 더 넓어 보인다.

그러나 신발의 선택은 다리만의 문제가 아니며, 신체 전체의 비율과 관련이 있다. 다소 몸집이 있는 여성이 얇은 밑창과 섬세한 형태의 플랫 슈즈와 모카신 같은 작은 신발을 신어 작은 발이 강조되는 경우가 종종 있다. 가볍게 보이는 신발 때문에 발이 다른 부위보다 지나치게 작아 보이고, 그 결과 신체가 실제보다 더 무거워 보인다. 그러나 이것은 어느 정도 극복할 수 있으며, 최선의 선택은 실제 신체와 비례하는 크기의 신발을 선택하는 것이다.

같은 원리로 타이트한 미니스커트와 작은 꽃무늬 원피스와 짝을 이루는 두툼한 워커(군화)의 영향을 무시할 수 없다. 이와 같이 비율을 조작하는 것이 스타일을 표현하는 하나의 방법이다. 고무 밑창 웨지가 달린 오버사이즈의 닥터 마틴(Dr. Martin) 워커를 신은 날씬한 키아라 페라니(Chiara Ferragni)가 생각난다. 옳은 스타일도 틀린 스타일도 없다. 중요한 것은 이러한 규칙을 알고 또 즐겁게 이용하라는 것이다.

사람의 신체 비율과 그와 관련된 착시 현상은 드레스의 컷(사이즈)과 디테일에도 영향을 미친다. 예를 들어 재킷의 뒤집은 부분(젖힌 옷깃)은 어깨 너비에 비례하고, 탱크탑과 수영복의 끈은 컵 크기를 고려해야 한다. 하체의 경우 청바지와 바지의 주머니가 차이를 만들 수 있다. 커다란 주머니는 엉덩이를 평평하게 보이게 할 수 있으며, 반대로 작은 주머니는 허리가 더 돋보이는 사람에게 아주 잘 어울린다. 주머니가 없거나 서로 다른 다양한 주머니들이 달린 바지는 엉덩이를 더 둥글게 보이게 하는데, 이는 곡선형 실루엣을 선호하는 경우 하나의 전략이 될 수 있다. 하지만 반대로 더 평평한 모양을 선호하는 경우 이는 실수일 수 있다.

한편 가장 많은 질문 중 하나는 주름 스커트에 관한 것이다. 가장 일반적인 믿음은 주름이 체형을 확대해 보이게 한다는 것이지만, 사실 형태에는 절대적인 것은 없으며 항상 상대적이다. 두툼한 엉덩이에는 얇은 주름을, 넓은 엉덩이에는 넓은 주름을 선택하면 그만이다.

착시와 비율이라는 커다란 테마는 몸과 조화를 이루는 패턴 선택과도 관련이 있다. 특히 선의 너비와 간격, 도트의 지름과 집중도, 큰 꽃과 작은 꽃의 위치 등을 고려한다. 패턴을 선택할 때마다 자신의 실루엣을 에빙하우스의 검은색 원 중 하나처럼 생각해야 한다. 그것을 둘러싸고 있는 체형과 관련해서 훨씬 커 보일 수도, 작아 보일 수도 있다!

패턴을 사용할 때는 신중하게 또는 의식적으로 사용하는 것이 좋다. 어떤 디자인이든 패턴이 단색보다 실루엣을 더 부드럽게 만들어 주기 때문이다. 이것이 필요한 경우 유용할 수 있지만, 그렇지 않다면 위험할 수 있다.

패턴 선택

이 책 뒷부분에 나와 있는 '형태 사전'의 주요 패턴과 프린트들은 시각적인 참고 자료로 사용하면 도움이 된다.

의상과 액세서리의 패턴은 개인의 스타일과 밀접하게 연결되어 있다. 예를 들어 꽃무늬는 보통 여성스럽거나 로맨틱한 스타일과 관련이 있는 반면, 동물 문양(애니멀 프린트)은 더 대담하고 매혹적이다. 패턴은 그것들이 성공했던 시기와 패션 트렌드의 분위기를 연상시킨다. 물방울 패턴은 1950년대 룩을 상기시키고 귀여운 느낌을 주며, 페이즐리 패턴은 1970년대의 약간 이국적인 분위기를 떠올리게 한다.

서로 다른 스타일을 나타내더라도 패턴에는 모두 하나의 공통점이 있다. 신체의 비율로 흥미로운 착시를 만드는 데 도움이 된다는 것이다. 그중에서도 첫 번째는 스케일 비율이다. 물방울 패턴이든 꽃무늬 패턴이든, 조화를 이루기 위해서는 패턴의 크기가 신체 부피에 비례해야 한다.

패턴의 밀도는 그 크기와는 다르다. 꽃이 크거나 작은 것과는 무관하게 더 촘촘하게 서로 가까이 있거나 반대로 듬성듬성 거리가 있을 수 있다. 더 촘촘한 무늬는 체형의 세부 사항으로부터 시선을 돌리게 한다. 아주 작은 꽃무늬가 있는 원피스 수영복은 그 크기와 관계없이 듬성듬성한 꽃무늬 수영복보다 훨씬 날씬하게 해준다.

색채의 관점에서 우리는 색채학의 매우 중요한 개념 하나를 차용하는데 그것은 바로 대비다. 고대비(높은 대비)의 패턴은 그 영역에 포컬 포인트를 만들어 시선을 끌고 특정 부분을 강조하기 위한 우아하고 전략적인 방법이다. 반면 대비가 낮은 패턴은 전체적으로 조화롭게 표현되어 세부 사항에 주목하지 않을 때 전체적으로 몸매에 집중할 수 있게 도와준다.

이 규칙은 추상적이거나 더 구체적인 디자인, 예를 들어 꽃무늬 패턴이든 또는 글자 패턴이든 모든 인쇄물에 적용된다. 따라서 가장 사랑받고 있는 패턴인 줄무늬부터 시작하여 다양한 패턴들에 대해 살펴보겠다. 격자무늬와 같이 더 클래식한 스트라이프 패턴이나 불멸의 패턴인 마린 스타일 같은 패턴들을 들 수 있다.

옷의 라인에 대해 살펴보았듯이, 수직 라인은 실루엣을 가늘게 만드는 경향이 있지만 또한 길게 만드는 경향도 있다. 이는 실루엣의 각 부분에서도 동일하게 적용된다. 이에 따라 무게중심이 낮은 사람은 스트라이프 무늬가 있는 하이 웨이스트 와이드 팬츠(팔라초 팬츠)를 선호한다. 반대로 다리에 비해 상체가 짧은 사람은 보통 팬츠 밖으로 내놓은 스트라이프 셔츠를 좋아하는데, 특히 상체(가슴, 어깨, 복부)가 중요할 때 더 그렇다.

수평 줄무늬는 어깨, 가슴, 엉덩이 같은 몸의 한 부분을 넓어 보이게 하고 싶을 때 매우 전략적이다. 대각선 줄무늬는 어깨가 넓거나 가슴이 풍만한 사람에게 유리하며, 몸의 자연스러운 라인에 좋은 움직임을 주기 때문에 허리가 잘 드러나지 않는 사람에게도 역시 효과적이다.

스트라이프 선의 경우 신체 비율에 따라 선택해야 한다. 넓은 어깨는 더 두꺼운 선을, 좁은 어깨는 얇은 선을 선택한다. 스트라이프의 간격은 패턴의 밀도에 따라 다르며, 간격이 넓은 스트라이프는 볼륨을 넓히는 경향이 있는 반면, 미세한 스트라이프 또는 간격이 좁은 스트라이프는 체형을 왜소하게 만든다.

한편 우리가 곡선이라고 생각할 수 있는 모든 추상적인 디자인은 신체에 부드러움을 더해준다. 이러한 디자인은 시각적으로 볼륨을 만들려 하기 때문에 날씬한 체형인 사람에게 더 잘 어울리며, 굴곡이 있는 체형의 사람들은 곡선을 분명하게 드러내는 것을 좋아한다.

물방울 패턴 역시 스트라이프 및 다른 패턴과 동일한 규칙이 적용되는데, 원의 크기와 밀도, 또는 서로 얼마나 가까운지에 따라서 모든 것이 결정된다.

마름모 패턴은 전통적이고 클래식한 스타일을 연상시키는데, 가을 스웨터나 베스트, 특히 따뜻하고 차분한 색상의 스웨터나 베스트에서 볼 수 있다. 이 패턴은 영국 스타일에서 영감을 받은 안드로이드(android) 룩을 만들 때 매우 흥미롭다. 세로로 펼쳐지며 대각선의 기하학적 패턴과 교차하기 때문에, 특히 너무 대비되지 않을 때 효과적인 길이 연장 효과가 있다.

동물무늬 패턴은 중간이 없으며 사람들이 좋아하거나 싫어하거나 둘 중 하나다. 선택했을 경우 동물무늬 패턴은 분명히 주목을 받을 수밖에 없다. 이 패턴은 동물의 털에 영감을 받아 만들어졌기 때문에 그것이 형태에 미치는 영향은 동물의 털 색과 관련이 있다. 점과 같은 규칙을 따르는 것은 표범 무늬, 줄무늬와 유사한 것은 얼룩말 무늬이며, 파이썬 무늬는 크기와 밀도 측면에서 작은 꽃무늬와 같이 고려될 수 있다.

타탄 패턴과 격자무늬 패턴은 시각적으로 매우 어수선하기 때문에 옷 전체로 입기에는 확실히 쉽지 않다. 전체가 타탄 무늬로 된 외투 또는 슈트는 신체를 단단하고 볼륨감 있게 만들어 주는데, 몸매를 크게 보이게 하고 싶다면 매우 전략적이지만, 그와 반대로 왜소해 보이고 싶다면 좋은 생각은 아니다. 단, 시각적으로 넓어 보이게 하고 싶은 신체 부분에만 타탄 무늬를 부분적으로 이용할 수 있다. 비비안 웨스트우드(Vivienne Westwood)의 아이코닉한 재킷 같은 격자무늬 재킷을 선택할지, 아니면 스코틀랜드 스타일의 스커트나 체크 팬츠를 선택할지는 여러분의 선택이다.

페이즐리 패턴은 추상적이고 이국적인 디자인으로 인해 1970년대에 큰 인기를 끌었다. 페이즐리의 전형적인 특징은 디자인의 밀도로, 장식들 사이에 공간이 없고 대비가 적은 같은 색상을 사용한다는 것이다. 페이즐리는 신체의 작은 결함을 숨기기 위해서 입는 의상에 완벽한 패턴이라 할 수 있다. 개별 디테일에 시선이 머물지 않고 전체를 보이게 하기 때문이다.

밀리터리 패턴으로도 같은 효과를 얻을 수 있다. 이러한 패턴들은 같은 시기에 비슷한 성공을 이루었으며, 이제는 모든 새로운 컬렉션에서 항상 등장하고 있다.

색채의 역할

착시는 실제로 많이 존재하며 뇌과학에서 설명이 가능하지만, 여기서는 눈을 속이며 작고 예상치 못한 트릭으로 체형의 균형을 맞추기 위한 친구로서 소개하고자 한다.

이러한 감각의 속임수는 색상의 사용과 특히 명암의 사용에 있어서 특별히 효과적이다. 실제로 대뇌 피질에서 소위 ON 뉴런은 빛의 지각을 담당하는 반면, OFF 뉴런은 어둠의 지각에 특화되어 있다. 망막에서 시상으로 이어지는 뉴런은 동일한 개체가 검은색 배경에 흰색일 때 더 크게 인식되도록 한다.

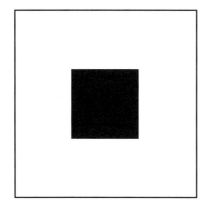 

　이 감각의 속임수는 우리 주변의 세상을 보는 방식과 이 책의 흰 페이지에서 여러분이 읽고 있는 검은색 글자들처럼 가장 평범한 것들에도 영향을 주는 지각 메커니즘을 기반으로 형성된다.

　이러한 현상은 천문학적 관찰에서 금성이 더 큰 광도로 인해 실제로는 그렇지 않더라도 목성보다 훨씬 크게 보인다고 지적한 갈릴레오가 발견한 것이다. 갈릴레오는 그것이 시각적 착시임을 감지했는데(더 생생하게 빛나는 물체가 더 강하게 빛을 발산한다), 물론 당시 그에게는 그것이 어떻게 작동하는지 이해할 수 있는 도구가 없었다. 이 '방사선의 착시'에 대한 설명은 4세기 후에 뉴욕주립대 신경과학자 엔스 크렘코프(Jens Kremkow)로부터 나왔다.

　다시 우리 이야기로 돌아와, 우리는 더 크게 보이고 싶은 신체 부위에 밝은색을 배치하고, 반대로 드러내 보이고 싶지 않고 축소시키고 싶은 부위에는 어두운 색을 배치함으로써 이 착시를 우리에게 유리하게 이용할 수 있다.

　이 착시를 위한 가장 적합한 색상은 당연히 흰색과 검은색이다. 양극에 있는 이 두 색은 최고의 대조를 보이기 보이기 때문이다. 이 두 색상이 없다 해도 다른 유사한 색상, 즉 네이비블루, 페트롤(청록색), 버건디, 포레스트 그린, 오팔, 다크브라운, 그레이, 딥 퍼플 등과 같은 깊은 컬러로 대체하여 동일한 효과를 얻을 수 있다.

검은색이 아닌 다른 예를 들자면, 다른 클래식 아이템인 청바지가 있다. 청바지는 실루엣의 최선의 친구이자 최악의 적이다. 뻔한 얘기일 수 있지만, 가장 적합한 청바지를 찾는 것이 얼마나 어려운지 우리는 잘 알고 있다. 어떤 체형에서든 확실한 것은, 짙은 청바지는 연한 워싱의 청바지보다 한 사이즈 작아 보인다는 것이다. 또한 허벅지와 엉덩이 부분의 물빠짐에도 주의해야 한다. 이러한 부분은 포컬 포인트를 만들어 의식적으로 더 크게 보이도록 하기 때문에 체형의 볼륨을 확대시킬 수 있다.

명암 외에 색조와 강도에도 주의를 기울여야 한다. 특히 차가운 색상은 후퇴하는 느낌을 주며 따뜻한 색상에 비해 더 작게 보인다. 반면 색채 강도의 경우 선명한 색상은 연한 색상보다 더 팽창적으로 나타나 더 크게 보인다. 물론 우리는 그러한 효과를 증가시키거나 보완하기 위해서 명암 대조를 조절할 수 있다.

밝은 색상만 있거나 어두운 색상만 있는 단색 배치로 수직성을 방해하지 않으면서 실제 크기에 대한 인식을 바꿀 수 있다. 예를 들어 밝기를 이용하여 체형을 확대하지만 키는 손해보고 싶지 않은 경우, 그리고 깊은 색상으로(즉 딥한 컬러감으로) 체형을 날씬하게 하고 싶지만 동시에 키도 크게 보이고 싶은 경우다.

많은 경우에 이러한 착시는 어두운 부분과 밝은 부분의 색상 조합에 유용하게 활용된다. 균일하지 않은 실루엣에서 볼륨이 큰 부분을 어둡게 하고 얇은 부분을 밝게 하여 형태를 균형 있게 맞출 수 있다. 따라서 안드로이드(android) 체형의 경우 상체에는 보다 어두운 색상을, 하체에는 보다 밝은 색상을 사용하는 것이 좋다. 반면 가이노이드(gynoid) 체형의 경우 상체에는 보다 밝은 색상을, 하체에는 보다 어두운 색상을 사용하는 것이 좋다.

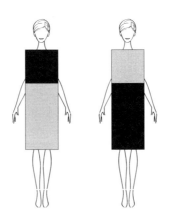

이 추론은 앞서 설명했던 수평선에서 벗어나지 않으며, 무엇보다 색차가 주요 영역에 포컬 포인트를 만든다는 것을 무시할 수 없다. 라인에서 생성된 비율은 명암의 착시와 충돌하지 않으며, 어디에서 색상 분리가 적절한지 신체의 특징과 무게중심에 주의를 기울이기만 하면 된다. 몸의 중앙 부분과 복부 근처를 약점으로 인식할 경우 색상 분리를 하지 않거나 낮은 대비의 분리를 만들어 색상의 연속성을 유지하는 것이 좋다.

가장 중요한 영역을 우회하여 수치를 줄이는 확실한 방법은 소위 '컬러 블록'을 이용해 탑과 팬츠는 어두운 색상, 반대로 재킷은 더 밝은 색상을 선택하는 것이다. 그러나 대부분의 사람들은 이와 반대로,

즉 흰색 셔츠 위에 검은색 재킷을 입는다. 도대체 왜 그럴까? 여기서는 재킷을 예로 들었지만, 이는 다양한 스타일에 쉽게 적용할 수 있다. 어두운 색 원피스에 대조되는 카디건을 걸치고, 어두운 상체에 화려한 스카프를 수직으로 늘어뜨리는 식이다. 진과 어두운 탱크탑 위에 더 캐주얼한 셔츠를 입고 앞섶을 열어두는 식으로 활용할 수도 있다.

이러한 맥락에서 우리는 컬러 블록을 특별히 신체를 길어지고 날씬해 보이게 도와주는 수직 구분선으로 사용하지만, 컬러 블록은 실제로 모든 강한 색상 구분을 나타내며 특히 의상에서 수많은 예를 찾을 수 있다. 이와 같은 기준으로 수직화를 목표로 하는 착시를 만드는 소위 일루전 드레스(illusion dress)가 보다 전략적이며, 이름 그대로 동일한 기준으로 몸을 수직화하는 착시를 만들어 낸다. 즉 수직적 컬러 블록이 있는 것으로 보이며 몸을 절반으로 줄인 것처럼 보인다. 때로는 곡선적인 선으로 몸을 형태화하거나 허리 라인의 오목함을 그리거나 강조하여 모래시계 효과를 재현하기도 한다. 원래 이러한 컬러 블록의 그래픽적인 요소는 주로 스포츠 의류에서 사용되었는데, 체육관에 적합한 맞춤형 탑이나 올림픽 수영복은 종종 기하학적 패턴과 색상 구분선을 갖추고 있어 '일루전(illusion)'이라고 정의할 수 있다. 이는 시간이 지남에 따라 작업복과 여가복에서도 널리 사용되고 있다.

많은 경우 이러한 일루전 드레스가 반드시 강한 색상 분리로 만들어지는 것은 아니다. 때로는 디자인에서 유광-무광 텍스처의 변경만으로도 충분하거나, 수평/수직 또는 대각선으로 실루엣을 나타내는 솔기만으로도 충분하다. 이와 관련하여 직물 원단의 선택이 중요한 역할을 하게 된다.

직물의 역할

의류 재단에 대해 알고 있는 사람들은 직물 선택이 중요하다는 것을 아주 잘 인식하고 있다. 동일한 디자인과 패턴의 옷이라 하더라도 선택한 직물에 따라 스타일과 핏 모두 다를 수 있다.

한때는 거의 모든 가정에 재봉틀이 있었고 누구나 어느 정도 재봉틀을 사용할 줄 알았다. 따라서 재봉틀을 이용해서 어떤 사람은 옷을 직접 만들었고, 또 어떤 사람은 소매를 잘라내거나 밑단을 수선하기도 했다. 그러나 패스트 패션의 등장으로 옷은 오래 가지 않아도 되는 제품으로 만들어져 옷을 직접 만들거나 수선하는 기술이 더 이상 중요하지 않게 되었고, 이러한 변화로 우리는 직물의 문화를 잃어버렸다. 그럼에도 불구하고 의류 라벨을 확인하여 적합한 제품을 선택하는 것은 매우 중요하다.

섬유 직물은 크게 천연 섬유, 인조 섬유, 합성 섬유 3개 그룹으로 나눌 수 있다. 천연 섬유는 그 단어에서도 알 수 있듯이 자연에 존재하는 재료를 가공하여 얻은 섬유로, 양모와 실크 같은 동물성 소재와 면과 리넨 같은 식물성 소재로 구성된다. 현재 전 세계에서 사용되는 섬유 직물의 40%만이 천연 섬유이며, 나머지가 인조 또는 합성 섬유이다.

인조 섬유는 자연 소재를 용해시켜 여과하고 섬유로 만드는 과정으로 얻어지며, 아세테이트나 비스코스 같이 부드럽고 실크 같은 표면을 가지고 있다.

마지막으로 합성 섬유는 대부분 플라스틱과 동일한 원료인 석유에서 얻어지며, 이로 인해 폐기물 처리와 지속 가능성 같은 문제가 발생한다. 폴리에스터, 나일론, 아크릴 등이 그 예다. 이 제품들은 천연 섬유나 인조 섬유와 혼합되어 향상된 성능을 나타내는데, 특히 부드럽고 주름이 잘 펴지지 않는 장점이 있다.

중요한 것 중 하나는 이른바 '촉감(mano)'으로, 이는 질감에서 느껴지는 부드러움이나 단단함, 조밀함 또는 매끄러움, 무거움과 가벼움, 거침과 부드러움 등을 의미하며, 이를 통해 옷감이 몸에 맞는지 여부와 몸매를 강조하는지 여부를 알려준다. 예를 들어 슬림하고 각진 실루엣을 말할 경우 여름에는 리넨, 겨울에는 코듀로이 같은 구조를 제공하는 원단이 필요하다. 특별한 경우에는 뒤셰스(duchesse), 태피터(taffetà), 미카도(mikado), 산퉁(shantung) 같은 것도 생각해 볼 수 있다. 그러나 체형이 더 부드러운 경우 캐디(cady)나 저지 같이 몸에서 미끄러지면서 몸을 조이거나 표시 나지 않게 하는 직물이 선호된다. 저지는 면, 양모 및 비스코스로 제작되어 계절에 상관없이 다양한 스타일에서 사용할 수 있다. 이브닝드레스나 웨딩드레스 같은 경우 쉬폰처럼 흘러내리는 듯한 투명한 소재로 제작된 것 같은 부드럽고 섬세한 소재인 레이온, 조젯(georgette) 등이 적합하다.

선택한 직물에 상관없이 착용성을 용이하게 하기 위해서는 약간의 탄성과 엘라스틴을 함유하고 있는 직물에 집중할 필요가 있다. 스판덱스 또는 라이크라로도 알려진 이 합성 섬유는 다른 많은 산업 혁신과 마찬가지로 처음에는 전쟁 목적으로 탄생했지만, 이후 부인용 코르셋을 시작으로 전 의류 분야로 그 영역을 확장했다. 복부가 조금 불룩하거나 다리가 통통한 사람들은 이들을 잘 알 것이다. 청바지나 바지를 선택할 때는 착용감과 편안함 측면에서 큰 차이를 만들어 준다. 일반적으로 옷이 수평 주름을 만든다면 옷이 너무 낀다는 것이며, 셔츠 단추를 잡아당기는 것도 마찬가지다. 반대로 옷이 수직선을 만든다면 옷이 크다는 것이기 때문에 한 치수 작은 옷을 입어보는 편이 낫다.

직물의 무게에 대해 이야기할 때 그것은 소재의 1제곱미터당 그램 수를 말하며, 이는 직조 밀도(실/cm)와 실의 굵기에 따라 다르다. 예를 들어 코트 한 벌의 원단 무게는 약 500g이며, 튤(tulle)의 무게는 100g 미만이다. 물론 이는 착용하는 실루엣에 줄 수 있는 볼륨에 영향을 미친다.

또 다른 중요한 특징은 직물의 텍스처에 의해 주어지는데, 즉 텍스처의 광택과 명암으로부터 생성되는 착시 현상과 매우 비슷하다. 레이온이나 실크 같은 종류의 광택이 있는 직물은 볼륨을 넓히고 표면을 둥글게 하는 경향이 있어서 필요한 경우 둥근 형태를 만들거나 곡선을 강조하는 데 유용할 수 있다. 이러한 기술은 영화에서, 특히 흑백 영화에서 많이 사용되었다. 옛 할리우드 의상 디자이너들은 재단과 이미지 전문가였으며, 원단 선택은 화면에 만들고 싶은 효과를 기반으로 빛의 선택과 조화를 이뤘다.

지금도 유튜브에서 찾아볼 수 있는 한 인터뷰에서, 할리우드의 유명한 의상 디자이너로 오스카 최고 의상상을 8차례나 수상한 에디스 헤드(Edith Head)는 한 인물을 어떻게 만들어 낼 수 있는지, 또한 의상을 이용해 여성을 어떻게 변화시킬 수 있는지 설명하고 있다. 기자가 에디스 헤드에게 어떻게 가능한지 질문하자, 에디스 헤드는 "컬러, 직물 그리고 환상, 이 세 가지면 충분하다!"고 답한다.

《색깔의 힘(Armocromia)》에서 나는 이 상식을 뛰어넘는 에디스 헤드의 작품을 광범위하게 인용하면서 한 챕터 전체를 영화에서의 색채 사용에 관해 할애했는데, 직물을 이야기하면서 여기서 다시 에디스 헤드를 언급하지 않을 수 없다. 이제 비율과 규모, 그리고 패턴에 대해 살펴보자.

직물 관련 용어

바티스트(batiste): 고급스럽고 부드러우며 투명한 면 또는 리넨 원단으로, 특히 손수건과 속옷에 사용된다. 13세기 프랑스 인명에서 유래했다.

고급 리넨(fine linen): 매우 얇은 직물로, 일부 이매패류 연체동물에서 분비되는 실크처럼 광택이 나는 필라멘트에서 나온다. 매우 고가라서 한때는 왕들만 사용했지만, 오늘날에는 속옷이나 부드러운 셔츠를 만드는 데 사용된다.

캐디(cady): 크레이프와 유사한 중간 정도 무게의 직물로, 보통 순수 실크로 만들지만 양모나 합성 섬유로도 만들어진다. 가장 비싸며 매우 미끄럽기 때문에 숙련되지 않은 사람이 다루기에는 가장 어렵기도 하다.

카네테(canneté): 개버딘과 포플린보다 얇은 골이 있는 직물로, 이와 같은 공정은 면, 실크, 벨벳 및 양모에 적용된다.

쉬폰(chiffon): 실크 소재뿐만 아니라 면이나 합성 소재로도 만들어지며 가볍고 통풍이 잘 되는 특징이 있다. 이브닝드레스나 웨딩드레스 또는 블라우스, 스카프에 사용된다.

크레이프(crepe): 양모, 실크, 면 또는 합성 섬유로 만들어지는 겉면이 곱슬거리는 직물로, 쉬폰, 마로케인, 새틴 등 원단에 따라 다양한 종류가 있다. 여름 드레스나 이브닝드레스에 이상적이다. 양모 버전 크레이프는 낮에 더 많이 사용된다.

뒤셰스(duchess): 천연 실크 소재의 광택 있는 고급 새틴으로, 상당히 무거우며 부드럽고 빛이 난다. 비스코스, 아세테이트, 면 또는 레이온으로 만들어진다.

파유(faille): 실크 또는 합성 섬유 직물로, 외관은 태피터(taffetà)와 비슷하지만 결이 더 거칠고 대각선으로 늑골이 있다.

거즈(garza): 면, 실크 또는 모직으로 만든 가벼운 직물로, 열린 그물망과 불규칙한 직조로 만들어져 얇고 투명하다. 원래 가자(Gaza)에서 생산되었다.

조젯(georgette): 부드럽고 가벼운 고급 천이지만 촉감이 약간 거칠다. 이 천을 만든 프랑스 재봉사의 이름을 땄다. 보통 실크로 만들어지지만, 울이나 합성 섬유로 만들어진 것도 있다.

엠보싱(embossing): 벌집 모양의 구멍이 있는 직물로, 돌출과 파여진 부분이 번갈아 가며 있어 벌집과 유사한 기하학적 패턴을 만들어 낸다.

라메(lamé): 평평하고 광택이 있으며 내구성이 강한 합성 라미네이트로 만든 직물이다. 원래 금색 또는 은색이었지만 지금은 다양한 색상으로 만들어지고 있다.

마틀라세(matelassé): 기하학적 효과가 있는 스티칭을 통해 퀼팅 효과를 만드는 패딩된 릴리프 표면이 있다. 주로 스포츠 웨어에 쓰이지만, 실크나 면, 레이온과 다른 합성 섬유에 이르기까지 다양한 소재가 있다.

미카도(mikado): 뻣뻣하고 거친 효과가 있는 두꺼운 직물로, 특히 광택이 있고 값이 비싸며 일본 기술로 실크로 만들어졌다.

무아레(moiré): 실크, 면, 레이온 또는 아세테이트 단색 직물로, 표면에 대리석처럼 물결 모양 또는 홈이 파인 효과가 있다.

오간자(organza): 보통 실크로 만들어지며, 가볍고 투명하며 조금 딱딱한 느낌이 있다. 주로 웨딩드레스나 이브닝드레스의 장식(러플, 밴드 등)이나 스커트 지지 구조로 사용된다.

펠레 두오보(pelle d'uovo): '에그 스킨'으로 번역되며, 컴팩트하고 내구성이 강한 면직물로 색상과 두께가 달걀 껍질과 비슷하다.

플루메티(plumetis): 작은 도트 무늬로 수를 놓은 얇은 명주 그물 직물로 보통 면이다. 베일이나 웨딩드레스의 세부 장식으로 쓰이는 경우가 많다.

푸앵데스프리(point d'esprit): 도트 자수의 얇은 명주 그물 직물로 베일 또는 장식용으로 사용된다.

공단/새틴(raso/satin): 실크 같은 광택이 나는 매끄러운 직물로, 실크로 만들어지지만 면, 레이온 또는 폴리에스테르로 된 것도 있다. 공단 가공에서 다마스크(damask), 램프스(lampas), 브로케이드(brocade)도 얻을 수 있다.

실크(silk): 탄성이 있고 가벼우며 광택이 나는 천연 섬유로, 태피터, 공단 또는 자카드 같은 다양한 종류가 있으며 품질과 견고함에 따라 달라진다. 기원전 2600년 중국에서 시작되었다.

산퉁(shantung): 중국에서 유래한 직물로, 광택 매트 효과를 재생하는 불규칙하고 두꺼운 원사로 만들어진다. 캔버스에 돋보이는 매듭이 특징이다.

태피터(taffetà): 단단한 구조로 짜인 실크 직물로, 밝고 무지개 빛깔의 바스락거리는 면이 있으며, 18세기에 매우 인기가 있었다. 인조 섬유 및 합성 섬유로 만들어진다.

튤(tulle): 거즈 또는 실크로 느슨하게 짜여진 고급 직물로, 뻣뻣할 수도 있고 부드러울 수도 있다. 신부의 베일에 널리 사용되는 등 장식용으로 여러 번 겹친 레이어에 사용된다.

트위드(tweed): 하나의 씨실이 아닌 여러 개의 씨실로 짜서 불규칙한 모양을 하고 있는 사선 직물이다.

트윌(twill): 가볍고 얇은 띠무늬 실크 직물로, 넥타이와 스카프 또는 면으로 된 아주 얇은 셔츠용으로도 만들어진다.

벨벳(velvet): 조밀하고 매끈하며 광택이 나는 모피 표면의 원단으로, 가장 유명한 것은 면과 실크로 짜여진 것들이다. 비스코스, 레이온 및 합성 섬유로도 만들어진다. 더 캐주얼한 종류로 코스트 벨벳이 있다.

베일(veil): 천연 또는 인조 직물로, 매우 섬세하며 가볍고 투명하다.

위장 기술

이 분야에서 수년간의 경험을 통해 이제 90%의 경우 나의 개입이 고객의 '결함을 숨기는' 것이 아니라 고객이 알지 못하는 '강점을 드러내는' 데 도움이 된다는 확신을 얻었다. 그들은 약점에 집중하고 강점은 잊어버린다. 실제로 결함을 만드는 것은 특정 실루엣에 맞지 않는 옷인 경우가 많다. 따라서 우리의 체형을 따르고, 이를 관심의 중심에 놓고, 있는 그대로의 가치를 부여하는 것으로 충분하다.

여기에서는 다양한 체형에 적용 가능한 주요 위장 기술이 무엇인지 집중적으로 설명하고 싶다. 이러한 기술은 옷의 비율뿐만 아니라 입는 사람의 신체 비율에 대해서도 작용한다.

룩을 더 깔끔하고 직선적으로 보이게 하는 비결은 착용하는 색상의 수를 줄이는 것이다. 《색깔의 힘(Armocromia)》에서 나는 색상 팔레트에 맞게 옷을 입는 것은 우리가 색상을 즐기고 무한한 색상을 조합할 수 있게 한다고 했다. 이것은 여전히 유효하지만, 우리가 위장에 대해 말할 때는 몇 가지 대조와 색채 연속성의 원리를 참조해야 한다. 이는 색상에 대한 상상력이나 색상을 즐기는 열망이 부족하다는 것이 아니라 전략적으로 선택한 것일 뿐이다. 액세서리를 자유롭게 사용할 수 있으며, 같은 색의 상의와 바지를 입고 색상 대조로 재킷이나 파시미나(pashmina)를 추가하여 수직적으로 작업할 수도 있다.

시각적으로 체형을 가볍게 보이기 위한 비결은 귓볼, 턱(턱뼈), 쇄골, 손목, 발목(복사뼈), 무릎 등 신체의 작은 부분을 강조하는 것이다. 풍만한 체형인 사람도 뼈가 드러나거나 더 얇은 부분이 있는데, 그 부분을 가리면 체형이 오히려 둔해 보일 수 있다. 흔히 몇 가지 미세한 결점을 가리기 위해 느슨한 셔츠나 팔랑귀 스타일의 코트 등을 입게 되는데, 실제로 아름다운 몸매가 그 아래 숨겨져 있을 때가 많다. 나는 이를 '숨겨진 보물'이라고 부른다. 풍만한 가슴을 가리려다 보면 가늘고 아름다운 허리를 감추게 되고, 마찬가지로 얇은 발목을 가리려다 보면 예쁜 무릎을 강조하지 못하게 된다. 이 책을 읽으면서 우리는 우리 몸을 부끄러운 것으로 여기지 않고 더 이상 숨기지 않아도 되는 이유를 더 많이 알게 될 것이다.

스키니 비트(skinny bits)

스키니 비트는 '신체의 작고 얇은 부분'을 가리킨다. 이 용어는 패션과 스타일링에서 자주 사용되는데, 작은 신체 부위를 강조하여 시각적으로 체형을 가볍고 균형 있게 만든다. 어떤 사람은 자신에게는 이런 부분이 없다고 주장하기도 하지만, 우리 모두는 이것을 가지고 있으며 통통한 사람에게도 이 부분이 있다. 스키니 비트는 비율적으로 신체의 뼈 부분 또는 끝부분(손, 발)으로 매우 전략적일 수 있으며, 덮었을 때와 드러냈을 때의 차이를 느낄 수 있다.

예를 들어 우리는 종종 복부와 엉덩이의 정상적인 곡선에 집중하며 이를 수정하기 위해 노력하지만, 전반적인 조화를 잃어버리곤 한다. 이러한 작은 세부 사항의 강조에서 비롯되는 전반적인 조화감을 놓치기 때문이다.

먼저 팔꿈치와 손목과 같은 뼈 부분에 대해 이야기해 보자. 크고 넓거나 긴 소매는 체형을 더 크게 만들어 주지만, 7부 소매는 체형을 가늘게 만들어 준다. 또한 스웨터 소매를 조금 올려 손목과 팔의 끝부분을 드러내면 스키니 비트가 눈에 띄어 체형의 슬림한 부분을 보여줄 수 있다. 발목도 마찬가지다. 복부나 엉덩이는 볼륨이 있지만 예쁜 다리나 발목을 가진 여성이 많은데, 이 경우 바지나 길고 헐렁한 옷보다 스커트가 훨씬 더 돋보인다.

손과 발 외에도 신체의 작은 부분이나 뼈가 있는 부분을 전략적으로 고려하자. 쇄골, 귓볼, 턱 및 얼굴 윤곽선 전반을 고려해 전략을 세워야 한다. 특히 목을 늘이거나 몸통을 얇게 하고 싶어하는 사람에게 중요하다. 약간 이중턱이 있는 사람은 보통 중-장 길이 머리카락으로 해당 부위를 가리지만, 이렇게 하면 볼륨을 더하고 포컬 포인트를 만드는 효과만 있을 뿐이다. 머리카락을 자르거나 묶으면 얼굴이 더 돋보이고 다른 부분은 뒤로 묻히게 된다. 발견하는 것을 두려워해서는 안 된다. 발견은 우리의 무게 균형을 재조정하는 데 도움이 되거나, 최소한 우리의 강점에 적절한 공간을 제공할 수 있는 경우가 많기 때문이다.

해당 부위를 숨기기 위해선 옷의 기장을 가장 넓은 부위 바로 위나 바로 아래로 끝내는 것이 좋다. 또한 그 부위에는 프릴, 주름, 드레이프, 퍼프 등과 같은 장식을 피해야 한다. 이들이 불편한 포컬 포인트를 만들기 때문이다.

원단 선택도 중요하다. 옷은 우리 몸을 유리하게 만들어 주어야 하며, 우리 몸에 옷이 맞춰져야 한다. 옷은 항상 우리 몸을 위해 있어야 하며, 그 반대가 되어서는 안 된다.

또한 수평 비율과 무게중심을 속이는 작은 트릭을 고려한다. 작은 어깨끈은 시각적으로 엉덩이의 균형을 잡는 힘이 있으며, 더 '적합한' 모양과 더 안전한 자세를 연출한다. 마찬가지로 플랫 슈즈에 힐 리프터를 삽입하여 체형을 날씬하게 만들고 허벅지와 다리 사이의 차이를 줄일 수 있다.

무게중심과 관련하여 (이미 언급했듯이) 우리는 다리나 가슴에서 필요한 부분을 빼내어 그 부위를 축소시키거나, 반대로 다른 부분에서 그 공간을 가져와 늘릴 수 있다. 예를 들어 벨트 루프를 제거하여 가장 적합한 위치에 배치할 수 있다. 또한 재킷과 소매 길이를 짧게 하거나 양말과 신발(또는 부츠와 바지) 색을 동일하게 함으로써 다리를 날씬하게 보이게 할 수 있다. 반대로 셔츠의 불필요한 장식과 디테일을 제거하여 몸통을 더 길어 보이게 할 수 있다.

뿐만 아니라 목걸이, 네크라인, 머리카락도 목 길이를 변화시킬 수 있으며, 헤어스타일과 헤어컷에 따라 머리 크기도 크거나 작아 보일 수 있다. 앞에서 이야기한 스케일 비율을 기억하라.

하지만 수평선과 수직선에 주의해야 한다. 두 선 모두 큰 효과가 있으므로 의식적으로 사용하기만 하면 된다. 한번은 내가 강의 중에 바로 이 개념을 설명하고 있었는데, 한 학생이 정말로 작은 것으로도 큰 차이를 만들 수 있다는 좋은 예시가 되었다. 키가 작고 배가 조금 나온 체형의 이 여학생은 올 블랙 스웨터와 바지에 대조적으로 실버 체인 벨트를 두르고 있었는데, 우리는 신체를 분리하는 수평선을 만드는 체인 벨트를 풀고 이것을 실루엣을 수직으로 만들어 주는 긴 목걸이로 사용해 보았다. 그 차이는 분명했지만, 우리는 단지 같은 액세서리를 다른 방법으로 사용했을 뿐이었다!

요컨대 약점을 희생시키면서 강점을 강조하려면 약간의 창의성, 실험 정신 및 '측면적 사고'가 필요하다.

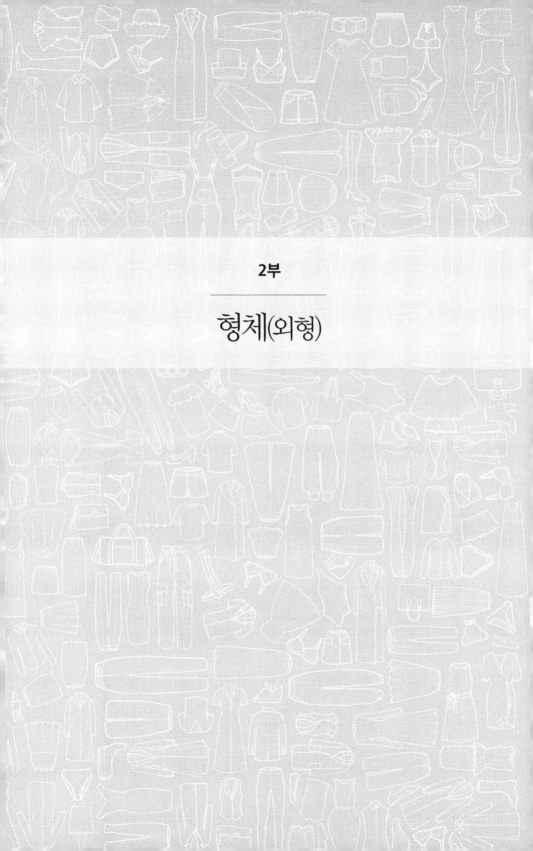

2부

형체(외형)

안젤라 이야기

한 친구의 추천으로 안젤라라는 한 여성이 나를 만나러 왔다. 나는 바로 그녀의 상태를 알 수 있었다. 안젤라는 수줍어하고 팔짱을 낀 채 아래를 내려다보고 있었는데 거의 내 눈을 마주치지 않았다. 무언가 부끄러운 것처럼 말이다.

"저도 이제 마흔이 다 되었으니 지금쯤이면 아무렇지도 않아야 하죠. 그런데 저는 가슴이 커서 사는 게 불편해요."

안젤라는 잠시 망설이며 이야기를 하지 않으려 했다. 그러다가 너무 오랫동안 그것들을 안에 지니고 있었다는 듯이 마음을 열었다.

"사춘기가 오면서 모든 것이 복잡해지기 시작했어요. 저는 항상 호기심 어린 시선의 대상임을 느꼈어요. 항상 불편했지요. 대학에서도 마찬가지였어요. 공과대학에 진학해서 남성적인 환경에서 지내야 했으니까요. 시험을 말하는 것이 아니라 같은 과 친구들과 교수님들의 시선을 말하는 거예요. 학과 수업에 들어갈 때마다 불편했지요."

안젤라는 나에게 그 감정이 지금까지도 계속된다고 말했다.

"저는 경력을 쌓기 위해 경쟁하는 남성들로 둘러싸인 대형 컨설팅 회사에서 일하고 있어요. 일을 열심히 하는 것 외에도 주목을 받아야 해요. 그러나 반대로 저는 주목받지 않으려고 항상 조용히 지냈어요."

사실 안젤라는 '문제'로 보는 것 때문에 항상 두 번째 줄에 서 있고, 여성으로서 진지하게 받아들여지지 않을까 하는 두려움 때문에 자신이 능력을 갖추고 있는지 오해하고 있었다. 그럼에도 불구하고 안젤라는 아주 훌륭한 점수로 대학을 졸업했고, 동료들보다 더 일하며 자신이 '여자라는 단점'이라고 부르는 그것을 보상하려는 듯 항상 최선을 다하려고 노력했다.

안젤라는 계속해서 말을 이었다. 그녀는 직장에서만 불안감을 느끼는 것이 아니라 사무실 밖에서도 마찬가지였다. 그녀는 너무 좋아했던 에어로빅 수업이 그녀의 몸매를 너무 강조할까봐 더 이상 수업을 받지 않는다. 그리고 이것은 필연적으로 인간 관계와 우정에도 반영되었다. 안젤라는 다른 사람들을 두려워한다.

하지만 안젤라가 그렇게 할 필요가 전혀 없다. 그녀는 특별한 아름다움을 가진 여성이며, 매우 활기찬 눈을 가졌고, 수줍음을 깨고 나오면 대화를 좋아하는 멋진 여성이기 때문이다.

안젤라는 단지 자신을 다른 시각으로 바라보기 시작해야 했다. 자신의 체형을 소중하게 여기고 어떻게 다룰지 결정해야 했다. 안젤라의 (터틀넥에 올 블랙으로 채워진) 근엄한 옷장은 새로운 공기가 필요했다. 부드러운 원단, 크로스 컷 그리고 알맞은 색상이 필요했다. 하지만 먼저 안젤라 자신에 대한 신뢰와 사랑을 갖게 해야 했다.

첫 번째 단계는 미용실에 가는 것이었다. 새로운 헤어스타일은 몸을 가볍게 하고, 포컬 포인트를 다시 조절하며, 무엇보다 과거와의 단절을 의미했다. 그 결과는 기대 이상이었다. 이 새로운 룩은 안젤라를 더욱 결단력 있고 세련되게 보이게 했으며, 마침내 햇살같이 빛나는 얼굴을 볼 수 있었다.

옷장으로 이동하여 터틀넥 스웨터 더미부터 시작했다. 그 스웨터들과 작별 인사를 나눌 시간이었다. 우리는 그 스웨터들을 크로스 카디건과 그녀를 편안하게 해줄 레이어드된 V 네크라인 스웨터로 대체했다. 안젤라는 자신의 체형에 페플럼 재킷이 얼마나 잘 어울릴 수 있는지(더블 브레스트만 존재하지는 않는다는 것을!) 알게 되었다. 그리고 마지막으로 이제는 더 이상 사용하지 않는 액세서리들을 치웠다. 안젤라는 자신감을 보였으며, 앞으로 어떻게 나아갈지 확인하기 위해 연락할 것을 약속하고 작별 인사를 나누었다.

몇 달 뒤 안젤라는 자신의 삶이 얼마나 달라졌는지 글로 전해왔다. 옷장만이 아니었다! 무엇보다 먼저 안젤라는 자신만의 공간(그리고 자신만의 장점)을 취함으로써 직업적으로 자신의 가치를 존중하기 시작했으며, 두려움이 아닌 자신의 의지로 자신을 올바르게 드러냈다. 승진 가능성도 있다고 했다. 또한 안젤라는 스포츠에 대한 두려움을 극복했는데, 목표를 바꾸어 요가 수업에 참여함으로써 자신의 자세와 정신에 대해 큰 만족감을 느꼈다. 마지막으로 그녀는 누군가와 사귀고 있다고 하였다.

우리는 자신을 드러내는 데 두려워하지 않아야 한다. 단지 드러내기에 가장 적합한 방법을 찾기만 하면 된다. 우리의 형태를 감추지 말고, 대신 돋보이게 해야 한다.

1
상체

목

많은 여성들은 마치 해결할 '문제'가 모두 그곳에 집중되기라도 한 것처럼 엉덩이와 복부에 집중하는 경향이 있다. 그러나 현실에서 조화는 목과 같이 겉보기에 사소한 세부 사항에 관한 것들이다. 목의 형태와 길이는 신체를 더 날씬하거나 더 볼륨감 있게 보이게 함으로써 체형 전체의 인상을 바꿀 수 있다.

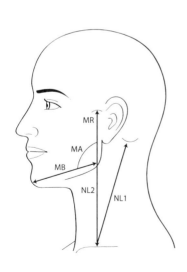

우선 사이즈를 재는 것부터 시작하자. 목둘레는 대략 중간에서 조금 낮은 부분에서 줄자로 목을 둘러서 쉽게 잴 수 있다. 반대로 목 길이를 재는 방법은 다양한데, 가장 분석적인 측정은 다음과 같은 방식을 따른다. 단단한 자를 턱뼈 라인을 따라 놓고 턱끝에서 쇄골까지 선을 그어 목 길이를 측정한다. 이 방법은 매우 정확하지만, 절대적인 숫자를 사용하기 때문에 상대적인 값들을 고려하지 못한다는 문제점이 있다. 예를 들어 12cm 길이의 목은 키가 큰 여성에게는 평균적일 수 있지만, 키가 작은 여성에게는 상당히 길게 느껴질 수 있다. 따라서 다른 방법을 선호하는데, 덜 체계적일 수는 있지만 확실히 효과적인 방법이다. 손을 펴고 손가락을 나란히 한 뒤 엄지손가락으로 90도 각도를 만들고 나머지 네 손가락을 목에 댄다. 손가락이 턱 아래에서 쇄골 사이 움푹 파인 곳까지의 길이를 덮어야 한다. 만일 수직 공간을 덮기 위해서 다른 손의 다른 손가락까지 필요하다면 목이 긴 것으로 간주한다.

여성의 목둘레는 평균 33cm이고, 길이는 약 10cm이다. 단, 이 수치는 절대적인 표준값이 아니라, 작은 속임수로 목을 길게 하거나 짧게 할 필요가 있는지 알아볼 수 있게 해주는 기준일 뿐이다.

목은 기본적으로 두 가지 이유로 어깨 안으로 약간 더 들어가 있게 보일 수 있다. 첫째는 실제로 목이 짧은 경우이고, 둘째는 T 규칙에 따라 착시 현상으로 그렇게 보이는 것이다. 즉 목이 약간 굵어서 실제보다 더 짧게 보이는 것이다. 어쨌든 체형이 길어 보이고 싶거나 날씬해 보이고 싶다면 수직선을 이용하여 얼굴 윤곽, 귓볼, 쇄골 그리고 가슴 윗부분을 드러내서 항상 목을 시각적으로 길게 한다.

목도리나 볼륨 있는 스카프를 둘러 목을 짧게 보이게 하거나 목 전체를 보이지 않게 하면 몸매가 비대해 보일 수 있다. 그보다는 상반신을 따라 길게 늘어뜨리거나 최대한 느슨하게 묶는 것이 좋다. 만약 셔츠를 좋아하거나 일 때문에 와이셔츠를 입어야 한다면, 끝이 더 길고 수직으로 된 소위 '이탈리안 칼라'라고 불리는 타입의 길쭉한 칼라를 선택한다. 남성 테일러링에서는 더 짧고 끝이 퍼지는 타입은 '프렌치 칼라'라고 알려져 있다(책 뒷부분의 '형태 사전' 이미지 참고). 어떤 모델을 선택하든 버튼을 하나 더 열어두면 확실히 원하는 결과를 가져올 수 있다. 넓은 V 네크라인의 상의와 원피스 또한 같은 효과를 얻을 수 있으며, 초커(choker, 목에 꼭 끼는 목장식)는 경계를 강조하여 몸매를 비대해 보이게 할 수 있으므로 피하는 것이 좋다. 겨울철에 목을 보호할 털목도리나 초커가 필요하고 터틀넥을 입고 싶다면 이 경우에도 해결책은 있다. 레이어링에서 타협점을 찾기만 하면 된다. 목과의 연속성을 위해서 피부에 가장 비슷한 색깔의 얇은 셔츠를 입고, 그 위에 다른 색깔의 깊게 파인 V 네크라인의 스웨터나 재킷을 겹쳐 입을 것을 추천한다. 이 레이어링 기법은 깃이 높은 스웨터에 긴 목걸이를 착용하는 것으로도 유효하다. 고전적인 V 네크라인에 비해 그 효과가 덜할 수는 있지만, 아무것도 안 하는 것보다는 나을 것이다.

목걸이에 대해서 언급하자면, 목을 길게 하고 신체의 비율과 조화를 이루는 간단한 비법이 있다. 목걸이의 적당한 길이는 소위 밸런스 포인트(balance point)와 일치하는 대략 가슴 높이다. 가슴 높이를 재려면 머리카락이 난 곳에서부터 턱까지의 길이를 측정하고 턱에서부터 아래로 밸런스 포인트까지 측정을 하면 되는데, 이는 목걸이 길이를 위한 좋은 지침이자 네크라인을 위한 훌륭한 지침이기도 하다. 이러한 밸런스 포인트 개념은 뒤에서 자세히 다루겠다. 목걸이의 길이는 중간 정도의 것을 선택하는 것이 좋다. 예를 들어 약 50cm의 마티네(matinée) 모델은 얇고 팬던트가 달려 있는 것이 더 좋다. 실제로 굵은 체인은 목을 강조하는 반면, 펜던트는 포컬 포인트(focal point)를 다른 곳으로 옮긴다.

초커는 매우 예쁘지만 목이 유난히 가늘지 않다면 좋은 생각이 아니다. 특별히 고가는 아니지만 아주 좋아하는 초커를 하나 가지고 있던 내 고객에게 나는 확장용으로 동일한 모델을 하나 더 구입하라고 조언했다. 그래서 두 초커를 연결해 긴 목걸이로 만들었다.

귀걸이 역시 목 부위에 작용하기 때문에 중요한 역할을 한다. 샹들리에 귀걸이는 너무 길어질 수 있는 위험이 있지만, 3cm 이내의 간단한 펜던트 귀걸이는 백조 같은 얇지 않은 목을 가진 사람에게도 잘 어울린다.

목이 굵거나 강조하고 싶은 부분이 아니라면 너무 많은 디테일로 불편한 포컬 포인트를 만들어 내는 것은 피하는 것이 좋다. 따로 목걸이를 할 필요 없이 비즈(구슬) 또는 다른 장식이 달린 스웨터와 탑이 좋다. 액세서리를 좋아하는 사람은 모든 타입의 팔찌, 특이한 시계 그리고 브로치까지 항상 관심을 둔다. 브로치 또한 매우 흥미롭고 매력적이다. 클래식하고 우아한 것부터 현대적이고 재미있는 것까지 모든 종류의 브로치를 선택할 수 있으며, 재킷이나 코트, 모자, 드레스 등에도 적용할 수 있다.

그렇다면 머리카락은 어떤 역할을 할까? 가장 순진하고 즉각적인 대답은 머리카락이 가리는 역할을 한다는 것일 것이다. 여기서 다시 한번 가리는 것에 빠지는 함정에 부딪치게 된다. 바로 이것이 때때로 없는 결점을 만드는 것이다! 질문에 대답을 하자면, 물론 머리카락도 도움이 된다. 하지만 이는 머리카락을 짧게 자르거나 항상 묶는 것을 의미하지 않는다. 목 부위를 자유롭게 하기 위해 머리카락을 뒤로 넘기거나, 특별한 경우에는 묶으면 된다.

사진에서 목을 길게 하는 효과는 훨씬 더 간단하다. 턱을 살짝 들어주기만 하면 된다.

반대로 목이 길다면 지금까지 이야기한 모든 것이 해당되지 않는다. 오드리 햅번 타입의 긴 목을 가진 사람은 스카프 또는 스트링 넥리스로 목을 강조하는 것이 좋다. 초커와 하이 칼라도 좋다. 넓고 너무 얇지 않은 귀걸이 또한 아주 잘 어울린다. 여기에도 T 규칙이 적용된다.

모딜리아니의 그림에서 자주 등장하는 긴 목 또한 머리 크기가 비례적으로 작을 때 전체적인 비율을 바꿀 수 있다(이 경우 목 중간에 두른 스카프는 완벽하다!). 어깨가 약간 좁은 경우에도 마찬가지다. 이에 대해서는 이후에 다룬다.

어깨

어깨 라인은 자세, 핏 및 신체 자체의 형태에서 매우 중요한 세부 사항을 나타낸다. 굽은 어깨는 나이가 더 들어 보이거나 피곤해 보이거나 불안정해 보일 수 있다. 둥글게 말린 어깨는 전체적으로 신체를 둥글게 만들 수 있는 반면, 각지고 근육질인 어깨는 보통 우아하고 안정감 있는 이미지와 관련이 있다. 어떤 형태의 어깨든 등을 관리하는 것은 무엇보다 건강상 좋은 것이지만, 미적인 측면에서도 우리를 더 좋게 만들 수 있다. 의상과 액세서리를 사용하여 어깨 라인을 전체적으로 조화롭게 만드는 방법을 알아보자.

측정부터 시작해 보자. 이 경우 미터법 측정과 비율 측정 모두 다 해당한다. 코의 곡선을 고려하지 않고 단단한 자를 사용하여 머리카락이 난 지점(헤어라인)에서 턱 끝까지 얼굴 길이를 측정하면 보통 17~20cm 정도이다. 이 길이와 어깨뼈, 즉 뒷목 밑에서 가장 바깥쪽 어깨뼈까지의 길이를 비교한다. 얼굴 길이는 오른쪽 어깨와 왼쪽 어깨의 길이와 같아야 한다. 얼굴보다 길다면 어깨가 넓은 것으로, 반대로 좁다면 어깨가 좁은 것으로 간주할 수 있다.

측정할 때는 양쪽 어깨를 모두 재야 하는데, 간혹 양쪽 길이가 다른 경우가 있기 때문이다. 이 경우 얼굴 길이와 비교하여 더 멀리 떨어져 있는 쪽을 기준으로 한다. 비대칭에 대해서는, 특히 나이가 많은 고객 중에서 어깨가 뚜렷하게 한쪽이 더 낮은 경우가 있는데, 이 경우 어깨가 약한 쪽에 이중 어깨 패드가 있는 재킷이나 카디건을 선택하는 것이 해결책이다. 때로는 신체적 특성이 극복할 수 없는 문제처럼 보이지만, 그것은 단지 시간이 지남에 따라 만들어진 결과일 뿐이다. 이러한 것이 일반적인 상황임을 알게 된다면 잘못되었다는 느낌을 떨치는 데 도움이 될 것이다.

넓은 어깨

우선 골격 구조 또는 수영과 같은 스포츠 활동에 의해 상대적으로 넓은 어깨를 가진 사람에 초점을 맞춰보자. 모나코의 샤를렌 공주가 이 경우인데, 이러한 특수성을 가진 사람을 위한 매우 아름다운 예가 되고 있다.

T 규칙을 기억하자. 수평 폭을 줄이려면 목과 몸통의 길이 또한 길어 보이게 하기 위해 중간 길이의 목걸이를 착용하고, 깊게 파인 목덜미에 스카프를 묶지 않고 풀어서 늘어뜨려 수직으로 작업한다. 래글런 소매, 아메리칸 컷 그리고 목을 따라 컬(주름)이 있는 모든 상의에서 볼 수 있는 대각선 또한 아주 좋다. 이들이 눈을 대각선 방향으로 이동시켜 어깨 바깥쪽 라인에서 멀리 떨어지게 하기 때문이다.

물론 모든 수평적인 라인들은 대개 유효하지 않다. 마린 V 네크라인뿐만 아니라 바르도 라인, 보트 네크라인, 스퀘어 네크라인, 그리고 일반적인 넓은 네크라인에 이르기까지 모두 어울리지 않는다. 또한 패딩 숄더와 부풀린 버프 소매는 그다지 조화롭지 않아 체형의 균형을 맞추는 대신 오히려 균형을 무너뜨릴 수 있다.

그러나 비례의 관점에서 생각해 보면, 로맨틱한 여성적인 스타일을 좋아하는 사람에게는 큰 칼라가 잘 어울리며, 보다 남성적인 룩을 좋아하는 사람에게는 스타일리시한 브레이스 스트랩을 추천한다. 동일한 원칙에 따라 탱크탑, 조끼, 탑 또는 수영복의 스트랩은 중간 너비가 좋다.

좁은 칼라보다는 높은 칼라가 수직적인 느낌을 증대시키는 데 도움이 된다. 넓은 칼라가 더 잘 채워지고 신체에 균형을 주며, 작은 칼라는 비율적으로 어깨를 더 크게 보이게 한다.

이와 달리 카디건, 기모노(kimono) 그리고 어깨를 과도하게 강조하지 않는 부드러운 스타일은 아름다운 실루엣을 보여준다. 이브닝 드레스 또는 다른 특별한 경우를 위한 드레스라면 한쪽 어깨만 드러내는 스타일도 좋으며, 뒷목에 묶는 탑도 매력적이다. 머메이드

(mermaid), 고데트(godet) 또는 플레어 스커트 역시 잘 어울리는데, 하단 부분이 넓어져 어깨 너비와 균형을 이룬다. 같은 이유로 와이드, 팔라초 또는 플레어 팬츠도 잘 어울린다.

좁은 어깨

상대적으로 좁은 어깨는 외배엽형 및 내배엽형 체형(3부 1장 참고) 모두에서 찾을 수 있는 특징이다. 그러나 다른 이유 때문이기는 하지만 두 경우 모두 그 넓이를 시각적으로 확대할 필요가 있을 수 있다. 어깨를 빠르게 구조화하기 위해서는 옷 안에 어깨 패드를 넣어주기만 하면 된다. 1980년대 유행했던 어깨 볼륨이 아니라, 필요한 경우 벨크로로 꿰매거나 묶은 작은 패드를 만들어 사용한다.

재킷의 경우 많은 사람들이 클래식한 스타일을 선택해야 한다고 생각할 수 있지만, 실제로 겉옷은 이러한 스타일에 국한되지 않는다. 청바지와 가로 줄무늬 티셔츠 위에 세련된 블레이저를 입거나, 맥시 드레스 위에 카디건 대신 가죽 바이커 재킷을 입거나, 데님 재킷이나 사파리 재킷, 또는 어깨 패드 장식이 있는 밀리터리 재킷일 수도 있다. 즉 형태와 비율이 정해지면 어떤 스타일에서도 적용할 수 있다. 보다 여성스러운 룩을 좋아한다면 퍼프나 벌룬 소매, 주름, 주름 접힌 디테일 등으로 볼륨을 추가하여 어깨 폭을 시각적으로 확대할 수 있다.

스케일 비율을 조정하기 위해, 특히 어깨가 좁고 목이 유난히 길다면 작은 칼라와 한국식 칼라 또는 아예 칼라가 없는 겉옷이 선호된다. 또한 넓은 네크라인, 보트 네크라인, 스퀘어 네크라인 및 수평적인 네크라인이 너무 깊은 네크라인이나 원숄더 네크라인보다 좋은 선택이다. 여름용 탑과 수영복의 경우 대각선으로 밖으로 열리고 보통 프릴이 있는 귀여운 모델도 좋다.

다만, 목과 어깨는 가슴의 모양 및 크기와 조화를 이루어야 한다 (이 중요한 부분에 대해서는 뒤에서 이야기할 것이다).

팔

팔은 종종 과소평가되고 있지만 신체의 중요한 구성 조직이며 전체적인 균형을 이루는 데 기본적인 역할을 한다. 많은 사람의 경우 시간이 흐르고 기타 호르몬 요인 때문에 더 부드러운 라인을 갖는 경향이 있으며, 반대로 어떤 사람은 오히려 가늘거나 심지어 앙상한 팔을 갖기도 한다. 옷을 선택할 때 적당한 무게감과 올바른 라인을 부여하는 방법을 함께 살펴보자.

레이스, 그물, 구멍이 있는 소재나 또는 반투명한 보일 소재의 소매는 매우 타이트하고 감싸는 소매와 마찬가지로 보다 풍성한 팔의 볼륨을 강조한다. 벌룬 소매와 같이 너무 많이 조일 위험이 있는 신축성 있는 짧은 소매도 마찬가지다.

목표가 팔이 더 가늘게 보이는 것이라면 넓은 보트 네크라인을 선택하거나, 팔 너비보다 넓은 소매나 프릴이 달린 소매를 선택할 수 있다. 넓고 대각선 라인이 있는 벨 모양 또는 캡 소매도 좋다. 햄 소매나 원단이 충분히 들어간 더 부드러운 소매 또한 권장한다. 이 책 뒷부분에 있는 '형태 사전'을 참고하면 도움이 된다.

얇은 스트랩이나 직경이 작은 팔찌를 선택할 때는 비율에 주의해야 한다. 비율에 따라 팔이 더 두껍게 보일 수 있기 때문이다.

긴 소매의 경우 비율과 균형을 맞추기 위해서는 7부 소매 또는 깔대기(벨) 소매가 좋다. 소프트 스톨이나 카디건은 팔을 강조하고 싶지 않을 때 효과적이다.

얇은 팔의 경우 큰 소매가 권장되며, 뻣뻣하고 부피가 있는 원단이나 패턴이 있는 소매가 좋다. 암홀이 있는 상의나 민소매 드레스, 또는 미국식 네크라인은 팔에 볼륨을 주기에 완벽하다. 이브닝드레스나 특별한 날을 위한 드레스의 경우 스트레이트 컷 민소매 드레스가 잘 어울리며, 레이스나 투명한 소재의 소매가 있는 드레스도 훌륭하다.

가슴

여성의 가슴은 형태와 비율의 개념을 훨씬 뛰어넘는 신체 부위이며, 때로는 집착의 대상이 되기도 한다. 나는 오랫동안 가슴이 작은 여성들이 자신이 덜 여성스럽다고 느끼며 고통받아 왔다는 것을 알고 있다. 그들은 학창 시절 반 친구들의 농담으로 상처를 받고, 때로는 불안감으로 인해 아무 죄도 없는 몸에 그 책임을 돌렸다. 하지만 이는 불안감에서 비롯되는 것이며 신체와는 무관하다.

또 어떤 여성들은 풍만한 가슴을 숨기기 위해 어깨를 구부정하게 하고 큰 가슴으로 인해 저속하게 보일까봐 그렇지 않게 보이는 옷을 입으려 한다.

이제 이러한 여성들은 머리를 들고 가슴을 펴고 걸어가야 한다. 음탕함, 병적 관심, 그리고 부적절한 판단은 바라보는 이의 눈 때문이며, 우리는 자연이 우리에게 선사한 특성을 즐길 수 있어야 한다.

이 책을 읽으면서 '가슴이 더 크면 얼마나 좋을까!' 또는 '더 작으면 얼마나 많은 옷을 입을 수 있을까!'라는 생각이 들었을 수도 있다. 어느 쪽에 속하든, 이하에서는 사이즈 참고 값을 제공하지 않고 여러분이 자유롭게 가슴의 크기가 작은지 큰지 판단할 수 있도록 하겠다.

작은 가슴

컨설팅 과정에서 종종 외형보다는 자기 인식에 대해 작업해야 하는 경우가 있다. 나는 가슴에 불만을 품은 의뢰인을 위한 상담을 위해 그들과 같은 특성을 가진 섹스 심벌의 이미지와 이야기를 수집하기 위해 오랜 기간 연구를 했다. 누구에게나 섹슈얼리티는 먼저 정신적인 문제이다. 그 가운데 몇 사람에 대해 언급하자면, 나오미 캠벨, 마고 로비, 제니퍼 로페즈, 샤론 스톤, 제리 홀 등이 있으며, 이 외에도 많이 있다. 이들을 떠올리면 그들의 카리스마에 매혹되어 누구도 그들의 브래지어 사이즈를 신경 쓴 적이 없을 것이다.

작은 사이즈는 실용적인 측면에서 많은 이점을 가지며 수많은 컷과 디테일을 활용할 수 있다. 급격한 데콜테와 등 노출 디자인이 가능하다. 대담한 성격이라면 특별한 자리에서 누드 룩도 선택할 수 있다. 가로로 아주 넓은 네크라인이 매우 이상적이며, 사각형 모양, 둥근 모양, 타원형 등도 잘 어울린다.

브래지어를 착용하지 않아도 되는 편안함은 값을 매길 수 없지만, 소셜 미디어에는 이와 관련하여 좋지 않은 댓글들을 종종 볼 수 있다. 예를 들어 유두의 돌출을 드러내는 자유를 뜻하는 해시태그 #freenipples 아래에는 이 자유를 주장하는 사람들과 반대로 그것을 천박하고 무례한 습관이라고 주장하는 사람들이 함께 있다. 하지만 누구나 자신의 모습을 드러내거나 가리는 선택에 대한 자유가 있어야 한다. 모든 선택은 정당하며 다른 사람의 판단을 받아서는 안 된다. 드레스 코드와 상식적인 판단에 대한 문제로 이야기한다면, 이 결정은 각각의 상황과 맥락에 기초해서 결정되어야 하지만, 몇 가지 예외를 제외하면 나는 표현의 자유를 지지한다.

가슴 부분을 더 볼륨 있게 보이고 싶다면 주름 장식, 리본, 프릴, 드레이프, 포켓 등 두께와 부드러움을 줄 수 있는 디테일을 활용할 수 있다. 이는 라인에서도 동일하게 효력이 있는데, 넓고 둥글게 디자인된 칼라, 퍼프 소매, 그리고 셔츠 위에 입는 조끼 등 다양한 소재와 디자인을 겹쳐 둥근 느낌을 연출할 수 있다. 겹쳐 입기만 해도 효과가 있으며, 셔츠나 드레스 위에 얇은 조끼를 입는 것도 좋다.

상의나 수영복을 선택할 때는 비율에 따른 규칙이 역시 적용된다. 스트랩이 얇을수록 컵이 크게 보이기 때문에 삼각형 형태의 디자인이 좋다. 삼각형을 약간 측면으로 치우치게 하여 가슴 부위를 시각적으로 넓게 만들어 섹시한 느낌을 연출할 수 있다. 만약 컵이 작아 첫번째 사이즈로도 가슴을 채우지 못한다면 조절 가능한 삼각형이 아닌 고정된 삼각형 스타일을 선택하는 것이 좋다. 충전재가 항상 좋은 것은 아니다. 때로는 원하는 효과와 반대의 결과를 얻을 수 있기 때문이다.

큰 가슴

가슴이 큰 유명 여성에 대해 이야기할 때 펠리니 감독의 영화 〈달콤한 인생〉에서 크레비 분수에 몸을 담그는 아니타 에크베르그(Anita Ekberg)를 비롯한 팜므 파탈만을 생각해서는 안 되며, 직업상 더 신중한 스타일이 필요한 다른 많은 여성들도 생각해야 한다. 반복해서 이야기하자면, 우리의 체형은 우리가 누구인지 우리의 개인적인 스타일을 규정해서는 안 된다는 것이다. 그럼에도 많은 여성들은 의상 선택에서 제한을 느끼고 있다.

여기서는 한 가지 단순하고 중요한 규칙을 말하고자 한다. 좋은 브래지어를 구입하라는 것이다. 큰 가슴의 무게를 지탱해 주는 등 건강을 지킬 수 있으려면 품질에 투자해야 한다. 또한 최고의 소재는 어떤 옷을 입더라도 좋은 핏을 제공한다. 패션은 계속 변하며, 따라서 한 시즌 안에 지루해지는 옷보다는 내구성과 성능이 뛰어난 속옷에 조금 더 투자하는 것이 좋다.

가슴이 작은 경우 수평적인 라인을 추천하지만, 풍만한 경우 수직적인 라인이 이상적이다. 이는 상체를 연장시키는 것이 목적으로, 예를 들면 V 네크라인—너무 깊을 필요는 없다—이나 스탠드 칼라가 좋다. 추위를 타는 여성을 위해 겨울에는 중간 톤 크루넥 보디 슈트를 입고 그 위에 자신만의 색상 팔레트에 따라 목이 깊게 팬 대조색 스웨터를 입을 것을 권한다. 만일 여러분이 따뜻한 톤이라면 베이지에 포레스트 그린을 매치하면 완벽하며, 창백한 톤이라면 페이스 파우더 (블러셔)와 블루 네이비에 집중할 수 있다. 셔츠를 포기하지 말고 대신 신중하게 선택하라! 예산이 허락된다면 맞춤형 셔츠가 좋다. 그렇지 않다면 버튼이 버튼 구멍에서 수평으로 당겨지지 않도록 신경 써서 선택한다. 이중 버튼이 있는 셔츠도 있는데, 노출되는 버튼 외에 안전 버튼도 있으므로 셔츠를 잘 잠글 수 있다. 목을 세워 상체를 세워주기 위해 위쪽 버튼 몇 개를 풀어놓는 것을 잊지 말자!

대각선 라인이 매우 효과적인데, 크로스된 카디건 또는 랩 드레스를 통해 이 효과를 얻을 수 있다. 두려움과 선입견을 극복하고 실제로 잘 어울린다는 것을 발견하라! 오픈된 디자인의 경우 내부에 숨겨진 클립 버튼이나 핀을 사용하여 네크라인을 정돈하지 않아도 되도록 할 수 있다. 재킷은 부드럽고 구조화되지 않은 더 수직적인 싱글 브레스트가 좋다. 색상의 역할 부분에서 언급했던 것처럼 컬러 블록으로 착용한 긴 카디건도 좋다.

여름용 반팔 상의나 티셔츠를 선택할 경우 소매가 어디에서 잘렸는지 그 위치에 주의해야 한다. 소매의 길이는 시각적으로 유두의 높이를 결정해 주는 기준이 되기 때문이다. 어깨 근처에서 더 높이 있는 짧은 캡 소매는 가슴을 위로 들어올리는 듯한 효과를 주는 반면, 어깨 중하부에서 잘린 소매는 가슴과 하나의 밴드를 이루어 가슴이 더 낮고 탄력이 없어 보이게 한다. 이는 일종의 착시라 할 수 있으며 착용한 브래지어와는 관련이 없다. 팔꿈치까지 오는 7부 소매가 훨씬 좋은데, 이 소매는 슬림해 보이게 하며 가슴 라인과도 충돌하지 않는다. 오버사이즈 소매는 몸을 무거워 보이게 하고 균형을 무너뜨리기 때문에 권하지 않는다.

이제 액세서리에 대해 알아보자. 긴 목걸이는 걸을 때 움직임에 방해가 되고 가슴 정가운데에 포컬 포인트를 만든다. 머리카락도 마찬가지로 길고 볼륨이 있는 경우 조심해야 한다. 반대로 중간 길이의 큰 팬던트가 있는 목걸이는 시선과 가슴 전체를 올려준다. 긴 목걸이는 목에 두 번 감아 착용하거나 짧게 잘라 팔찌로 만드는 것이 좋다.

가방의 경우 긴 가방끈은 체형을 수직화하는 데 도움이 되며 볼륨을 몸통에서 멀리 이동시킨다. 그러나 가방끈을 대각선으로 메는 것은 좋지 않은데, 보기 흉할 뿐만 아니라 가슴 사이에 끼게 되어 불편하기 때문이다.

추가로 가슴 성형을 받는 분들을 위해 특별히 몇 가지 조언을 덧붙인다. 조니 시거(Joni Seager)의《세계 여성 지도(Atlas of Women in the World)》에 따르면, 유방 확대술은 미국, 브라질, 이탈리아, 프랑스 등 전 세계에서 많이 이루어지고 있는 성형 수술이며, 취향이나 문화, 종교와 관련 없이 선택되고 있다. 따라서 이 선택을 숨기거나 정당화해야 할 필요가 없다. 즉 가슴 성형은 자유롭고 합법적인 선택이며, 여러분을 행복하게 만들었다면 좋은 것이다. 중요한 것은 이 결정이 다른 사람의 요구나 기대 때문이 아니라, 완전히 자신의 의지에 의해 이루어져야 한다는 것이다.

유방 확대술을 받기로 했을 때 크기를 잘 생각해야 한다. 몸통의 넓이와 가슴둘레를 고려한 크기가 이상적이다. 비율에서 보면 같은 크기의 보형물이 작은 몸통에서는 크게 보이고 큰 몸통에서는 작아 보일 수 있기 때문이다. 물론 이것은 수술을 하는 외과 의사의 판단

에 따라 결정되지만, 얻고자 하는 스타일과 효과에 따라서 달라질 수
있다.

스타일링에 대해서는 보형물을 넣은 유방이 크든 작든 다른 유방
과 다르지 않으므로 이 장의 해당 부분을 참조한다. 장점에 관해서는
말하기 쉽다. 패딩이나 언더와이어가 없는 깔끔하고 미끈한 삼각형
브래지어, 등받이가 없는 브래지어, 상의와 수영복을 위한 밴드 등이
모두 잘 어울린다. 꼭 브래지어를 착용하지 않아도 되지만, 여전히 논
의의 대상이 되는 민감한 사항이므로 착용하는 것이 권장된다.

이하에서는 사이즈를 측정하는 방법과 이상적인 브래지어 모델을
선택하는 방법에 대해 알아본다.

각자에 맞는 브래지어

우리는 일터에서 긴 하루를 마치고 집에 돌아오자마자 브래지어를
벗으려 한다. 그러나 가슴이 어떤 모양이든 어떤 크기든 브래지어는
우리의 가장 좋은 친구다. 때로는 함께하기가 조금 어려울 수도 있지
만, 진정한 친구처럼 잘 맞는 브래지어를 찾는 것이 중요하다. 잘 맞
는 브래지어는 허리가 더 슬림해 보이고, 몸통이 가늘어 보이며, 가슴
모양이 더 아름답게 보이고, 자세에 도움을 주며, 옷의 핏을 개선하
고, 하루종일 편안하게 느끼게 할 수 있도록 도와준다.

정말로 놀라운 것은 대부분의 여성이 인식하지 못한 채 맞지 않는
사이즈의 브래지어를 착용한다는 사실이다. 많은 브랜드가 여전히

기본적인 사이즈만 제시하고 있다는 사실을 보면 알 수 있다. 가장 흔한 실수는 가슴둘레가 너무 크고 컵이 너무 작은 브래지어를 선택하는 것이다. 항상 컵 사이즈와 가슴둘레 사이즈를 명시해야 한다.

정확한 치수를 재기 위해서는 다른 사람의 도움이 필요하다. 두 팔이 몸에 딱 붙도록 하고, 줄자가 완전히 수평이 되도록 하며, 바닥에 평행하게 완전히 수평을 이루는 것이 중요하다. 흉곽을 조이기 위해 숨을 내쉬고 가장 넓은 부분의 가슴둘레와 컵 둘레를 재야 한다. 소수점이 있는 경우 반올림한다.

다음 표는 한국에서 사용되는 브래지어 사이즈 참고 표다.

밑가슴둘레	허용범위	컵 사이즈	가슴둘레-밑가슴둘레
65	63~68cm	AA컵	7.5cm 내외
70	68~73cm	A컵	10cm 내외
75	73~78cm	B컵	12.5cm 내외
80	78~83cm	C컵	15cm 내외
85	83~88cm	D컵	17.5cm 내외
90	88~93cm	E컵	20cm 내외

어떤 경우든 브랜드 모델에 따라 사이즈가 다를 수 있으므로 피팅 테스트를 해보고 구매하는 것이 좋다. 괜찮은지 식별하는 좋은 방법은 브래지어 위에 티셔츠를 입어보는 것이다. 이렇게 하면 가슴이 브래지어 밖으로 삐져나오는지 알아보기 쉬우며, 그런 경우 한 치수 더 큰 컵을 선택하면 된다.

언더와이어가 움직여 이동하거나, 끈이 흘러내리거나, 반대로 끈이 너무 조여서 어깨에 홈을 만들거나, 등 뒤가 수평을 이루지 않고 위로 올라가거나, 언더와이어가 가슴에 밀착되지 않고 컵 위에 떠 있다면 잘 맞지 않는 것이다. 참고로 가슴의 가장 튀어나온 부분이 어깨와 팔꿈치 중간쯤에 위치해야 한다.

컵 크기의 경우 대부분의 여성은 양쪽 가슴이 완벽하게 똑같지 않다는 것을 기억해 더 풍만한 쪽을 기준으로 선택해야 한다. 또한 가슴 크기는 체중 변화, 임신 및 수유 등으로 변화할 수 있으므로 정기적으로 측정해야 한다.

치수를 잘못 재는 것 외에도 많은 여성들이 현재 시장에서 제공하고 있는 브래지어의 다양성을 알지 못하고 불편을 느끼면서도 항상 같은 브래지어를 구입하곤 한다. 따라서 다양한 모델들을 알아보고 가슴(유방) 모양에 맞게 선택해야 한다. 브래지어의 원단이나 색상, 품질이 다양하지만 이를 다섯 가지 종류로 분류하면 다음과 같다. 이에 대한 그림 자료는 책 뒷부분의 '형태 사전'에서 참고할 수 있다.

- **푸시업 브라**: 패드 여부와 상관없이 기본적으로 얇은 네크라인 옷에 적합하다. 두 컵을 바닥에서 얇은 부착물로 연결하기 때문에 매우 편리하다. 단, 상단 부분이 비어 있는 경우에는 문제가 될 수 있다. 풍만하고 균일한 가슴을 가진 여성에게 더 잘 어울린다.
- **발코니 브라**: 가슴을 들어올려서 컵을 채워주기 때문에 중소형 가슴 또는 가슴이 낮게 달린 여성에게 적합하다. 가로로 넓은 가슴을 가진 사람에게도 매우 편리한데, 뒷면에 문제가 되지 않으면서도 지지력이 있어 좋다.

- **클래식 브라**: 앞 두 모델의 중간에 위치하며 모양과 지지력 측면에서 모두 적합하다. 특히 가슴이 풍만한 여성에게 적합하며, 풍만한 가슴과 적게 차 있는 가슴 모두를 강조해 준다.
- **스리컷 클래식 브라**: 거의 완전하게 컵을 덮는 가장 편안한 모델이다. 다행히 이제는 편안함과 미적 측면 모두에 부합하는 멋진 디지인과 색상의 모델을 찾을 수 있다.
- **삼각 브라**: 작은 가슴 또는 보형물을 넣은 가슴에 완벽하다. 특별히 지지력이 강하지는 않지만 강화된 밴드가 있는 것을 찾을 수 있으며, 이는 작은 컵에도 지지력을 제공해 준다.

스포츠 브래지어에 대해서도 알아보자. 어떤 운동을 하더라도 장기적인 스트레스로부터 가슴을 보호하는 것이 중요하다. 원단은 달리기나 점프를 하는 동안 유방이 가능한 한 덜 움직일 수 있도록 강력하게 막아주는 재료여야 한다. 구입 당시에는 조금 뻣뻣해 보일 수 있지만 사용하면서 조금씩 풀어지기 때문에 구입할 때에는 바로 그런 상태여야 한다.

수면용 나이트 브래지어도 있다. 편안하고 와이어가 없어야 하지만, 수면 중에 불필요한 주름이 생기지 않도록 충분한 지지력이 있어야 한다. 하루종일 가슴을 가두는 것이 괴롭다고 생각할지 모르겠지만, 진정한 애호가는 언제나 지지력을 제공해 주는 브라를 사용하며 결코 브래지어를 벗지 않는다.

복부

가장 만족하지 못하는 신체 부위를 고르라고 한다면 아마도 대다수가 복부를 들 것이다. 복부는 가장 자주 언급되는 불만 중 하나이다. 강조하고 싶은 것은 이는 주관적인 인식일 뿐이라는 것이다. 많은 경우 이는 절대적으로 자연스러운 형태이며 크기이기 때문이다. 복부가 약간 나온 것은 여성의 자연스러운 체형 특성이라 할 수 있으며, 이는 식이, 자세, 호르몬 등 많은 요인이 영향을 줄 수 있다.

여기서 우리는 둥근 복부를 가려주는 몇 가지 트릭을 함께 볼 것이다. 그러나 그전에 약간 둥근 복부를 갖는 것이 매우 자연스럽고 일반적이라는 사실을 받아들여야 한다. 균형 잡힌 체형의 사람들은 물론이고 유명인들도 마찬가지다. 우리가 소셜 미디어나 패션 잡지에서 보는 것은 항상 보정된 사진이라는 것을 기억하라! 포토샵으로 편집한 사진 전후를 보면 얼마나 보정되었는지 알 수 있다. 이를 확인하는 것은 다른 사람들의 불완전함을 즐기기 위한 것이 아니라, 우리 자신을 용서하는 방법을 배우기 위해서다.

우리는 총칭해서 흔히 '뱃살'이라고 말하지만, 부드러운 복부, 불룩한 복부, 그리고 팽창한 복부로 구분할 필요가 있다. 이 세 가지 모두 수평선에 대해 말했던 것을 기억할 필요가 있다. 복부는 신체의 중앙 부분이므로 허리를 조이는 고무 밴드나 벨트로 포컬 포인트를 만들지 않는 편이 낫다. 복부 근육이 약한 경우 임부복처럼 부피가 크지 않고 가슴 부분을 조이고 복부 부분에서 직선으로 내려와 꼭 맞는 깔끔한 라인의 엠파이어 스타일 컷을 선택하는 것이 좋다. 반대로 팽창

한 복부이지만 허리선이 좋다면 벨트를 매는 대신 매듭이나 측면 솔기 및 가장 튀어나온 부분 직전에 조이는 드레이프로 교체한다. 그렇게 하면 우리가 싫어하는 부분을 덜 강조하도록 의상에 부드러움 및 대각선 라인을 만들 수 있다.

주의할 것은 스커트나 바지 안에 상의를 넣어 입을 때 만들어지는 수평 라인이다. 이는 벨트와 같은 효과를 내는데, 가리려고 하는 부분을 색채 분리에 의해 더욱 강조하게 된다. 이것은 한 벌로 된 옷만 입어야 한다는 말이 아니라, 상의 밑단에 주의를 기울이거나 상·하의를 너무 분명하게 분리하지 않기 위해서 비슷한 색상으로 맞추어 너무 눈에 띄지 않게 조절하라는 것이다.

절대 과소평가해서는 안 되는 의류 아이템 중 하나는 재킷이다. 재킷은 어깨를 강조하면서 가슴을 따라 수직으로 내려오기 때문에 몸을 조이지 않고 수직적인 인상을 준다. 비즈니스용(클래식 정장 바지 착용) 및 레저용(간단한 청바지 착용) 모두에 적합하다. 특히 앞서 언급한 컬러 블록을 활용하면 효과를 극대화할 수 있다. 재킷 색상이 더 밝고 셔츠가 더 어두운 경우 상체가 뒤로 밀려나며 작아 보이게 된다. 이러한 명암 효과는 카디건, 조끼 또는 다른 아우터와 함께하면 더욱 좋다. 다만 포켓이나 다른 디테일을 가진 것은 피해야 한다.

상의에서는 프릴(주름)이 매우 전략적인데, 원단 주름 사이에서 작은 범프와 롤을 잘 숨길 수 있기 때문이다. 수영복에도 잘 어울리는데, 일반적으로 두 겹으로 되어 있으며 주름 부분 아래에 더 촘촘하고 모양을 잡아주는 패널이 있다.

란제리의 경우도 셰이핑 라인을 시도해 볼 가치가 있다. 과거 할머니들이 사용했던 구식 복대 및 코르셋은 잊어라! 이제 여러 종류의 아름다운면서도 매우 효과적인 것들을 찾을 수 있는데, 간단한 퀼로트에서 마이크로 플레이슈트에 이르기까지 다양한 타입을 찾아볼 수 있다. 마이크로 플레이슈트는 아주 편하지는 않아서 드레스 사이즈보다 한 사이즈 더 크게 구매하는 것이 좋으며, 이는 이브닝드레스나 다른 특별한 경우 큰 차이를 만든다.

바지, 스커트, 벨트는 배꼽 바로 위 또는 아래에 불필요한 돌출이 생기기 않도록 고정한다. 가볍고 매끈한 직물이 탄력이 있고 너무 꽉 조이는 직물에 비해 더 좋으며, 불필요한 볼륨을 만드는 뻣뻣한 직물에 비해서도 효과적이다. 주목할 만한 디자인 중 하나는 페플럼 탑 (peplum top)이다. 그러나 그 효과는 부드러운 컬이냐 볼륨을 더해주는 뻣뻣한 컬이냐에 따라 달라질 수 있으므로 주의해야 한다. 이는 직물의 주름 또는 패브릭 디테일에도 동일하게 적용된다.

액세서리는 시선을 어디에 두느냐에 따라 복부 대신 얼굴과 상체 위쪽으로 시선을 끌 수 있다. 예를 들어 예전 재킷의 칼라에 브로치를 추가하거나, 너무 긴 목걸이를 짧게 줄이고 더 눈길을 끄는 펜던트를 추가해 보자. 스카프, 귀걸이 및 머리띠도 동일한 효과를 얻을 수 있다. 이는 개인 취향에 따라 달라지며, 선택은 여러분에게 달려 있다.

2
하체

엉덩이

이 단락의 핵심은 엉덩이를 더 날씬하게 보이게 하는 방법에 대해 이야기하는 것이 아니다. 이것이 가장 흔한 요구 사항이라고 주장하지 말자. 이제는 무엇보다 이러한 표준에 얽매이지 않아야 한다는 것을 이해할 것이다.

엉덩이는 자신의 신체 부위를 어떻게 인식하는지 가장 잘 보여주는 부위다. 어떤 여성들은 엉덩이가 너무 작다고 느끼고, 반대로 또 어떤 여성들은 너무 크다고 생각한다. 자신의 엉덩이에 대해 완전히 만족하는 여성은 극히 드물다.

조언을 한다면, 각각의 다양한 요구 사항에 대한 것이지만 절대적인 가치에서는 크거나 작은 것이 없다는 전제에서 시작한다는 것이다. 진정한 비밀은 비율을 조화시키는 것이다. 이에 따라 각각의 체형에 맞는 특별한 주의 사항이 있을 수 있다(이에 관해서는 3부 참조).

엉덩이를 더 슬림하게 보이는 방법

외형, 특히 엉덩이를 슬림하게 보이게 하고 싶다면 너무 많이 표시되거나 감싸지 않고 불필요한 볼륨을 만들지 않는 느슨한 천의 옷이 필요하다. 같은 이유로 볼랑(주름 장식), 사이드 포켓, 프린지 및 오버레이, 특히 뻣뻣한 원단이나 너무 많은 디테일이 있는 스커트와 바지는 피하는 것이 좋다. 사이드 포켓이 있는 보이핏 팬츠, 때때로 오픈되어 엉덩이에 볼륨을 주는 바지도 주의해야 한다.

법률 사무소에서 일하는 나의 한 고객은 옷장에 중성적인 핏의 테일러드 슈트로 가득 차 있었는데, 옷장을 몽땅 다시 채울 수 없어 엉덩이에 볼륨감을 주는 주머니를 모두 꿰매는 방법으로 간단한 해결책을 찾았다. 그 고객은 더 이상 주머니에 손을 넣을 수는 없었지만 꽤 많은 슈트를 되찾을 수 있었다.

색상 선택에 있어서 어두운 색상이 시각적으로 후퇴하기 때문이 분명 날씬해 보이는 효과가 있다. 밀도가 높고 균일한 패턴(단색이 더 좋음)과 무광택 질감에도 동일한 효과가 적용된다. 더 편안한 부분으로 시선을 이동하기 위해 상체에 색상을 사용하는 것이 훨씬 좋다.

드레스와 스커트는 다리 상단부를 적게 감싸고 비율적으로 더 얇은 하반신을 노출시켜 비례적으로 더 날씬해 보이게 해준다. 모든 길이에서 효과적이지만 특히 중-장 길이에 더 효과가 있으며, 플레어 또는 종 모양 스타일에서 더 효과적이다.

진과 바지에서 가장 돋보이는 디자인은 곧고 가볍게 내려오는 팔라초 팬츠 또는 엉덩이 선을 균형 있게 잡아주는 아래로 살짝 벌어지는 부츠컷 디자인이다. 허리선이 무게중심보다 높거나 최대한 중간에 위치하는 것이 이상적이다. 진의 경우 바래지 않은 어두운 색이 좋은데, 특히 사타구니 높이에 집중되어 있는 경우 포컬 포인트가 된다.

같은 이유로 셔츠의 밑단이 엉덩이의 가장 넓은 부분 위로 내려와서는 안 되며, 무게중심을 높이기 위해서 그 부분보다 약간 전까지만 내려와야 한다. 재킷과 카디건의 경우도 마찬가지다. 보통 짧은 길이가 완벽하며, 열어 입으면 바깥쪽의 약간 돌출된 부분을 수직으로 만들어 준다. 디자인 면에서는 구조화된 더블 브레스트 컷이 이상적이지만, 체형의 균형을 잡아주는 패딩 스트랩이 있는 싱글 브레스트 또한 이상적이다(이 책 뒷부분의 '형태 사전' 참고).

가방의 경우 가슴 높이의 숄더백이 엉덩이에 얹는 크로스백보다 좋다. 크로스백은 부피를 더해주고 우리가 최소화하려는 영역에 초점을 만들기 때문이다.

엉덩이를 더 부드럽게 보이는 방법

다소 남성적인 실루엣에 약간의 부드러움을 주고 싶다면, 또는 반대로 엉덩이가 이미 풍만한데 강조를 하고 싶다면, 그 부분에 볼륨을 주는 뻣뻣한 직물을 선택할 수 있다. 벨벳과 같은 무게의 직물도 좋은데, 코스트 벨벳 같은 것은 실루엣에 두께를 더해준다. 여름철 또는 더 가벼운 원단의 옷을 입을 경우에는 광택이 있는 섬유를 선택할 수 있다. 공단(새틴)은 물론이고 라텍스와 빛이 나는 가죽 원단도 이용할 수 있다. 몸에 꼭 맞는 원단은 곡선이 거의 없는 경우에도 곡선을 강조해 준다.

자신의 몸이 미성숙하고 곡선이 적은 것에 대해 불만이 있는 한 고객이 있었는데, 그녀는 여성적이지 않다고 느끼며 계속해서 자신의 이러한 특징을 '불운'이라고 말했다. 자신의 모습을 좋아할 수 없었던 그녀에게 나는 다른 시각에서 상황을 보게 해주었다.

"많은 사람들이 좋아하지만 몇몇 사람들에게만 잘 어울리는 의류를 생각해 보세요. 가죽 스커트와 바지, 대조적인 패턴, 프린지 및 모든 종류의 볼륨 등…."

때로는 긍정적인 측면은 당연하게 받아들이고 추정되는 가상의 결함에 집중하게 된다. 이러한 생각을 이끌어 내는 것은 그녀에게 큰 성공이었으며, 이후 이것은 고객들의 인식을 유도하는 전략 중 하나가 되었다.

엉덩이를 더 부드럽게(둥글게) 만드는 방법으로 돌아와서, 허리 아래 부분에 밝고 화려한 색상과 크고 대조적인 패턴을 사용해 보라. 물론 여러분의 색상 팔레트를 이용해서 말이다! 곡선적인 실루엣 모델의 대표 주자인 카다시안 자매는 옷으로 여성스러운 곡선을 강조하는 좋은 예가 될 수 있다.

스커트는 특히 주름, 프린지(술 장식), 프릴 또는 기타 겹침이 있는 경우 엉덩이 라인에 생기를 불어넣는 데 도움이 된다. 상의 하단의 페플럼과 볼륨 또한 여러 겹을 만들기 때문에 동일한 효과가 있다. 바지의 경우 외부에 주머니가 많이 달린 디자인이 효과적이다. 스키니, 오달리스크 컷 및 상체에 볼륨을 더해 콘 모양을 만들어 엉덩이를 강조하는 디자인도 아주 좋다.

자세상의 이유나 구조적 형태 또는 그 외의 외인성 원인으로 인해 우리 신체는 비대칭으로 보일 수 있다. 자세에 따라 또는 한쪽 다리가 다른 쪽 다리보다 길기 때문에 엉덩이의 곡선과 돌출이 오른쪽과 왼쪽에서 다를 수 있다. 또 어떤 경우에는 양쪽 어깨의 길이와 높이가 서로 다를 수 있으며, 양쪽 가슴이 비대칭일 수 있다.

어떤 경우든 해결 방법은 항상 있다. 어떤 비대칭은 옷을 선택할 때 최대한 많은 비대칭을 사용하여 위장할 수 있다. 예를 들어 한쪽 어깨를 드러내는 어깨 칼라 또는 측면 드레이프, 중앙에서 벗어난 버튼 행, 대각선 주름 등에 초점을 두는 식이다.

스타일링에서도 비대칭 방법을 사용할 수 있다. 셔츠를 한쪽만 바지에 넣고 다른 쪽은 밖으로 빼놓는다든지, 플로드 매듭을 중앙에서 묶는 대신 측면에서 묶는 식이다. 레이어링 기법도 효과적이다. 셔츠 위에 재킷을 입거나 스웨터 안에 셔츠를 입는 등 다른 옷과 겹쳐 입는 것이다.

엉덩이 밑 지방 과다와 측면 꺼짐: 퀼로트 드 슈발(culotte de cheval)과 힙 딥(hip dips)

엉덩이에 대해 이야기할 때 볼륨뿐만 아니라 그 모양도 언급해야 한다. 전형적인 지중해식 엉덩이인 암포라(amphora) 타입, 엉덩이 밑 지방 과다를 의미하는 퀼로트 드 슈발(culotte de cheval), 엉덩이 측면 꺼짐을 의미하는 힙 딥(hip dips) 등이 있는데, 함께 살펴보자.

퀼로트 드 슈발(culotte de cheval, 엉덩이 밑 지방 과다)

듣기 좋고 우아한 발음의 프랑스어 단어지만, 허벅지와 엉덩이 사이의 국소 지방 축적을 의미하며 많은 여성들에게 고민의 대상이다. 셀룰라이트와 오렌지 껍질과 같은 피부를 동반하는 경우가 많은데, 동일한 원인으로 발생한다. 즉 수분 저류 및 혈액순환 저하가 그 원인이며, 이 외에 유전, 호르몬, 자세, 그리고 무엇보다 좌식 생활이 주 원인이라 할 수 있다.

퀼로트 드 슈발(culotte de cheval)의 어원

프랑스어로 '승마 바지'로 번역되며 측면이 더 넓은 바지를 의미한다. 영어로는 '새들백(saddlebags)'이라는 용어가 사용되는데, 말의 등에 장착하는 말의 옆구리를 따라 내려오는 가죽 가방을 말한다. 이 용어는 자전거나 오토바이 뒷바퀴에 장착되는 이중 패니어에도 적용되는데, 흔히 엉덩이 밑 허벅지 지방 과다를 가리킨다.

이러한 축적물은 주로 삼각형(배)과 모래시계형 체형 같은 가이노이드(gynoid) 체형에서 볼 수 있으며, 직사각형이나 다이아몬드형 체형에서도 드물지 않게 볼 수 있다(3부 '6가지 체형' 참고). 이러한 특징을 가진 수많은 여성들 중에서 한 명을 언급하자면, 엉덩이를 따라 아름다운 곡선을 보여주고 있는 제시카 알바(Jessica Alba)의 바닷가에서 찍은 사진이 떠오른다. 몸무게의 문제가 아니다. 이러한 곡선은 마른 여성뿐만 아니라 과체중 여성에게도 나타날 수 있다.

퀼로트 드 슈발은 운동으로 줄일 수 있다. 운동을 하지 않는 타입이지만 이러한 부분을 가리고 싶다면 앞서 언급한 '엉덩이를 더 슬림하게 보이는 방법'을 따르면 된다. 셰이핑 속옷과 압축 직물 또한 매우 효과적이다. 허벅지 측면의 위치가 조금 더 낮기 때문에 무게중심이 낮아지는 경향이 있어 시각적으로 다리를 길어 보이게 하고 상체로 포컬 포인트를 이동시키는 방법도 좋다.

힙 딥(hip dips, 엉덩이 측면 꺼짐)

바이올린형 엉덩이로도 알려진 힙 딥은 엉덩이 측면의 꺼짐으로 인해 완전히 균일하지 않고 약간 굴곡이 있어서 붙여진 이름이다.

퀼로트 드 슈발과 달리 힙 딥은 국소 지방의 축적이 아닌 골반 골격 구조에 의한 것으로, 좌식 생활이나 과체중에 의한 것이 아니며 오히려 몸무게가 줄면서 강화될 수 있다. 확실한 것은 이곳을 압박하는 의류가 이러한 특성을 강조한다는 것입니다. 엉덩이를 조이는 허리선이 낮은 진을 보고 어른들은 잔소리를 하곤 했다. 인정하기 싫지만 그들이 옳았다. 러브 핸들과 힙 딥(이 두 가지는 흔히 자주 함께 나타남) 경향이 있는 사람은 바로 그런 바지를 입을 때 더 강조된다.

힙 딥이 특정 체형을 나타내는 것은 아니다. 모델과 유명인들 사이에서도 유명해진 예가 적지 않다. 벨라 하디드(Bella Hadid)는 인스타그램에서 힙 딥을 유명하게 만들어 열풍을 일으켰다.

이러한 신체적 특성을 위한 패션에 대해 이야기하는 것은 의미가 없다. 우리는 특정한 방식으로 만들어졌고, 현재 유행과 일치하지 않는다고 해서 자신을 완전히 변형하거나 덜 아름답다고 느끼지 않아야 한다. 누군가가 말했듯이 "패션은 지나가지만 스타일은 남는다." 나는 차라리 "패션은 지나가지만 조화는 남는다"라고 말하고 싶다.

어떠한 이유로 인해 이를 완화하려고 한다면 중–상 무게감의 원단을 선택한다. 너무 타이트하지 않은 것이 좋다. 스커트는 플레어 스타일이 가장 좋다. 바지 선택에서는 허리와 무릎의 위치가 정말 중요하다. 앞서 언급한 것처럼 낮은 허리선은 힙 딥을 강조할 수 있으며, 중간 허리선이 좋지만 무게중심과 상체 길이에 따라 허리선이 낮게 느껴질 수 있고, 높은 허리선이 확실히 가장 전략적인 선택이다.

또 다른 효과적인 아이템으로 페플럼이 있는데, 드레스와 탑, 재킷 모두에 완벽하게 어울린다. 아우터를 찾을 경우 클래식 재킷보다는 좀 더 편안하고 부담 없는 카디건을 선택할 수 있다. 긴 카디건은 수직적이면서 다양한 스타일로 매우 유연하게 사용할 수 있다. 옷의 디자인은 체형에 따라 달라지지만 플레어 스타일이 이상적이며, 타이트한 옷을 선호한다면 더 두껍고 뻣뻣한 원단을 선택한다.

B면

엉덩이에 대한 조언은 B면에 대한 것과 밀접한 관련이 있으며, 하체 부분의 볼륨을 다루기 때문에 더 자세히 분석할 필요가 있다. 여성은 남성보다 엉덩이가 볼록하고 둥근데, 이는 특히 사춘기 이후에 에스트로겐으로 인해 신체가 임신과 모유 수유를 위해 엉덩이 및 허벅지에 지방을 축적하기 때문이다.

구석기 시대 비너스

인간 종의 발전을 연구하는 과학은 사실 인간 여성을 구별하는 B면의 중요성이 진화로 인해 발생한 것으로 가정하고 있다. 실제로 인류 역사의 과정에서 에스트로겐의 존재뿐만 아니라 골반의 모양과 크기는 바람직하고 에로틱한 특징이 될 뿐만 아니라, 여성의 다산을 시각적으로 표시한 것이기도 한다.

스티애토파이지아(steatopygia, 둔부 지방 축적)는 엉덩이와 허벅지에 지방이 과도하게 축적되는 생리적인 특징을 가리키는 용어로 주로 인류학과 생물학에서 사용된다. 이는 구석기 시대 여성 조각품들의 특징이며, 이러한 이유로 스티애토파이지아 비너스라고도 불린다.

일부 사회학자들에 따르면, 여성의 엉덩이에 대한 관심은 20세기 후반에 특히 성적 특징으로서 강조되기 시작했으며, 이는 먼저 청바지 광고, 그 후에는 반바지와 미니스커트 광고와도 관련이 있다. 또한 사회 전반에 걸친 성 혁명과 대규모 포르노그래피의 보급으로 인해 대중매체에서도 엉덩이에 대한 언급이 자연스러워졌다.

엉덩이 하면 생각나는 아이콘적인 존재는 제니퍼 로페즈(Jennifer Lopez)로서, 그녀는 카다시안과 현재의 유행이 시작되기 훨씬 전에 이를 독특한 특징으로 차별화했다. 소문에 의하면 그녀는 백만 달러 가치의 엉덩이 보험에 가입했다고 한다. 제니퍼 로페즈는 항상 이미지 컨설팅 및 비율의 모든 규칙을 사용하여 자신의 모양을 숨기지 않고 과시하며 전 세계 수백만 명의 팬에게 자신의 독창성을 자랑스럽게 여길 때 얼마나 아름다울 수 있는지 보여주고 있다.

엉덩이에 대해 이미 언급한 내용과 관련하여 엉덩이의 볼륨을 조화롭게 만드는 비결을 요약하면 다음과 같다.

- **선(라인)**: 줄무늬, 솔기, 프릴(러플), 낮은 벨트 또는 허리가 낮은 드레스와 같은 수평 라인은 넓어 보이게 한다. 반대로 수직 라인은 두께와 간격에 따라 가늘거나 넓어 보일 수 있다(1부 '착시' 부분의 '패턴 선택' 참고).
- **색상**: 밝은 색상은 형태를 둥글게 하고 적어도 한 치수 이상 더 크게 보이게 한다. 누구나 흰 바지, 특히 꼭 맞는 흰 바지의 확장 효과를 알고 있다. 반면 어두운 색은 어떤 톤을 선택하든 광학적으로 후퇴하여 크기가 작게 조정된다. 작은 패턴과 단색은 형태를 조화롭게 만들고 초점을 옮기는 경향이 있는 반면, 밝은 색상과 더 대조적이거나 시각적인 패턴은 볼륨을 확장한다.
- **비율**: 작은 포켓은 엉덩이를 더 크게 보이게 할 수 있으며, 포켓이 없는 바지도 마찬가지다. 반면 넓은 포켓은 엉덩이를 작게 보이게 한다. 동일한 원리가 속옷에도 적용된다. 뒷부분이 매우 작은 G-스트링은 엉덩이를 둥글고 풍만하게 보이게 하지만, 브라질리언 팬티는 다리를 더 매끄럽게 감싸 엉덩이의 볼륨을 작게 해준다. 퀼로트(culotte)도 효과가 뛰어나며, 풍만한 곡선을 가진 사람에게 특히 적합하다.
- **원단**: 뻣뻣하고 두꺼운 원단은 볼륨을 더해주고, 가벼운 원단은 형태를 부드럽게 감싸며 두께를 더하지 않는다. 텍스처를 사용

할 때는 주의해야 한다. 윤기나 광택이 있는 텍스처는 곡선을 강조하며, 무광택 텍스처는 형태를 좁아 보이게 한다.

- T 규칙: 시각적으로 다리를 길게 하면 엉덩이가 작아 보이는 효과가 있다. 부츠컷 또는 팔라초 팬츠와 같이 긴 바지는 실루엣을 돋보이게 해주는데, 허리선이 높은 하이 웨이스트의 경우 더 그렇다. 반대로 시가렛, 스키니, 치노 같은 디자인의 바지, 특히 크롭 팬츠와 같은 스타일의 바지는 엉덩이를 넓어 보이게 한다.

- 포컬 포인트: 제니퍼 로페즈처럼 엉덩이에 관심을 끌고 싶다면 그 방향으로 시선을 이끄는 컷과 디테일을 활용할 수 있다. 진과 바지의 경우 컬러 또는 대조적인 포켓, 스팽글 등의 장식, 워싱 및 스티칭이 이에 해당한다. 엉덩이에 대한 관심을 피하고 싶다면 물론 포컬 포인트를 다른 곳으로 옮기는 것이 좋다. 백팩과 크로스백도 엉덩이 및 B면에 볼륨감과 포컬 포인트를 더해준다.

엉덩이가 특히 돌출되어 있다면 옷 입는 데 어려움이 생길 수 있는데, 겉옷의 경우 더 그렇다. 허리를 조여주고 골반과 엉덩이 위로 넓어지는 살짝 핏이 있는 재킷이 완벽하다. 어깨를 조정하는 것 또한 실루엣의 균형을 잡는 데 도움이 된다. 사이즈가 맞는 코트는 어깨는 잘 맞지만 엉덩이 부분에서 조여지는 경향이 있다. 반대로 한 사이즈 큰 코트를 선택하면 아래쪽은 편안함을 느낄 수 있지만 위쪽은 남는 부분이 있게 된다. 사실 이상적인 모델은 마르탱갈(martingale), 즉 코트 뒷면에 스트립이 있는 코트로, 이는 하프 벨트와 유사한 끈이 있는 코트를 말한다. 이것은 뒤쪽 주름을 모으고 허리 부분이 다른 곳에 비해 좁아지는 것을 강조하기 위해 사용된다. 엉덩이가 튀어나온 사람들에게는 분명 후면에 트임이 있는 재킷과 코트가 효과적이며, 이는 착용성 측면에서도 좋은 선택이다.

반대로 엉덩이가 넓지만 다소 납작한 사람에게는 스커트와 드레스가 더 전략적인 선택이다. 특히 오버랩 스커트나 튤립 스커트가 좋다. 바지는 엉덩이와 관련하여 앞서 언급한 지침을 따르면 된다.

다리

"여자는 어느 정도 나이가 들면 무릎 위로 올라오는 스커트는 입지 말아야 한다"라고 말하는 사람이 있다. 이게 도대체 무슨 뜻인가? 무엇보다 나는 여성의 옷 입는 방법에 적당한 것 또는 적당하지 않은 것이 무엇인지 판결하는 것을 그만두어야 한다고 말하고 싶다. 그리고 도대체 '어느 정도의 나이'가 어떤 나이인지 알고 싶다.

나는 수년간 이미지 컨설팅을 해오면서 나이를 문제로 제기하는 것을 거부해 왔는데, 이는 보수적이고 무례한 언급이라고 생각한다. 우아함과 상식, 드레스 코드의 기준은 있지만, 이러한 기준은 전 연령대의 남성과 여성 모두에게 동일하게 적용되어야 한다. 나는 우리에게 잘 어울리며 우리 개성과 일치하는 기준에 기본을 둔 의상을 고르고자 한다. 따라서 여러분이 다리에 자부심을 가지고 있다거나 특별히 좋아하지 않는다 하더라고, 나는 여러분의 나이와 관계없이 다리를 멋지게 표현하는 방법에 대해 조언하고자 한다.

여러분의 다리가 강점이 아니라면 스커트와 원피스의 끝단이 무릎 아래로 내려오는 디자인을 고려해 볼 수 있다. 짧은 스커트의 경우에는 어두운 색상이나 중성적 색상이 좋다. 신발도 마찬가지로 누드톤 또는 양말 및 바지와 연속성을 갖는 컬러가 좋다. 대신 색상, 디테일 및 액세서리를 이용해 포컬 포인트를 상체 부분으로 옮길 수 있다.

추운 계절에는 울 또는 저지 크레이프와 같이 자연스럽게 찰랑찰랑 떨어지는 매끄러운 소재가 좋다. 반대로 여름에는 리넨이나 면으로 된 맥시 드레스 및 와이드 팬츠가 아름다우면서도 전략적이다. 반바지의 경우 서혜부 길이가 아닌 중간 길이로 다리와 너무 동떨어지지 않는 색상을 선택한다. 수직 비율 부분에서 이미 무게중심이 얼마나 중요한지 이야기했다. 다리 길이는 몸통의 길이와 비교되기 때문에 절대적이지 않으며 상대적인 개념이다. 다리를 길게 보이기 위해서는 의상의 허리선을 높이고 다리의 시작점을 시각적으로 더 높게 배치하면 된다.

무릎

다리 길이 외에도 다리의 형태와 디테일을 자세히 살펴보는 것이 유용할 수 있다. 예를 들어 무릎의 형태는 경우에 따라 다양하게 나타날 수 있다. 어떤 경우에는 다리가 바깥쪽으로 향하며 다리를 괄호 모양으로 만들어 주는데, 이는 유아가 걷기를 시작하고 다리가 몸의 무게를 견디는 때에 주로 관찰된다. 또 어떤 경우에는 대퇴골과 경골의 편차로 인해 다리가 안쪽으로 수렴하여 X 모양이 되는데, 이는 10세 이

하의 어린이들 사이에서 나타난다.

이 두 가지 경우 외에도 무릎 모양이 뼈 구조나 근육 톤으로 인해 완전히 만족스럽지 않을 수 있으며, 따라서 옷과 스커트의 밑단을 조절하는 것이 좋다. 중요한 것은 그 밑단이 무릎의 접촉 지점이나 최대 벌어지는 지점에 놓이지 않도록 주의해야 한다는 것이다. 더 위에 놓거나 더 아래에 배치하는 것이 좋다.

바지의 경우 편안한 바지가 최선의 선택이다. 팔라초 팬츠일 수도 있으며, 중앙 다리 부분이 너무 딱 붙지 않는 직선적인 라인을 가진 바지라면 어떤 스타일이든 상관없다.

종아리

무릎 이상으로 종아리도 불만족스러운 신체 부위가 될 수 있다. 많은 경우 적절한 부츠를 찾는 데 어려움을 겪고 있는데, 부츠가 너무 넓거나 닫히지 않을 수도 있기 때문이다. 믿지 않을 수 있지만, 어떤 모델을 선택해야 할지 몰라 부츠를 완전히 포기하는 경우도 있다.

다시 강조하지만 스커트의 밑단이 종아리의 가장 넓은 부분에 떨어지지 않도록 주의해야 한다. 또한 밑단이 비대칭이거나 닳아 있거나 특이한 디테일을 가지고 있는지 확인해야 한다. 양말은 어두운 색과 매트한 텍스처가 선호되며, 밝은 패턴과 텍스처는 볼륨을 늘리고 형태를 둥글게 만들기 때문에 사용에 주의해야 한다. 바지 선택에서도 문제가 발생할 수 있는데, 특히 스키니 팬츠의 경우다. 가장 좋은 선택은 스트레이트 컷의 팬츠나 팔라초 팬츠, 부츠컷 팬츠 또는 와이드 팬츠로, 약간 신축성 있는 소재가 좋다.

신발은 굽이 중간 정도인 것이나 웨지힐이 좋다. 그러나 너무 얇은 굽이나 키튼힐은 비율 때문에 종아리를 더 굵어 보이게 할 수 있다. 글래디에이터 샌들, 발목 끈 샌들 및 중간 높이의 앵클부츠 등 다리 하단을 수평으로 끊는 것은 조심스럽게 선택하는 것이 좋다.

다리가 날씬하다면 섬세하고 균형 있는 신발을 선택할 수 있다. 하지만 비율에 반하지 않고 특정한 스타일을 원한다면 부츠나 두꺼운 밑창의 신발을 선택할 수도 있다. 언제나 그렇듯이 이는 개인적인 선택의 문제다. 비례의 규칙을 알고 이를 자유롭게 활용하여 자신만의 스타일을 만들고 특정한 결과를 얻고자 하는 경우에는 의도적으로 예외를 만들어 낼 수 있다.

이상적인 부츠는 높은 것으로, 경우에 따라 측면에 약간의 신축성이 있는 것이 좋다.

발목

발목과 관련하여 두 가지 유형의 여성을 볼 수 있다. 발목이 튼튼해서 좀 더 가늘게 보이길 원하는 경우와, 아름다운 발목을 가지고 있지만 맥시 드레스나 바지 아래에 숨기는 경우다. 발목이 특별히 가늘지 않다면 앞서 언급한 종아리가 튼튼한 경우에 대한 조언을 따를 수 있다. 선과 비례에 대한 개념은 동일하게 적용되기 때문이다. 발목을 고려할 때 높이뿐만 아니라 신발의 디자인도 주의해야 한다. 많은 경우 신발의 데콜테(발목 윗부분)를 간과하기 쉽지만, 다리를 더 가늘고 날씬하게 보이도록 연출할 수 있다. 데콜테가 높을수록 다리를 더 짧고 뚱뚱해 보이게 하는 반면, 발가락 관절이 드러나는 슈즈가 특히 섹시하다고 알려져 있다. 아마도 이러한 이유로 20세기 초부터 현재까지 신발은 점점 더 데콜테가 깊어진 것 같다.

특히 여성스러운 디자인을 좋아한다면 스트랩이 발목 위가 아니라 아래 발등에 위치한 신발을 선택한다. 피부색이나 파우더 색 같은 중립적인 색상은 주요 포인트를 우회하여 색상의 연속성을 제공한다.

요약하자면, 반드시 긴 바지와 드레스만 입을 필요는 없다. 패션을 즐기자. 몇 가지 팁을 적용하기만 하면 된다. 반면 발목이 매우 가늘다면 숨기지 말고 최대한 보여주자!

3
그 외

손

손은 표현력이 매우 풍부한 부위로, 사람을 대할 때 가정 먼저 보는 것 중 손을 언급하는 사람들도 있다. 실제로 손은 우리에 대해 많은 것을 이야기하며, 필요한 경우 우아함과 섹시함, 수줍음과 활기, 섬세함과 안정성을 표현할 수 있다. 손이 중요한 역할을 하는 것은 손에 관한 많은 노래를 생각해 보면 알 수 있다.

표현력은 언어적 의사소통을 강화시킬 수 있기 때문에 특별한 의미가 있다. 특히 이탈리아인에게는 '이탈리아식 제스처'로 알려져 있는 것처럼 특히 소중하다. 1963년에 브루노 무나리(Bruno Munari)의 이탈리아어 사전 부록이 출판되었는데, 이는 대화를 활발하게 하는 손 제스처 목록으로, 손으로 하는 동작뿐만 아니라 얼굴 표정과 전신의 자세를 포함하고 있다. 이탈리아인들이 이민을 가면서 이러한 표현은 전 세계적으로 퍼졌고 다른 문화의 포즈와 섞이기도 했다. 예를 들어 유명한 미국식 OK 제스처가 있다.

모든 시대의 예술가들은 손에 큰 매력을 느꼈는데, 아르헨티나의 한 동굴에서 발견된 암각화에서 9,000~13,000년 전에 살았던 원주민들의 손을 보여주고 있다.

보다 최근에 예술가들은 특히 손의 해부학에 큰 관심을 보였는데, 그 표현은 인체의 모습을 적절하게 그리기 위한 매우 복잡하고 중요한 요소다. 레오나르도 다 빈치는 다양한 손의 모습을 그렸는데, 이는 잘 알려진 〈모나리자〉의 디테일 중에서도 찾아볼 수 있다. 미켈란젤로가 벽화로 장식한 시스티나 성당의 프레스코화를 기억해 보자. 〈아담 창조〉의 유명한 장면에서 하나님의 손이 인간에게 생명과 영혼을 부여하기 위해 사람의 손을 향하고 있다. 이는 역사상 가장 잘 알려진 예술 작품 중 하나로, 현재는 광고나 영화, 일반 그래픽에서 널리 사용되고 있다. 비평가들은 서로 가까워졌지만 닿지 않는 손의 표현력에 오랫동안 주목해 왔으며, 이는 유한과 무한 사이의 거리를 강조한 것이다.

이 외에도 반 고흐(Vincent van Gogh)에서 레나토 구투소(Renato Guttuso), 니콜라 드 라르지에르(Nicolas de Largillière), 아뇰로 브론치노(Agnolo Bronzino)까지 수많은 화가들의 걸작에서 유명한 손들을 찾아볼 수 있다. 또한 안토니오 카노바(Antonio Canova)와 미켈란젤로의 조각품을 비롯하여 많은 조각들에서 손을 발견할 수 있다. 사진 및 현대 광고에서도 손은 미학적으로뿐만 아니라 표현적으로도 매우 중요한 역할을 한다. 손 모델도 존재할 정도로 손은 특히 표현에 있어서 매우 중요하다.

손 모델

광고에서 보는 손이 얼굴이 나오는 주인공의 손이 아닐 수 있다는 것을 모두가 알고 있지는 않을 것이다. 손을 전문적으로 촬영하는 손 전문 모델이 존재하는데, 이들은 다음과 같은 조건들을 충족해야 한다. 손가락은 길고 가늘어야 하며, 손가락 관절은 작고 손목은 얇아야 한다. 피부는 정맥이 과도하게 드러나지 않고 매끈해야 하고, 손톱은 표면이 매끄럽고 분홍빛을 띤 규칙적인 모양이어야 한다. 여기에서 끝나는 것은 아니다. 우아하게 보이도록 손을 연출하는 능력도 중요하다. 또한 어떤 동요도 없이 오랫동안 움직이지 않을 수 있는 안정성도 필요하다.

이 직업 역시 다른 직업과 마찬가지로 엄격한 유지 관리 루틴이 있다. 피부는 특정 크림과 마스크로 수분 공급이 이루어져야 하며, 여름에는 햇빛으로부터, 겨울에는 추위로부터 보호해야 한다. 손톱 관리는 전문 네일 미용사에게 의뢰한다. 또한 우아한 포즈를 연구하고 각 손가락의 근육 조절 및 조화를 위해 훈련도 해야 한다. 이를 위한 가장 효과적인 운동은 중국 그림자 놀이와 음악가들이 사용하는 기술에서 영감을 받은 것이다.

손에 대해서도 분류가 있을 수 있으며, 주로 다섯 손가락의 길이 비율에 따라 구분된다. 즉 검지가 약지보다 긴 손, 약지가 검지보다 긴 손, 그리고 중지와 새끼손가락이 일직선인 손이 있다. 어떤 경우든 이것이 우리의 접근 방식을 바꾸지는 않는다. 따라서 계속해서 지금까지 신체의 다른 부분에 이용되었던 동일한 시각적 착시를 적용할 것이다.

먼저 손의 크기부터 살펴보자. 크고 힘이 있든 또는 작고 섬세하든, 항상 손목과 신체의 다른 부위의 비율의 문제라는 것을 기억하라. 다양한 모양과 크기의 아름다운 손들에 대한 몇 가지 시각적 단서를 제공하기 위해서 다시 한번 예술에 의지하고자 한다. 파티마 론퀼로 (Fatima Ronquillo)의 일련의 작품들을 보면 손이 마치 주인공처럼 등장한다.

시계 및 팔찌와 같은 손목에 착용하는 주얼리는 크기에 따른 비율의 규칙을 따른다. 가는 손목은 얇은 체인 팔찌나 레트로 스타일의 시계가 어울리는 반면, 튼실한 손목은 체인 장식이 달린 팔찌나 중대형 크로노그래프 시계가 잘 어울린다. 물론 개인의 취향과 스타일에 따라 달라질 수 있다. 손목이 가늘지만 큰 시계를 선호하는 사람들을 예로 들면, 이는 강하고 당찬 성격을 표현하기 위한 방법 중 하나다.

일부 여성들은 자신의 손목이 가늘어서 손이 비례적으로 너무 커보인다고 생각한다. 이것은 전혀 결함이 아니라 오히려 장점이지만, 균형 잡힌 비율을 원한다면 중대형 두께의 팔찌를 선택한다. 진주나 다른 보석으로 만든 팔찌도 좋다.

이제 손가락으로 넘어가 보자. 의심의 여지 없이 손가락은 손의 가장 중요한 부분이며, 또한 인체에서 가장 중요한 부분 중 하나다. 엄지손가락의 특별한 발달로 인해 인간은 펜을 잡고 글을 쓰거나 그림을 그리고 작은 물건을 만들며, 궁극적으로 다른 동물과 구별되는 지능을 발전시킬 수 있었다.

손가락은 다양한 형태와 크기의 반지로 장식할 수 있다. 비율에 관한 내용에서 언급했듯이, 큰 반지는 시각적으로 손가락을 짧게 보이게 하고 따라서 더 넓어 보이게 하는 반면, 얇고 크지 않은 반지는 손가락을 가늘어 보이게 한다. 이는 결혼 반지 선택에서도 마찬가지로 적용된다. 칵테일 링을 좋아하지만 피아노 연주자처럼 긴 손을 가지고 있지 않다면 반지를 검지손가락이나 새끼손가락에 착용할 수 있다. 바깥쪽 손가락(새끼손가락)에 반지를 끼면 덜 부피가 나가는 것처럼 보일 수 있다. 아뇰로 브론치노(Agnolo Bronzino)가 1543년에 그린 〈톨레도의 엘레오노라 초상(Eleonora di Toledo)〉에서 볼 수 있는 것처럼, 바깥쪽 손가락에 반지를 착용하면 조금 덜 부피가 나가 보인다.

손톱 표면도 다소 넓거나 좁을 수 있다. 손톱이 규칙적이지 않거나 손톱을 물어뜯는 습관이 있다면, 스타일 아이콘인 재클린 케네디도 같은 습관을 가지고 있었다는 것을 떠올리며 위안을 삼아라. 이러한 이유로 그녀에게 장갑은 중요한 행사에서 빼놓을 수 없는 액세서리였다. 장갑은 분명 공식적이고 우아한 액세서리일 뿐만 아니라 전략적인 선택이었던 것 같다.

매니큐어 선택에 도움이 되는 몇 가지 팁이 있다. 밝은색의 매니큐어는 손톱을 시각적으로 확장시켜 전체적으로 더 크게 보이게 하며, 또한 피부와 색채 연속성을 만들어 손가락까지 얇게 보이게 정돈해 준다. 반대로 어두운 색의 매니큐어는 손톱의 크기를 작아 보이게 한다. 짧은 손톱에 사용하려면 손톱 가장자리에 1mm 정도의 공간을 남겨 수직으로 보이게 하면 된다.

손톱의 모양도 다른 시각적 효과를 줄 수 있다. 아몬드형 손톱과 긴 손톱은 손가락을 길어 보이게 한다. 반대로 짧거나 네모난 형태의 손톱은 가느다란 손을 가진 사람에게 어울린다.

발

발은 여성들이 아름다움에 얼마나 집착하는지 그 척도를 제공해 준다고 할 수 있다. 나는 "내 발이 싫어!"라고 말하는 사람들이 정말 많고, 또한 여성들이 자신에게 얼마나 엄격한지 놀라곤 한다.

사실 우리를 지탱하고 이동시켜 주는 발에 너무 엄격해야 할 이유가 없다. 발은 우리 몸의 끝부분이지만 종종 주목을 받는 부위이기도 하다. 우리는 특히 추운 계절에 더 발에 신경을 쓰지만, 발은 무엇보다도 우리가 사랑하는 신발과 연결이 된다.

발에도 역사적으로 몇 가지 유형으로 구분하는 분류가 있는데, 이는 신발을 선택할 때 정형외과적 측면뿐 아니라 순수 미학적 측면에서도 도움을 준다.

- **로마식 발**: 가장 흔한 발 형태로, 발가락이 고르고 균형 잡혀 있다. 엄지부터 세 번째 발가락까지 길이가 같고 나머지 두 발가락은 약간 짧은 편이다. 사각형 발이라고도 불리며, 앞쪽 부분이 약간 넓고 둥그레하여 너무 조이고 단단한 신발은 불편하고 아플 수 있다. 따라서 앞코가 약간 둥글거나 직선으로 된 신발이 더 낫다. 너무 높은 굽은 발을 앞쪽으로 미끄러지게 하여 앞코 공간이 줄어들게 하는데, 이런 경우 발가락 뒤쪽이 무감각해지기 쉬워 플랫폼이나 작은 웨지로 균형을 잡고 무게를 분산시키는 것이 좋다.
- **그리스식 발**: 고대 그리스의 조각상에서 특징적인 발 형태를 따온 이름이다. 날씬하고 가느다란 발로, 두 번째 발가락이 엄지발

가락보다 길며 나머지 발가락이 점점 짧아진다. 발가락 사이의 공간이 충분해서 서로 겹치거나 압박을 피할 수 있다. 가장 규칙적인 발 모양이라 다양한 종류의 신발, 특히 뾰족한 신발이나 높은 굽 등이 모두 잘 어울린다. 자연스런 발가락 선을 따르는 살짝 뾰족한 샌들도 매우 잘 어울린다.

- **이집트식 발**: 엄지발가락이 가장 길며 다섯 번째 발가락인 새끼발가락까지 단계적으로 길이가 차례로 줄어드는 형태다. 이런 모양의 발을 가진 사람은 앞코가 뾰족해서 엄지발가락을 두 번째 발가락 쪽으로 접히게 하는 형태와 같은 디자인의 신발은 신기 어려울 수 있다. 고통스러운 압박을 피하기 위해 엄지발가락이 편안하게 놓일 수 있는 공간이 있어야 한다. 샌들의 경우 곧거나 약간 둥근 형태가 좋다.

- **독일식 발**: 엄지발가락이 다른 발가락보다 눈에 띄게 길며, 이집트식 발과의 차이는 다른 발가락들의 크기가 어느 정도 동일하다는 것이다. 정형외과적 관점에서 앞코가 뾰족한 신발은 권하지 않으며, 순수 미학적 관점에서는 엄지발가락에 테를 두르는 형태의 샌들이 잘 어울린다.

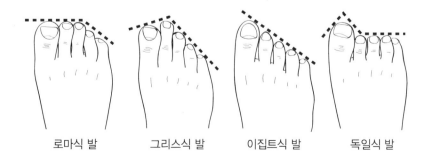

| 로마식 발 | 그리스식 발 | 이집트식 발 | 독일식 발 |

이러한 분류는 가장 고전적인 발 분류이며, 신체와 마찬가지로 두 발이 똑같지 않기 때문에 발 분류는 무한할 수 있다. 그리고 어느 것에 속하는지와 관계없이 속성에 따라 나타나는 특징들이 있다. 예를 들어 무지외반, 즉 발바닥 기준으로 발볼이 바깥쪽으로 이동하고 그로 인해 엄지발가락 끝이 다른 발가락 쪽으로 휘어지는 특징을 보이기도 한다. 이는 종종 외과 치료가 필요할 정도로 매우 고통스러운 병이 되기도 하고, 결국 다양한 형태의 신발을 신기는 불가능하다. 좁은 신발이나 높은 굽의 신발이 이러한 증상의 원인이 될 수 있다. 이상적인 신발은 엄지발가락의 가장 튀어나온 부분에 맞추어 자르지 않고 약간 더 여유 있게 재단된 것들이다. 슈퍼모델 나오미 캠벨(Naomi Campbell)의 발도 이 특징을 가지고 있으며, 오랫동안 모델로 활동한 것이 그 원인일 가능성이 있다.

굽이 높은 신발은 기쁨과 동시에 고통의 대상이며, 이는 망치 모양의 발가락이라고 불리는 상황을 초래할 수 있다. 발가락의 힘줄과 뼈가 위로 휘어지는 경향으로 인해 발가락 끝이 항상 구부러져 있어 펴지지 않기 때문이다. 그 원인은 당뇨병부터 유전적인 요인, 신경근육계 질환, 관절 질환, 그리고 신발로 인한 자연스럽지 않은 자세까지 다양하다. 키가 작은 여성들에게 이런 증상을 발견할 수 있는데, 어릴 때부터 항상 높은 굽을 신었기 때문이다. 높은 굽에 대한 애정이 남다른 것으로 유명한 빅토리아 베컴(Victoria Beckham)은 "낮은 굽 신발로는 집중할 수 없다"고 말하기도 했다.

착시 현상으로 돌아와서, 매니큐어는 발의 모양을 위장하거나 강조하는 데 큰 도움이 된다. 무채색이나 유백색을 사용하거나 자연 그대로의 발톱을 유지하면 불규칙한 형태의 발을 조화롭게 보이게 할 수 있다. 반대로 강한 색상이나 피부와 대비되는 색상을 사용하면 발가락과 발 자체의 라인을 부각시킨다. 신발, 특히 샌들 선택에서는 앞에서 설명한 원칙을 동일하게 적용할 수 있다.

가로 밴드, 특히 폭이 넓은 것은 발을 짧아 보이게 하며 얇은 발을 가진 사람들에게 적합하다. 조절 가능한 밴드는 발의 폭을 시각적으로 넓어 보이게 하는 효과가 있다. 색상 대비로 디자인된 이중색 신발과 모든 컷, 주름, 패턴 또는 수평 라인으로 나뉜 색상도 같은 효과가 있다. 발에 딱 맞는 신발이나 둥근 앞코 신발도 발을 시각적으로 짧고 넓어 보이게 한다.

수직 라인이 있거나 발을 따라 직선으로 이어지는 샌들은 발을 연장하는 효과가 있으며, 포인티드 슈즈, 텍사스 부츠 및 모든 얇고 가늘어지는 스타일도 마찬가지다. 또한 V자 모양의 신발과 클래식한 슬링백 신발도 발을 연장시키는 효과가 있다.

힐의 경우 스풀 힐(spool heel, 중간이 실패처럼 잘록하게 생긴 여성용 구두 굽)이 시각적으로 발을 짧게 보이게 하는 반면, 바나나 힐(banana heel, 바나나처럼 뒤꿈치에서 구두 굽까지 둥글게 휜 높은 굽), 피라미드 힐 또는 일반적으로 발뒤꿈치보다 더 바깥쪽으로 나온 힐은 발을 길어 보이게 한다.

묶음, 컷 또는 교차 등의 대각선은 착용한 사람에 따라 매우 다른 효과를 보여준다. 대각선은 매우 다양한 용도로 사용되는데, 가늘고 날씬한 발을 넓어 보이게 하고 넓은 발을 가늘어 보이게 할 수 있다.

끝으로 크기와 관련하여 알아보면, 힐, 스트랩 또는 밑창이 얇은 신발은 모두 얇은 다리 및 체형과 조화를 이루는 반면, 중간 너비의 굽은 튼튼한 팔다리와 더 잘 어울린다.

비율을 조정하고 스케일의 조화를 변경해야 하는 등 특정 스타일에 대한 요구 사항이 없는 한, 큰 물체 옆에 놓인 작은 물체는 더 작아 보이고, 반대로 작은 물체 옆에 놓인 큰 물체는 더 커 보인다는 것을 기억하자.

힐 높이

힐 높이는 보통 밀리미터로 나타낸다. 힐의 뒷부분, 즉 굽이 있는 곳부터 바닥 끝까지 측정하고, 그 위에 항상 힐의 밑창과 바깥쪽 소재의 몇 밀리미터를 추가해야 한다.

주의할 점은 같은 모델의 신발이라도 크기에 따라 몇 밀리미터 달라진다는 것이다. 실제로 발의 기울기를 일정하게 유지하기 위해 생산 단계에서 신발 크기에 비례하여 힐의 크기가 점진적으로 증가한다. 따라서 230 사이즈는 같은 모델의 255 사이즈보다 약간 더 낮은 힐을 갖게 된다.

머리카락

머리카락은 우리와 연중 내내 함께하고, 시각적 커뮤니케이션, 신체 언어, 문화 및 종교적 정체성과 같은 깊은 의미를 지니며, 순간적인 유행을 초월한다.

머리카락은 우리 몸의 온도 조절기 역할을 하는 것 외에 다른 기능도 갖고 있다. 동물 세계에서 털이나 깃털이 의사소통 요소로 작용하는 것처럼, 머리카락도 목적에 따라 구별되거나 번식 관련하여 성적 유혹의 수단이 될 수 있고, 위장에 도움을 줄 수도 있다.

원시 사회에서, 어떤 의미에서는 오늘날까지도 헤어스타일은 단체, 부족 또는 가족에 대한 소속을 표현할 수 있다. 또한 종교적 의미도 지니고 있는데, 라스타파리아니즘(Rastafarianism, 성경을 흑인 편에서 해석해 예수가 흑인이었다고 주장하는 신앙)의 드래드록(dreadlocks)이나 불교 승려의 깎은 머리, 이슬람교 여성의 머리 가리개를 생각해 보면 알 수 있다.

심리학적 관점에서 보면 헤어스타일은 대인 인식 과정에서 중요한 역할을 한다. 선택한 스타일이 인상에 많은 영향을 미칠 뿐만 아니라, 창의성과 독창성, 비순응성 같은 성격의 특징을 보여줄 수 있기 때문이다. 가수 에이미 와인하우스(Amy Winehouse), 배우 헬레나 본햄 카터(Helena Bonham Carter), 저널리스트 그레이스 코딩턴(Grace Coddington) 등을 생각해 보면 된다. 또한 정치인 크리스틴 라가르드(Christine Lagarde)의 헤어스타일은 규율과 질서를 나타내는 엄격함을, 베로니카 레이크(Veronica Lake)의 헤어스타일은 매혹과 여성성을 상징한다.

지난 세기 동안 우리는 패션뿐만 아니라 헤어스타일이 사회 붕괴 또는 전통으로의 회귀의 신호로 사용되었음을 지켜보았다. 혁명이 일어난 시대인 1920년대와 1960년대의 깔끔한 머리 모양을 생각해 보자. 또한 1940년대와 1950년대의 매우 여성스러운 머리 모양을 생각해 보자. 그리고 자연스러운 롱 헤어와 웨이브가 없는 히피 스타일은 어떻게 가능했을까? 기자이자 작가인 줄리아 피베타(Giulia Pivetta)가 자신의 책《여성의 헤어컷(Ladies' Haircut)》에서 "여성은 항상 자신의 머리카락이 중요한 유혹의 무기임을 알고 있다. 이는 전통적인 모델에 순응하고 남성을 기쁘게 하기 위해 사용되는 것뿐만 아니라, 점점 더 큰 자유를 획득하기 위한 수단으로도 사용된다"라고 말한 바 있다.

역사, 문학 및 미술 작품에서 볼 수 있는 머리카락에 대한 내용들은 굳이 언급할 필요도 없을 것이다.《라푼젤(Rapunzel)》이라는 동화에서부터 레이디 고다이바(Lady Godiva)가 말을 타고 벗은 채로 긴 머리카락을 하고 있는 그림, 보티첼리(Sandro Botticelli)의 비너스 그림, 실제로 머리카락 관리에 집착하던 엘리자베스 여왕 등이 그 예다.

내가 만난 고객들은 두 종류였는데, 하나는 머리카락을 절대로 자르지 않는(필요한 경우라도 잘라내는 것을 싫어하는) 사람들이고, 다른 하나는 6개월마다 변화가 필요하기 때문에 매번 다른 머리 모양과 색상을 원하는 사람들이다.

이제 머리카락이 신체 비율에 미치는 시각적 영향을 분석해 보자.

머리카락의 길이는 키와 몸의 무게중심과 관련이 있으므로, 머리카락이 길면 신체를 작아 보이게 하고, 짧으면 비율적으로 날씬하게 보이게 한다. 이는 규모의 문제이며, 머리카락이 길수록 실루엣이 작게 보인다. 이러한 효과는 특히 무게중심이 낮은 사람에게 더욱 두드러지게 나타나는데, 이는 등을 따라 길게 느러뜨린 머리카락이 수직적인 효과를 주기 때문이다.

머리카락의 길이를 유지하면서도 이 효과를 피하고 싶다면, 앞서 살펴보았던 밸런스 포인트에서 좋은 타협안을 찾을 수 있다. 이마에서 턱까지의 길이를 측정한 후 그 길이를 수직으로 턱에서 가슴까지 내려가는 지점으로 가져가면 되는데, 이렇게 하면 머리카락을 자를 이상적인 지점을 찾을 수 있다. 다만, 앞머리를 많이 내릴 경우에는 측정이 앞머리의 끝부분부터 시작해야 한다.

이 밸런스 포인트는 또한 조화로운 비율에 따라 주얼리, 목걸이, 네크라인 장식, 브로치, 또는 문신 등을 배치하는 데에도 참고할 수 있다.

밸런스 포인트는 중단발로 머리카락을 자르는 유형을 위한 두 번째 버전도 존재한다. 이 경우 얼굴의 가장 넓은 부분(보통 광대뼈)에서 턱 끝까지 측정한다. 만일 가장 넓은 부분이 관자놀이라면, 그때는 두 밸런스 포인트가 일치할 수 있다.

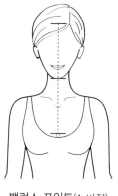 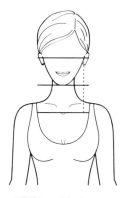

밸런스 포인트(1 버전)   밸런스 포인트(2 버전)

머리카락은 또한 체적 분포에서도 중요한 역할을 한다. 아말 클루니(Amal Clooney)나 키이라 나이틀리(Keira Knightley) 같이 유난히 마른 여성들은 신체 전체에 곡선과 움직임을 주기 위해 웨이브가 있는 긴 헤어스타일을 선택했다.

　얼마 전 나는 매우 중요하게 생각하는 캐스팅을 위해 한 여성 출연자와 동행했다. 그녀는 수영복을 입고 공연해야 했기 때문에 쇄골과 튀어나온 흉골 등 뼈와 각진 부분을 약간 부드럽게 만들고 싶어했다. 그녀의 아름다운 긴 곱슬머리는 몸통을 둥글게 보이게 하고 그녀의 스타일을 암시하는 완벽한 액세서리였다. 그녀의 헤어스타일은 그녀에게 활력과 개성을 주었고, 결국 원하는 자리에 캐스팅되었다.

　반대로 실루엣을 정리하고 보다 일직선으로 만들고 싶을 때는 머리카락의 부피를 줄이는 것을 고려할 수 있다. 아름다운 헤어스타일이지만 공간을 차지하고 있기 때문이다. 머리를 펴는 것은 웨이브의 둥근 형태에 비해 더 수직적인 효과를 주며, 특히 목을 길게 만들고 싶을 때 필요하다. 이 효과를 얻기 위해 반드시 머리카락을 잘라야 하는 것은 아니며, 길이를 가슴 바로 앞까지 유지하는 것, 즉 첫 번째 버전의 밸런스 포인트와 일치하도록 하면 된다. 특별한 자리에는 전체적으로 묶거나 반만 묶는 헤어스타일을 고려하거나, 목의 선형성을 끊지 않도록 머리카락을 뒤로 넘기는 것이 좋다.

　몸의 전체적인 비율에서 머리카락은 스타일링에 따라 머리 크기를 크게 또는 작게 보이게 할 수 있다. 머리 위에 볼륨을 만들거나 계단식, 가르마, 높은 머리띠 같은 스타일로 몇 센티미터 정도 키를 크게 보이게 할 수 있다.

　앞서 T 규칙과 비례에 대해 이야기했는데, 이와 관련하여 지나치게 매끈하게 편 머리나 올린 머리는 어깨를 넓어 보이게 하고, 곱슬하고 가볍게 부풀린 머리는 비례적으로 어깨를 좁아 보이게 한다.

3부

6가지 체형

이레네 이야기

내가 이레네를 알게 된 것은 어느 날 그녀의 언니 줄리아가 동생 이레네에게 깜짝 선물로 상담을 신청하고 내 스튜디오를 방문해서였다. 나의 규칙 중 하나는 자발적으로 찾아오고 자신이 받으려는 상담 과정에 확신을 가진 사람들과 함께 작업하는 것이다. 그래서 나는 줄리아에게 동생 이레네가 자발적으로 찾아오지 않는 한 아무것도 할 수 없다고 말했다.

그리고 몇 달 뒤 나는 줄리아를 다시 만났는데, 그때는 동생 이레네와 함께 왔다. "우리는 함께 뭔가를 하고 싶어요. 도시 외곽으로 이사를 온 후로 자주 만나지 못해서 이 상담을 선물해 주려고 해요."

줄리아가 '우리'라는 1인칭 복수형을 사용했지만, 눈길은 조심스럽게 이레네를 향하고 있었고, 동생에게만 선물을 해줄 수 있는지 묻고 있는 눈치였다.

그 이유는 바로 알 수 있었다. 줄리아는 가늘고 긴 체형인 반면, 이레네는 풍만한 곡선 체형이었기 때문이었다. 얼마간 침묵이 이어지다 마침내 이레네가 입을 뗐다.

"특별히 선생님이 저를 도와주실 수 있을 거라고 생각하지는 않아요. 저는 정말 아무것도 찾을 수가 없어요. 특히 언니와 쇼핑을 할 때는."

이레네는 이렇게 말하며 줄리아를 가리켰다.

"언니는 날씬해서 아무 거나 입어도 잘 어울리죠. 내가 블라우스를 입고 상점을 나선다면 그것만으로도 굉장히 다행스러운 쇼핑이에요."

이레네는 학창 시절 매우 예쁘고 인기가 많았던 언니의 존재 때문에 꽤 기가 죽어 지냈고, 언제나 '호감'은 가지만 줄리아의 그늘에 가려져 있었던 것 같았다.

그 뒤로 몇 번의 상담을 진행하며 두 자매의 체형을 분석했고(줄리아는 직사각형, 이레네는 모래시계형 체형), 어느 날 함께 쇼핑을 하려고 만났다. 줄리아는 미소를 띠고 있었지만, 이레네는 그렇지 않았다.

"내 옷은 하나도 못 살 거예요. 난 알아요."

내가 예상했던 대로 이레네는 문제를 명쾌하게 바라보지 못했다. 그러나 나는 자매의 요구를 기반으로 두 가지 다른 쇼핑 경로를 준비했다. 즉 옷(따라서 쇼핑)이 몸에 맞춰져야 하고 그 반대가 아니라는 점을 감안하여 선택했다.

줄리아의 쇼핑은 모든 게 예상했던 그대로였다. 그녀가 원하던 옷을 구매했고, 그동안 알아차리지 못했던 몇 가지 디테일 정도만 도움을 주었다. 이레네의 경우는 놀라움의 연속이었다. 그녀가 그동안 존재조차 몰랐던 상점들을 방문했는데, 그곳에서 이레네의 곡선 몸매에 아주 잘 어울리는 옷들을 찾아 입혀보기 시작했다. 이레네는 그 옷들을 입어보면서 매번 점점 더 놀라며 행복해 했다. 생애 처음으로 자신을 다른 시선으로 볼 수 있는 것 같았다. 마침내 이레네가 쇼핑을 즐기고 있었다. 어느새 이레네는 언니에게만 잘 어울리는 일반 상점들에서 볼 수 있는 의상들에 만족했어야 했던 확신이 없는 회의적인 여성과는 거리가 먼 유머러스하고 호기심에 가득 찬 여성이 되어 있었다.

줄리아 역시 그것을 확인했고, 동생에게 너무나 잘 어울리는 옷들을 자기도 입어보겠다고 했다. 그러자 충격적인 장면이 펼쳐졌다. 이레네의 곡선에 완벽하게 어울렸던 매력적인 원피스 드레스는 줄리아의 남성적인 구조에는 잘 어울리지 않았다. 그곳에서 그녀는 자신에게 잘 맞는 것을 찾지 못했고, 처음에는 놀랐지만 결국 이레네와 함께 웃기 시작했다. 자매가 서로 옷을 바꿔 입어보고 조언을 해주고 서로 장난치며, 너무 다른 서로에게서 또 너무 비슷하다고 느끼는 두 사람을 바라보는 것은 감동이었다.

이레네는 결국 줄리아보다 더 많은 옷을 구매했고, 다음에는 액세서리에 대해 조언해 달라며 낡은 백팩 대신 매일 들고 다닐 작은 핸드백과 부츠를 구매하고 싶다고 했다. 그리고 몇 달 뒤, 나는 우연히 한 작은 구제 시장에서 자매를 만났다. 나는 자매를 바로 알아보았는데, 두 사람 모두 미소를 띤 채 즐거워 보였고, 나를 보자 기쁘게 인사를 나누며 이제는 자매가 항상 쇼핑을 함께하며 서로 퍼스널 쇼퍼가 되어주고 있다고 했다. 이레네의 눈은 확신에 차서 빛났으며, 단호하게 말하고 웃으면서 비판할 줄 알았다. 이레네의 패션은 매우 공을 들인 것처럼 보였는데, 꾸며진 것이 아니라 스스로 창조한 것이었다.

이레네와 줄리아는 절대적인 아름다움은 존재하지 않으며 단지 비율의 조화가 존재한다는 것을 이해했다. 그래서 그 조화가 다양한 형태로 나타나며, 우리가 '되어야 할' 것이 아니라 있는 그대로 우리 자신을 가치 있게 여겨야 한다는 것을 알게 되었다.

우리는 많은 경우 저 너머 어딘가에서 아름다움을 찾지만, 그 아름다움은 바로 거울 앞에 있다.

1

체형 인식 방법

크기가 아닌 형태의 문제

체형을 인식하는 것은 우리가 너무 자주 과소평가하는 자신의 특성과 강점을 더 잘 인식하는 데 매우 유용하다. 이는 실용적인 관점에서도 필요한데, 아침에 거울 앞에서 옷을 선택하거나 쇼핑을 할 때 도움이 되기 때문이다. 요컨대 색상 조화와 마찬가지로 자신의 체형을 인식하면 시간, 공간 및 비용을 확실히 절약할 수 있다.

체형을 알기 위해 필요한 사전 조건이 있다. 그것은 크기나 무게의 문제가 아니라 형태의 문제라는 것이다. 사실 체형(body shape)은 '몸의 형태'라는 의미이며, 따라서 각각의 체형은 가장 작은 크기부터 가장 큰 크기까지 다양한 크기를 가질 수 있다.

나는 다음과 같은 말을 자주 듣는다. "저 여자는 배형처럼 보이지 않아, 너무 말랐어." 그래서? 왜 안 돼? 자연에는 윌리엄스(Williams), 카이저(Kaiser), 아바테(Abate) 등 여러 유형의 배가 있다. 크기는 다르지만 정확히 똑같은 과일이다!

또한 체형이 각기 다른 사람들이 같은 사이즈의 팬츠를 입거나 체중이 같을 수 있다. 이는 친구 사이나 심지어 자매 사이에서도 매우 흔한 일이다. 이것은 자신의 사이즈 때문에 부적절하게 느끼는 것은 전혀 의미가 없다는 사실을 깨닫게 한다. 즉 사이즈는 우리의 체형이나 강점, 약점에 대해 아무런 정보도 제공하지 않는다.

안드로이드/가이노이드 생체 유형

신체형태학(또는 체형형태학)은 신체 구조에 대한 연구 및 분류를 다루는 의학의 한 분야로, 거시적 수준에서 다양한 체형을 식별하고, 구조적 특성을 이해하며, 결과적으로 고유성을 평가하는 법을 배우는 데 유용하다.

체형을 알아보기 위해 첫 번째로 해야 할 일은 어떻게 살이 찌는지 스스로 질문을 하는 것이다. 살이 균일하게 분포하는지, 아니면 특정 부위에 집중되어 있는지 알아봐야 한다. 이것이 첫 번째 큰 구분점이다. 어떤 사람들은 얼굴에서 손, 복부에서 허벅지까지 균일하게 살이 찌고 빠지는 반면, 어떤 사람들은 특정 부위만 살이 찌고 나머지 부위는 훨씬 덜 찌기 때문에 그 부위의 살을 빼는 데 어려움을 겪을 수 있다.

이것은 광범위하고 복잡한 주제로, 시간이 지남에 따라 다양한 학파와 분류 유형이 개발되었다. 일부는 몸의 구성(체질)과 관련된 신체적 특성에 기초하고, 다른 일부는 기질 또는 기타 심리적 및 행동적 요인과 관련이 있다.

오래전 고대 그리스 시대에 히포크라테스는 네 가지 체형 유형에 대한 구성적(체질) 분류를 제안했다. 이렇게 먼 곳에서 시작된 오래된 주제를 짧게 다루는 것은 쉽지 않다. 따라서 여기서는 최근 몇 년간 사용된 주요 분류 기준을 살펴보고, 이 책의 목적에 가장 유용한 내용을 중심으로 살펴보고자 한다.

20세기 초 프랑스 학파는 주로 특정 신체적 특성과 관련된 기질을 설명하였다. 예를 들어 근육형은 팔다리의 길이, 직사각형 몸통, 많은 근육량이 특징이다. 또한 혈관성, 신경성, 담즙성, 혈색 및 뇌하수체,

신체와 정신

정신 분석과 정서적 측면을 신체적 특성과 연결하는 흥미로운 분야가 있다. 시간이 흐르면서 다양한 관련 이론들이 나왔는데, 롬브로소(Lombroso) 이론은 명백한 이유로 제외하고 소위 '비언어적 언어'로 불리는 이론과 자세와 태도와 관련된 이론들이 흥미롭다. 이러한 접근법은 개인을 이해하고 신체적 특이성과 반응에도 감정적인 해석을 제공하기 위해 유용하다. 특히 바이오에너제틱스(bioenergetics)는 미국의 의사이자 심리치료사인 알렉산더 로웬(Alexander Lowen)이 고안한 치료 기법으로 호흡, 심장박동, 성적 기능 같은 중요한 기능의 탐구에서 신체에 많은 중요성을 부여한다. 이 개념은 건전한 육체에 건전한 정신이 깃들며, 두 가지 측면이 절대적으로 분리될 수 없다는 것이다. 성격의 특성을 신체의 다양한 모양에 귀속시키는 이론도 있지만, 완전히 입증되지 않았기 때문에 여기서는 간단히 언급했다.

대뇌, 소화기 및 호흡기 등 다양한 유형이 있다. 독일에서는 이러한 연구를 통해 두 가지 주요 생체 유형으로 분류하였는데, 하나는 '조직이 작고 가느다란 인체 유형'이고, 다른 하나는 '조직이 크고 넓은 인체 유형'이다. 또한 갑상선 활동에 기초한 두 가지 유형을 식별하는 분류도 있다. 하나는 성장 과정에서 갑상선 활동이 낮은 '초식성' 유형이고, 다른 하나는 갑상선 과활동으로 인해 조직 크기가 커진 '육식성' 유형이다.

가장 성공적인 이론은 좀 더 연구할 가치가 있고 1940년대로 거슬러 올라가야 하지만, 의류 및 액세서리 선택과 분석을 위한 좋은 출발점이 된다. 이론은 두 가지로 분류할 수 있다. 프랑스의 과학자 장 바그(Jean Vague)의 체질적 생체 유형(가이노이드형, 안드로이드형)과 미국의 심리학자 윌리엄 셸던(William H. Sheldon)의 세 가지 신체 척도(외배엽형, 중배엽형, 내배엽형)이다.

바그의 이론은 인체의 지방 분포와 축적의 특징적인 부위를 식별하여 특정 형태와 병적 성향과 관련시킨다. 이에 따라 남성적인 특징을 가진 안드로이드(android)형, 여성적인 특징을 가진 가이노이드(gynoid)형, 그리고 중간형(혼합형)으로 분류한다.

1980년대에 이 이론은 과학계의 동의를 얻고 수학적인 공식을 통해 이러한 생체 유형 중 어디에 속하는지 판별하기 위해 계산을 수행하는 것으로 심화된다. 허리둘레와 엉덩이둘레를 나눈 비율로 계산하는 것이다(이 공식은 허리-엉덩이 비율이기 때문에 WHR이라고 불림). 구체적으로 허리는 가장 좁은 지점에서 측정되는데, 마지막 늑골과 장골의 능선 사이 가장 좁은 지점이다. 측정은 흡기 후의 최종 기도 위치인 중립적인 위치에서 이루어지며, 호흡 시에는 횡경막이 복강으로 내려와 허리둘레를 확장하기 때문에 흡기 중에 측정하면 안 된다. 엉덩이둘레는 엉덩이의 가장 많이 돌출된 부분에서 측정한다.

여성의 기준값은 다음과 같다.

- 안드로이드형: > 0.85
- 가이노이드형: < 0.78
- 중간형: 0.79 ~ 0.84

이는 근육과 지방의 비율을 고려하지 않기 때문에 상당히 근사적인 값이며, 신체 구성을 대략적으로 파악하기에 좋은 지표다. 여러 연구에서는 이 값이 심혈관 질환이나 기타 질병과 관련된 사망 위험을 예측하는 데에도 매우 신뢰할 만하다고 평가하였다.

안드로이드형

안드로이드형은 주로 역삼각형 체형(사과형이라고도 함)과 연관되는데, 상체의 지방 축적이 상대적으로 높고 하체는 비교적 적은 특징이 있다. 따라서 지방 축적이 주로 복부 지방에 집중되지만, 어깨와 목 같은 상체 상부에도 축적될 수 있다. 이 타입에 속하는 사람들은 체중이나 체형과 상관없이 지방 조직이 간, 장, 신장과 같은 내부 장기 사이에 축적되는 경향이 있다. 이것은 복부 근육을 외부로 밀어내는 복부 내 지방이라고도 한다.

통계적으로 안드로이드형은 남성적 구조이지만, 이러한 지방 축적 유형은 여성에게도 존재하며 에스트로겐 수치가 떨어지는 폐경이

도래하면 더욱 두드러질 수 있다. 만성 스트레스 역시 성별에 관계없이 지방 분포에 중요한 역할을 한다. 이것이 코르티솔(cortisol, 스트레스 호르몬)이나 안드로겐(androgen, 남성 호르몬) 수치가 높은 여성이 안드로이드 방식으로 지방을 축적하는 경향이 있는 이유다.

대사적인 관점에서 안드로이드형은 '과도한 지방 생성(hyperlipogenetic)'으로 정의된다. 이 타입은 복부에 지방이 쉽게 축적되지만 그만큼 쉽게 연소한다. 성격과 관련된 특징을 연결하고자 한다면, 일반적으로 감정적이고 과잉활동적인 성향을 가진 사람들이 해당하며, 코르티솔을 많이 생성하여 혈당을 증가시킬 수 있다.

가이노이드형

가이노이드형은 안드로이드형과 정반대로 하체, 특히 허벅지와 엉덩이에 지방을 축적하지만, 시간이 지남에 따라 하복부와 삼두근에 해당하는 팔 뒤쪽에도 지방을 축적한다. 가이노이드형은 삼각형 체형(배형이라고도 함)으로 식별되며, 주로 여성들과 관련이 있다. 이는 엉덩이와 허벅지 부분의 지방 축적이 임신 중 태아의 발육을 위한 에너지 공급 및 수유를 위한 목적으로 사용되기 때문이다. 이 타입은 혈액 순환의 문제가 있어 모세혈관의 약화, 액체 및 림프액의 정체, 셀룰라이트에 대한 취약성을 나타낼 수 있다. 지방의 종류도 덜 조밀하고 촉감이 부드럽다.

일반적으로 하체 부위에 분포된 지방은 남성형 복부(안드로이드형 복부) 부위에 축적된 지방에 비해 연소하기가 훨씬 어렵다. 식이요법과 운동을 통해 재구성하려면 더 많은 노력이 필요하다. 이는 지방 축

셀룰라이트(cellulite)

우리는 셀룰라이트를 질환으로 이야기하는 것에 익숙하고 그것이 심각하다는 것을 부정하지는 않지만, 자세히 살펴보면 우리 모두는 약간의 셀룰라이트를 가지고 있다. 따라서 셀룰라이트가 전혀 없는 것보다 그것을 갖고 있는 것이 오히려 더 정상적이라고 할 수 있다.

1978년에서 2011년 사이에 발표된 과학 연구에 따르면, 셀룰라이트를 "생리적 또는 생리적 근거를 가진, 다중 요인으로 인한 여성 특유의 현상"으로 결론 내리며, 대부분의 의사들은 이것이 여성들에게 정상적인 상태라고 간주한다. 그러나 미디어의 폭력에 의해 우리는 그 반대의 생각을 하게 되었다.

셀룰라이트는 피하 지방의 축적을 말하며, 좌식 생활과 불규칙한 식습관, 과체중 및 꽉 끼는 옷과 잘못된 신발을 포함한 다양한 요인에 의해 악화된다. '인체 정상화'라는 해시태그와 함께 찍은 사진에서 셀룰라이트가 살짝 있는 조화로운 몸매를 보여주었던 인플루언서 키아라 페라니(Chiara Ferragni)의 인스타그램 게시물에서 볼 수 있듯이, 이를 병리학적이 아닌 순수하고 단순한 생리학적 원인으로 제한하려는 많은 사회적 캠페인이 있다.

인플루언서와 모델들이 사진 보정을 최소화하고 자신의 몸을 자연스럽게 보여주는 기회가 점점 더 많아지면서, 이를 통해 대중들이 신체의 고유한 결함을 자연스럽게 받아들이도록 노력하고 있다.

적을 촉진하는 분자 중 하나인 인슐린의 지방 생성 작용에 더 민감하면서도, 동시에 지방 동원을 촉진하는 카테콜아민(catecholamine)에 대해 더 저항력이 있기 때문이다.

중간(혼합)형

처음에는 허리둘레/엉덩이둘레 비율이 0.81보다 크거나 작은 기준을 사용하여 안드로이드 및 가이노이드 유형만 고려했는데, 시간이 지남에 따라 0.79와 0.84 사이의 중간형(혼합형)이라는 세 번째 유형이 도입되었다. 국지적인 축적 없이 몸 전체에 지방이 균일하게 분포되어 있는 것이 특징이다. 하체와 상체가 실질적으로 균형을 이루고 있기 때문에 이 체형은 직사각형 체형과 연결시킬 수 있다.

이 경우에도 체중이나 체형, 성별의 문제가 아니다. 신체의 질량 분포에 대한 이야기이며, 많은 경우 지방과 근육의 백분율이 다를 수 있다. 그러나 시간이 지남에 따라 이 유형이 다른 두 유형 중 하나로 이동할 수도 있는데, 수년에 걸쳐 지방 분포가 더 국소화되는 경향이 있기 때문이다. 실제로 체중이 증가하는 것이 아니라 특정 부위에 더 집중되어 더 뚜렷하게 보일 수 있다. 이러한 현상은 나이 외에도 식습관, 호르몬 및 라이프 스타일에 따라 다르게 나타난다.

유전적인 요인은 동일한 생활 방식을 가진 사람들이 젊었을 때와 같은 크기 및 종류의 옷을 계속 입으면서 평생 동안 거의 변하지 않은 이유를 설명하는 데 중요한 역할을 한다. 다양한 체형에 대해 자세히 다룰 때 이러한 첫 번째 대분류가 유용할 것이다.

외배엽형/중배엽형/내배엽형

"난 뼈가 굵어", "나는 마른 체질이어서 살이 찌지 않아", "나는 순식간에 근육이 생기기 때문에 운동을 많이 할 수가 없어"라고 이야기하는 사람이 있다. 왜 비슷한 식습관을 가지고 있고 같은 운동을 하더라도 사람의 몸은 다르게 반응하는 걸까? 실제로 공통적인 특징을 가진 유형이 있을까? 이 질문에 대한 답을 미국의 심리학자이자 의사인 윌리엄 셸던(William H. Sheldon)의 생체형 분류에서도 찾을 수 있다. 이 이론은 1940년대로 거슬러 올라가며 현재는 여러 측면에서 시대에 뒤떨어져 있어 쓸모없는 부분도 많지만, 스포츠 활동이나 올바른 식단 선택에서 참고 자료로 사용되며, 또한 스타일과 직물 선택에서 유용할 수 있다.

셸던은 다음과 같이 세 가지 유형의 생체형 개념을 도입하였다.

- **외배엽형**: 날씬하고 마른 체격으로, 팔다리가 길고 가늘며, 지방을 저장하거나 근육을 형성하는 데에는 적합하지 않다.
- **중배엽형**: 튼튼한 몸통과 넓은 어깨, 고장성(高張性, hypertonic) 팔다리를 가진 상당히 운동적인 유형으로, 지방을 저장하는 것보다는 근육을 발달시키기에 더 적합하다.
- **내배엽형**: 팔다리가 짧고 뼈가 튼튼한 생체형으로, 지방을 저장하고 근육을 발달시키기에 더 적합하다.

여기서 두 가지 설명을 하고자 한다. 첫 번째로, 셸던은 신체적 특성을 행동 및 심리적 경향과 관련시키는 분류를 제시했는데, 이는 꽤 오래된 접근 방식으로 일부는 검증하기 어렵고 애매모호한 것으로 알려져 시간이 지나면서 폐기되었다.

두 번째는 "두 가지 이상의 신체형이 혼합된 사람이 있나?"라는 질문에 대한 답변이다. 어떤 부위는 뼈가 좀 더 돌출되어 있고, 또 어떤 부위는 부드럽거나 근육이 발달한 경우도 있다. 이렇게 다양한 조합과 뼈, 지방, 근육의 분포의 차이가 바로 신체형을 결정한다는 것이다.

셸던에 대해 여러 번 제기된 비판은 상당히 이론적인 가치를 지닌 것으로, 실제 주제와는 드물게 순수한 형태라는 것이다. 대부분의 경우 우리는 혼합되거나 중간인 사람들과 마주하기 때문이다. 이러한 이유로 이론의 발전은 측정 방법의 확장에 기반하며 단순한 관찰에만 의존하지 않는다.

영국의 의사 리처드 W. 파넬(Richard W. Parnell)은 1958년에 '지방형/근육형/선형'으로 분류하는 인체 측정적 접근 방식을 개발했다 (이 용어들은 당시 사용된 것으로 내배엽형/중배엽형/외배엽형과 동일함). 그의 이론은 신체형이 아니라 표현형, 즉 외부적이거나 환경적인 요인에 의해 조건이 결정되는 체격 유형을 분석하는 것이다.

1967년 미국인 바바라 H. 히스(Barbara H. Heath)와 J. E. 린지 카터(J. E. Lindsay Carter)가 이 개념을 더욱 확장시켰다. 가장 일반적인 분류 척도는 1에서 7까지 3개의 숫자를 포함하는데, 첫 번째 숫자는 내형(비만 경향), 두 번째 숫자는 중간형(근육 수준), 세 번째 숫자는 외형(길이)을 나타낸다. 이 분류 척도에 따르면 세 가지 범주는 다음과 같다.

- 순순한 내배엽형: 7-1-1
- 순수한 중배엽형: 1-7-1
- 순수한 외배엽형: 1-1-7

간단한 예를 들어보자. 1-3-7 척도는 내형성이 낮고(1), 근육이 좋으며(3), 다소 뼈가 있는(7) 구조에 해당한다. 반면에 세 값 모두에 대해 3과 4 사이의 숫자를 가진 사람은 매우 균형 잡힌 것으로 간주된다.

그러나 계산에 신경 쓰는 것보다는 대신 세 가지 범주 분석에 초점을 맞추고 적절한 패턴과 직물을 선택하는 데 이용하는 것이 좋다.

내배엽형

내배엽형은 체중과 활동 수준이 동일한 경우에도 유전적으로 지방 축적이 쉽기 때문에 보다 곡선적인 체형을 가지고 있다. 이들은 다른 사람들에 비해 체중 감량에 어려움을 겪는 경향이 있으며, 대사가 느리기 때문에 몇 킬로그램을 빼려면 조금 더 노력해야 한다. 이 유형에는 케이트 윈슬렛(Kate Winslet)과 캔디스 허핀(Candice Huffine) 같은 배우들이 있는데, 이들은 아름답고 균형 잡힌 몸매를 가지고 있으며 선이 부드럽고 각진 부분이 적은 것이 특징이다.

일반적으로 몸통과 팔다리, 어깨, 엉덩이 및 무릎 부분이 탄력이 있고 근육도 상당히 있을 수 있는데, 특히 허벅지와 엉덩이 부분에 주로 발달해 있다. 뼈 구조도 상당히 튼튼해, 이 경우 "나는 뼈가 크다!"라는 말이 적용될 수 있다.

원단 선택에서는 몸매의 특징에 맞게 부드러운 선과 경량 원단인 저지, 쉬폰, 가벼운 실크, 레이온, 얇은 면, 실크나 울 크레이프 또는 양모와 같은 소재를 이용하는 것이 좋다. 몸을 가볍게 그리도록 디자인하는 원단을 선택할 경우 볼륨을 추가하는 과도하게 구조화된 원단이나 불필요한 외부 패턴이 있는 선들은 권장되지 않는다.

최상의 컷(사이즈)은 몸을 조이지 않으면서 너무 퍼지지도 않는 것이다. 조금 자신 없는 (둥그런) 부분을 숨기려는 불안감이 결국 전체적으로 체형을 깎아내리게 만든다. 대부분의 경우 헐렁한 셔츠나 허벅지를 가려주는 드레스 속에 비율이 좋고 여성다운 곡선을 가진 몸매가 숨겨져 있는데, 이러한 몸매는 감추는 것이 아니라 강조되어야 한다. 따라서 오버사이즈 의류를 입는 것은 일반적으로 좋은 선택이 아니다.

중배엽형

중배엽형은 근골격에서 눈에 띄게 강하고 발달된 구조를 가지고 있어 '근육질'이라고 할 수 있다. 이들은 스포츠 자극에 빠르게 반응하는 탄탄한 체격을 가졌기 때문에 좋은 신체활동 결과를 얻는 데 많은 시간이 걸리지 않는다. 이러한 특징을 가진 사람들은 "체육관에서 무거운 무게를 들면 팔이 너무 근육질이 되어버려서 안 돼", "자전거 대신 러닝머신을 좋아하는데, 자전거를 타면 허벅지와 종아리가 필요 이상으로 발달하게 돼"라는 말을 한다.

중배엽형은 다른 두 생체형 사이의 좋은 절충안이다.

실제로 이 체형은 구조화되어 있지만 지방이 많지 않고, 그래서 날씬하지만 뼈가 굵지 않다. 이들은 쉽게 체중 변화를 겪을 수 있고, 체중을 줄이기 위해 특별히 애쓰지 않아도 된다. 발달된 근골격계가 보다 활발한 신진대사를 유도하기 때문이다. 그러나 나이가 들면서 체중이 증가할 수도 있다.

이 범주에 속하는 사람들의 또 다른 강점은 좋은 자세를 유지할 수 있다는 것이다. 결국 우리를 똑바로 세워주는 것은 등과 복부 근육이 아닐까?

이 범주의 예로 배우인 카메론 디아즈(Cameron Diaz)와 방송 진행자 미첼 훈지케(Michelle Hunziker)를 들 수 있다. 이들은 날씬하고 깔끔한 라인을 가졌지만, 뼈가 돌출되어 보이지 않으며 전체적으로 강하고 운동 능력이 뛰어나다. 이들은 운동에 재능이 있으며, 규칙적으로 운동하거나 어릴 때부터 운동을 했다.

이들은 중간 두께의 면, 실크와 양모, 폴리에스테르, 저지, 가죽, 신축성 좋고 몸에 꼭 붙는 직물 등 대부분의 원단이 잘 어울린다. 반면 어깨가 중요한 경우 구조화된 소재는 피하는 것이 좋은데, 체형이 탄탄해 부피가 큰 재킷이나 어깨 패드로 강조할 필요가 없기 때문이다. 이 체형 역시 오버사이즈로 너무 큰 옷을 입으면 탄탄하고 조화로운 실루엣을 가려버리기 때문에 피하는 것이 좋다.

외배엽형

가리는 것 없이 먹지만 절대 살이 찌지 않는 사람들이 있다. 이들은 대부분 신진대사가 빨라 체중을 축적하는 경향이 적은 외배엽형이다.

외배엽형은 뼈가 가느다란 체형으로 다소 얇고 발달하지 않은 근육 조직을 가지고 있다. 근육을 키우는 데 어려움을 겪으며, 따라서 근육은 발달시키기 위해 더 많은 자극이 필요하다. 뼈는 길고 가늘며 때로는 쉽게 구부러지는 자세를 취하기도 한다. 체형은 직선적이고 곡선이 적은 형태다. 항상 뼈만 보이는 것은 아니지만, 이상적인 체중을 유지하고 있을 때에도 쇄골이 돌출되거나 손목뼈, 골반뼈 등이 뾰족해 보인다. 대표적인 과거의 예는 오드리 햅번(Audrey Hepburn)이고, 현재의 예는 키이라 나이틀리(Keira Knightley)다.

전반적으로 약하고 곡선이 적은 체형을 가지고 있으므로, 이 경우 의복과 액세서리는 부족한 곳에 부드러움을 부여할 수 있다. 둥근 목선, 둥근 칼라, 또는 가장자리가 둥근 재킷과 같은 곡선을 추가하기만 하면 된다. 구조화된 컷과 볼륨감 있는 디테일이 잘 어울린다. 벨벳 골지 바지, 꽈배기 무늬나 조금 두꺼운 울로 된 스웨터, 그리고 재킷이나 어깨 패드가 잘 어울리며, 주름 장식과 겹침 장식도 잘 어울린다(책 뒷부분의 '형태 사전' 참고).

이 경우 역시 오버사이즈 의상은 좋은 선택이 아니며, 너무 가벼운 원단은 형태가 늘어지기 때문에 피하는 것이 좋다. 개버딘, 트윌, 거친 울, 중량감 있는 면, 벨벳, 태피터(taffetà), 리넨, 데님, 가죽, 패딩 같은 두꺼운 원단이 좋다.

날씬하다고 해서 가장 입기 쉬운 체형이라고 생각하지 마라! 예를 들어 웨딩드레스나 이브닝드레스는 채워야 하는 드레스이기 때문에 어려움을 겪을 수 있으며, 볼륨을 생성하기 위해 몇 가지 트릭을 이용하는 것이 좋다. 종종 아름다움의 이상을 달성하기 위한 목표가 체중을 감량하는 것이며, 이것이 우리의 불안에 대한 해결책이 될 수 있다고 생각한다. 그러나 여기서 우리는 모든 신체가 강점과 약점을 가지고 있으며, 그것들을 알고 강조하고 사랑하는 방법을 함께 발견하고자 한다.

체형 식별 방법

앞서 언급한 내용을 기반으로 해서 먼저 상체와 하체가 지방 축적과 사이즈 면에서 일치하는지 확인하는 것이 좋다. 특정 부위에 지방이 집중되어 있는 경우 위와 아래가 반 사이즈 이상 차이가 날 수 있다. 이는 특히 속옷이나 수영복을 구매할 때 두드러진다. 예를 들어 상의는 1 사이즈이고 하의는 3 사이즈일 수도 있으며, 또는 상의는 4 사이즈이고 하의는 2 사이즈일 수도 있다. 이는 재킷과 바지에도 해당된다. 그러나 구체적으로 어떤 사이즈인지는 중요하지 않으며, 주로 비율에 관한 문제다.

여기서 '국부적'인 체형은 삼각형과 역삼각형으로, 각각 하체와 상체에 지방이 축적된다. 반면 '균일한' 체형은 허리 위치, 엉덩이 형태, 신체 라인 등을 기준으로 구분한다. 예를 들어 허리 위치로 구분하는 경우, 허리선이 없거나 거의 감지되지 않는 체형(직사각형과 다이아몬드형)과 허리선이 확실히 감지되는 체형(모래시계형과 8자형)이 있다.

다음 도식을 통해 전체적인 개요를 파악할 수 있다.

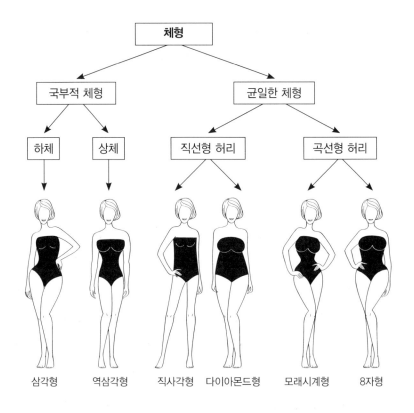

체형		

국부적 체형 — 하체, 상체 (삼각형, 역삼각형)

균일한 체형 — 직선형 허리 (직사각형, 다이아몬드형), 곡선형 허리 (모래시계형, 8자형)

앞에서 언급한 내용을 바탕으로 실제로 체형을 분석해 보겠다. 옷은 몸매가 드러날 수 있는 편안하고 약간 타이트한 옷을 입는 것이 좋은데, 예를 들어 어두운 단색 민소매와 레깅스 정도면 된다. 체형 평가는 거울 앞에서 이루어지는데, 무엇보다 고객을 뒤에서 관찰하여 어깨, 흉부, 골반 및 엉덩이의 구조를 확인한다.

자가 분석의 경우 하얀 벽 앞에 서서 전면, 후면 및 측면으로 사진을 찍는 것이 좋다. 스마트폰에 기본으로 제공되는 '셀프 타이머' 기능을 이용하면 된다. 중요한 점은 사진 렌즈가 완벽하게 일자로 위치하고 허리 라인에 맞춰져 있어야 한다는 것이다. 사진은 위에서 아래로 찍지 않고 최대한 정면으로 찍어야 한다. 또한 셀카는 피하고 양팔을 모두 내려놓은 상태여야 한다. 사진을 찍은 후에는 명암을 약간 높여 실루엣의 윤곽을 부각시키는 것이 좋다.

체형을 관찰할 때 시선이 멈춰지는 특정 부위가 있나? 한눈에 상체와 하체가 균일한지, 아니면 국부적으로 더 무게가 나가 보이는지, 상체와 하체의 사이즈 차이를 확인할 수 있다.

좀 더 자세히 들어가서 어깨, 허리 및 엉덩이를 분석해 보자.

우선 어깨를 살펴보면, 어깨의 너비와 기울기를 고려하는데 팔의 바깥쪽이 아닌 어깨뼈를 말한다.

반면 허리는 배꼽을 의미하지 않는다. 허리를 찾는 방법은 간단한데, 가슴 아래 허리에 손을 얹고 살짝 옆으로 기울이면 몸이 접히는 곳이 정확히 허리 위치다. 허리는 가장 좁은 지점인 마지막 늑골과 장골 돌기 사이를 호흡 과정 말기에 측정해야 한다. 호흡 중에는 횡경막이 복부로 내려와 허리둘레를 늘릴 수 있으므로 숨을 내쉬는 단계의 끝에서 측정한다.

마지막으로 엉덩이둘레는 엉덩이의 가장 큰 부분, 즉 엉덩이가 가장 돌출된 부분에서 측정한다. 엉덩이는 허리 윗부분 바로 아래 또는 골반뼈와 같은 높이에서 돌출되어 있다는 것을 기억하자.

어깨, 허리 그리고 엉덩이 선을 관찰하려면 줄자로 수직으로 재야 한다. 어깨도 좋은 기준이지만, 가슴의 길이와 특히 폭이 체형을 식별하는 핵심이다. 실제로 우리는 몸통의 너비를 고려해 고객의 뒤에서 겨드랑이 관절에 해당하는 지점도 고려한다. 따라서 여기서는 어깨뿐만 아니라 상체를 전반적으로 참고할 것이다.

자를 사용하여 다음과 같은 세 가지를 관찰할 수 있다. 첫째, 상체와 하체가 정렬되어 있는지, 둘째, 엉덩이가 축에서 약간 벗어나 더 튀어나왔는지, 셋째, 엉덩이가 어깨와 가슴에 비해 발달되지 않아서 좁은지 여부다.

이 세 가지 가정은 몸의 앞과 뒤, 그리고 윤곽으로 확인할 수 있다. 어떤 사람은 상체와 하체 모두 둥근 윤곽을 가지며, 어떤 사람은 상체는 빈약하고 하체는 양옆으로 튀어나와 있고, 또 어떤 사람은 특히 척추를 곧게 세우고 엉덩이가 더 직선적인 형태를 이루고 있다. 이는 등의 곡선에서도 알 수 있다. 등이 더 곧을 수도 있고 더 굽을 수도 있는데, 어떤 경우에는 척추 전만증이 살짝 있을 수도 있다. 이러한 구조 및 자세의 특징은 우리 몸의 형태를 이해하는 데 도움이 된다.

이는 무게의 문제가 아니다. 몸무게가 적게 나가는 사람의 경우 마른 몸매로 인해 몸매의 굴곡이 적어 체형을 판별하는 것이 조금 더 어려울 수 있다. 그러나 일반적으로 신체의 구조는 변하지 않는다. 이는 지방뿐만 아니라 근육에 관한 문제이며, 근골격적인 문제이기도 하다. 따라서 절대적인 값이 아닌 상대값으로 상체와 하체를 비교하는 경우를 제외하고는 무게와 크기가 중요하지 않다.

어깨-가슴-허리-엉덩이를 이야기할 때 그 둘레를 말하는 것이 아니다. 둘레 또한 사용되었던 방법이지만 특별히 믿을 만큼 신뢰할 수 있다고 생각하지 않는다. 측정값 수치가 같더라도 실제로는 전혀 다른 두 체형일 수 있다. 예를 들어 엉덩이둘레가 95cm인 경우 넓은 엉덩이와 납작한 엉덩이 모두 다 해당할 수 있다. 동일한 원리로 가슴둘레도 풍만한 가슴과 작은 상체 또는 작은 가슴과 큰 상체 모두에 해당

체형에 대한 명칭

체형에 대한 명칭은 완전히 임의적이며, 과일이나 기하학적 도형, 알파벳 문자 등에서 따온 것들이다.

이 책에서는 기하학적인 도형을 사용하고 있지만 이 외에 널리 사용되는 다른 명칭도 소개하는데, 이는 정보의 완전성을 위해 그리고 오해를 피하기 위해서다. 때로는 동일한 이름이 다른 형태를 가리킬 수 있다. 예를 들어 역삼각형 체형은 '사과'로 알려져 있지만, 다른 명칭에서는 '딸기'로도 알려져 있다. 사과는 타원형을 의미하는 다이아몬드형 체형과 연결되어 있기 때문이다. 이러한 중복된 표현들은 주로 과일과 관련이 있으며, 기하학적 도형은 직관적이고 쉽게 식별할 수 있다. 그러나 본질은 변하지 않으며, 중요한 것은 특성에 대해 이해하는 것이다.

따라서 여기서는 '삼각형(배)', '역삼각형(사과)', '직사각형', '다이아몬드형(타원형)', '모래시계형', '8자형'이라는 명칭을 사용할 것이다.

역사적으로 과일 이름은 과학적인 개념을 재미있고 가볍게 표현하는 데 사용되었다. 예를 들어 배 형태는 우리가 '가이노이드'로 알고 있는 신체 유형을 가리킨다. 그러나 최근 소셜 미디어에서 "여성의 몸은 과일이 아니다"라며 논란이 제기되었다. 요컨대 이 분류는 여성의 몸을 물건으로 치부하고 과일과 연결하여 객관화하는 사회적 경향에 편승한다는 것이다. 실제로 신체의 객관화가 어떻게 불안, 무력감 및 이와 관련된 기타 장애를 유발할 수 있는지 보여주는 연구가 있다.

그러나 개인적으로 나는 우리가 부여하는 이름이 문제의 본질이 아니라고 생각한다. 정말 문제는 하나의 유형(예: 모래시계형)만이 옳다는 생각을 가지고 다른 모든 유형이 잘못되었다고 주장하는 것이다.

'나는 배 체형이고 그것에 만족한다', '나는 모래시계형 체형처럼 보이고 싶지 않다', '나는 배 형태로 자신을 가치 있게 여기고 아름다운 배가 되길 원한다!' 이는 몸의 모든 형태에 적용되는 것이며, 이것이 이 책을 통해 전달하고자 하는 메시지다.

할 수 있다. 즉 정보의 완성도를 위해 둘레도 언급은 했지만, 이는 단순히 정량적인 측정이며 정성적 측정을 위한 것은 아니다.

이러한 이유들로 체형에 관해 이야기하는 것이 실제로 의미가 있는지에 대해 답하고자 한다.

체형을 이야기하는 게 (정말로) 맞을까?

앞서 다양한 체형이 어떻게 구성되는지 살펴보았는데, 따라서 모든 사람을 6가지 유형으로 분류할 수 없다는 사실을 생각해 볼 필요가 있다. 즉 6가지 유형은 기본 구조를 대략적으로 식별하는 데 참고 정도로 사용하는 것이 좋다는 것이다. 더 나은 방향을 위한 일종의 나침반처럼 말이다!

자신의 체형을 정확히 식별하지 못해 혼란스러워하는 사람들은 여러 가지에 속할 수 있는지, 또는 '혼합형'이 있는지 묻기도 한다. 물론 기준 체형은 하나지만, 이 큰 범주 안에는 특정한 경우를 더 잘 대표하는 다양한 세부 사항들이 있다. 《색깔의 힘(Armocromia)》에서 여름, 가을, 겨울, 봄 등으로 구분하고 다양한 하위 그룹을 식별한 것과 마찬가지다. 이것이 각각의 다른 체형 사이의 차이점 외에도 많은 공통점이 있는 이유를 설명해 준다. 삼각형 체형 여성은 모래시계형 체형과 비슷한 엉덩이를 보인다거나, 역삼각형 체형의 여성은 시간이 흐름에 따라 다이아몬드형 체형처럼 복부에 지방이 축적될 수 있는 특징 등을 말한다.

또한 앞과 뒤가 다른 체형을 가진 사람의 경우도 있다. 전형적인 예로, 허리선이 거의 없는 직사각형 체형이지만 뒤에서 보면 모래시계형 체형을 연상시키는 X자 형태가 있다. 이럴 때는 앞쪽을 참조하지만 뒤쪽 형태도 간과할 수 없다. 특정한 경우에는, 예를 들어 허리에 묶는 벨트를 뒤쪽에 묶거나 뒤쪽에 프릴 또는 디테일(하프 벨트 또는 뒤쪽 네크라인)이 있고 앞쪽은 보다 단조로운 스타일을 선택할 수 있다.

이러한 예외들은 우리에게 일반적인 범주보다는 실루엣의 주요 특징에 집중하는 것이 언제나 적절한지에 대해 생각하게 만든다. 때문에 이 책의 첫 두 부분에서 신체의 세부 사항을 깊이 있고 철저하게 다루어 독자가 자신의 관심사에 해당하는 특징을 찾아보고 그것에 집중할 수 있도록 하였다.

이러한 접근 방식은 체형 분류를 보완하는 것이며, 우리 각자의 독특성을 고려하여 더 정확하고 개인화된 접근을 가능하게 해준다. 이는 일부에만 잘 맞을 수 있는 범주적인 분류보다 각자를 더 잘 대표할 수 있으며, 무엇보다 세부 사항을 고려함으로써 결함이 아닌 특징적인 요소로 다룰 수 있다.

주의할 점에 대해 말하자면, 구분된 유형으로 사고할 경우 동일한 규칙을 모든 체형에 적용하려고 하면 때로는 이유 없이 제한과 강약을 가하게 되고, 이러한 제한과 강약은 일상적인 스타일링에서 작은 조정으로 대체될 수 있다는 것이다. 예를 들어 케이트 미들턴(Kate Middleton)은 종종 날씬한 배를 가진 것으로 분류되지만, 다른 분석에서는 직사각형 체형으로 간주된다. 그렇다면 그녀의 정확한 체형이 무엇인지 정확히 알아야 할 필요가 있을까? 그녀의 스타일리스트의 작업은 상대적으로 간단하다. 그녀의 다리를 조금 더 길어 보이게 하기 위해 무게중심을 올리고, 실루엣에서 가장 말라 있는 부분에 약간의 구조를 만들면 된다. 그게 전부다!

이러한 유연한 접근 방식은 케임브리지 공작부인에게만 해당되는 것이 아니라, 사이즈와 체중에 관계없이 우리 모두에게 적용된다. 또한 이는 사람마다 다른 개인적인 스타일에도 다양성을 부여하고 강조할 수 있도록 해준다.

예를 들어 제니퍼 로페즈(Jennifer Lopez)는 삼각형 체형의 여성들을 대표하며, 규칙에 따르면 그녀는 엉덩이를 최소화해야 하는 룰을 따라야 할 것이다. 그러나 그녀는 엉덩이를 자유롭게 드러내며 꽉 조여진 옷과 흰색 바지를 두려워하지 않는다. 시간이 지나면서 최상의 효과를 내기 위해 하이 웨이스트를 활용하고 전략적인 원단을 사용하는 방법을 배웠을 뿐이다.

이어지는 장에서는 각각의 주요한 체형(삼각형, 역삼각형, 직사각형, 다이아몬드형, 모래시계형, 8자형)을 하나씩 분석한다.

나는 '굴곡이 많은(curvy)'이라는 말을 좋아하지 않는데, 실루엣에 전혀 도움이 되지 않기 때문이며, 무엇보다 우리가 체중이 아니라 형태를 다루고 있는 원칙을 무시하기 때문이다. 마지막 체형인 모래시계형에 통합되는 8자형 체형은 과거에는 시계 모양에 포함되었으나, 그 자체로 고유한 특징을 가지고 있어 자세히 알아볼 가치가 있다.

루이스 리카르도 팔레로(Luis Ricardo Falero)의
〈라 파보리타(La Favorita)〉(1880년), 개인 소장

2
삼각형 체형

주요 특징

삼각형 체형은 배 모양(또는 A형)으로 비유되기도 한다. 모든 시대의 예술가들에게 많은 사랑을 받은 클래식한 체형으로 이제는 상상 속에 자리잡고 있다. 이 체형은 가수 샤키라(Shakira), 제니퍼 로페즈(Jennifer Lopez) 및 카밀라 카벨로(Camila Cabello) 등 세계적인 스타들이 자신의 이미지를 확고히 하는 데 큰 역할을 했으며, 특히 지중해 분지와 남아메리카에 널리 퍼진 유형이다. 또한 〈섹스 앤드 더 시티〉의 크리스틴 데이비스(Kristin Davis, 샬럿 역)와 배우이자 모델인 크리스틴 리터(Krysten Ritter)도 이 체형을 대표한다.

이 체형의 사람들 중 자신의 실루엣에 만족하지 못하는 사람들을 종종 만날 수 있다. 아마도 여러 해 동안 유행한 표준과는 거리가 있기 때문일 것이다. 하지만 이는 매우 매력적인 체형이다. 이미지 컨설턴트로서의 역할은 자신의 이러한 형태를 받아들이게 하고, 오히려 사랑하고 강조하여 자랑스럽게 여길 수 있도록 도와주는 것이다.

삼각형 체형을 인식하고 확인하는 데 주목해야 할 주요 요소는 각

부분 간 비율이다. 이는 (존재하지 않는) 절대 가치의 문제가 아닌 상대적인 가중치의 문제다.

상체가 하체에 비해 더 날씬한데, 이는 어깨 라인을 보면 잘 알 수 있다. 이는 단순히 가슴의 문제일 수도 있지만, 가슴이 상대적으로 작거나 (또는 엉덩이와 비교하여) 풍만하지 않다. 삼각형 체형은 보통 허리가 가늘며 복부에 체중을 축적하는 경향이 거의 없다. 그러나 가벼운 복부 부종은 생리적으로 매우 일반적이며, 이는 다른 체형에 속하는 사람들도 흔히 겪는 현상이다.

시각적으로 가장 중요한 부위는 엉덩이다. 일반적으로 삼각형 체형은 둥근 엉덩이를 가지고 있으며, 때로는 허벅지 또는 무릎도 튼튼한 형태다. 하체는 근육 조직과 지방 조직을 축적하는 경향이 있는 반면, 상체는 보통 좀 더 가늘거나 심지어 마른 경향이 있다. 마른 다리와 얇은 얼굴 또는 풍만한 얼굴과 부드러운 다리 등, 삼각형 체형의 여성은 영원한 딜레마를 안고 산다. 세월이 흐름에 따라 타협점을 찾고 보통 얼굴에 우선순위를 두게 되는데, 그것은 피곤한 표정을 갖지 않기 위해서이며, 다리와 엉덩이의 아름다운 곡선에 대한 생각을 마침내 수용하기 위해서이기도 하다.

수영은 삼각형 체형을 위한 완벽한 운동이다. 가슴을 넓게 펴주고, 어깨를 강화시키며, 다리에는 유산소 활동과 마사지 두 가지 이점을 제공해 준다. 달리기와 걷기도 항상 유효한 운동이며, 몸뿐만 아니라 마음에도 즐거운 활동이다(특히 체육관을 견디지 못하는 사람들에게 더욱 그렇다). 일반적으로 순환을 자극하는 유산소 활동이 이상적이지만, 종종 상체를 소홀히 하는 삼각형 체형 여성들은 근력 운동을 절대로 간과해서는 안 된다. 이 여성들은 GAG(다리-복부-엉덩이) 세션에 집중되어 있지만, 몸을 조화시키는 비결은 유산소 운동과 무산소 운동을 번갈아 하며 신체 전체에서 균일하게 수행하는 것이다.

삼각형 체형

구조적으로 삼각형 체형은 무게중심이 낮은 경우가 많다. 이는 상체가 다리에 비해 약간 더 길다는 것을 의미한다. 이러한 사실은 앞서 설명한 'T 규칙'을 강조하여 엉덩이의 둥글기를 더욱 부각시킨다. 실제로 매우 날씬한 삼각형 실루엣이나 상하 간 약간의 사이즈 차이가 있는 경우 무게중심을 조정하는 것만으로도 충분히 균형을 잡을 수 있다. 이 작은 조정만으로도 볼륨을 균형 있게 조정할 수 있다.

따라서 이후에는 조언을 할 때 항상 무게중심을 염두에 둘 것이다. 수평선과 수직선은 항상 서로 연결되어 있음을 기억하라.

컷과 세부 사항

삼각형 체형을 강조하기 위해서는 몸통과 상체 부분에 더 많은 관심을 기울여야 한다. 상체를 강조하기 위해 상의와 겉옷에 색상, 디테일 및 포컬 포인트를 활용하여 엉덩이와 허벅지에 비해 더욱 윤곽 있게 균형을 맞춘다.

지중해 여성들은 일반적으로 다리에 비해 상체가 약간 더 긴 특징이 있다. 따라서 프릴, 포켓, 패턴, 넓고 둥근 칼라, 퍼프 소매, 어깨 패드 같은 것들을 활용하여 상체의 형태를 강조해야 한다. 다시 말해 상체에 포컬 포인트를 만들 수 있는 모든 것을 활용해야 한다. 너무 부피가 큰 형태와 소재, 허벅지와 엉덩이 부근에 있는 포켓, 큰 포켓 또는 다른 디테일들은 둥글기를 강조할 수 있다. 따라서 이를 피하고자 하는지, 아니면 그 방향으로 활용하고자 하는지 아는 것이 필요하다.

이러한 것들은 고려해야 할 첫 번째 지침이다. 세부 사항으로 들어가서 다리 또한 길어지고 싶다면 몇 가지 유용한 팁을 참고한다.

무엇보다 하이 웨이스트 컷의 드레스나 허리 높이 조금 위에 있는 티셔츠와 스웨터가 제일 좋다. 이상적으로는 골반 높이에 위치하거나 스커트나 바지에 넣어 착용하는 것이다. 많은 여성들이 허리를 가리기 위해 (예를 들면 레깅스나 다른 바지 위에) 긴 티셔츠를 입는 경향이 있는데, 이는 잘못된 생각이다. 여기서 두 가지 실수를 지적하고자 한다. 첫째, 이 체형의 경우 몸매를 숨기는 것이 아니라 적절한 옷을 통해 형태를 돋보이게 해야 한다. 보통 우리는 부끄러운 것을 숨기려고 하지만, 여성의 골반은 부끄러울 필요가 없으며 오히려 자랑스럽게 여겨야 한다. 둘째, 이 유형의 실루엣에는 오버사이즈 티셔츠가 더 많은 볼륨을 주고 무게중심을 낮추며, 그로 인해 허리 라인에 포컬 포인트를 만들어 허리 라인을 넓혀준다.

이와 동일한 이유로 짧은 재킷은 엉덩이 위로 길게 내려오는 재킷에 비해 삼각형 형태를 더 잘 살려줄 수 있다. 이러한 체형의 우선순위는 실루엣을 균형 잡힌 상태로 만들고 상체를 강조하는 것이므로 구조적인 컷의 재킷, 조끼 및 볼레로가 완벽하다. 외투는 퍼지는 컷을 추천한다. 특히 코트는 마르탱갈이나 뒷면 슬릿이 있는 것이 좋으며, 이는 의복의 핏을 개선하는 데 도움을 준다.

반면 바지는 긴 스타일이 더 효과적이다. 팔라초 팬츠나 와이드 팬츠가 잘 어울리며, 약간 넓어져서 신발을 가려주는 부츠컷 팬츠도 좋다. 슬림핏 팬츠, 스키니 팬츠, 허리가 아주 낮은 바지는 무게중심을 낮추고 엉덩이 라인을 넓히는 경향이 있기 때문에 좋지 않다. 이는 작업복과 바지 재단에도 적용된다.

이미지 컨설팅 매뉴얼에서는 삼각형 체형 여성에게는 반바지를 입는 것을 권장하지 않는다. 다리를 시각적으로 짧아 보이게 할 수 있고, 몸의 보기 싫은 부분을 가려야 한다는 생각 때문이다. 그러나 나는 "아니, 이건 당신에게 어울리지 않아요"라고 말하고 싶지 않다. 오히려 다른 대안이나 작은 트릭을 사용함으로써 패션의 재미를 마음껏 느껴 보라고 말하고 싶다. 명심해야 할 것은 옷이 몸에 맞게 변화해야 한다는 것이다(반대로 몸이 옷에 맞춰져서는 안 된다). 이 체형에 맞는 반바지는 서혜부(사타구니)보다 몇 센티미터 더 긴 하이 웨이스트 스타일로, 가볍고 부드러운 소재와 중립적인 색상(베이지 또는 연한 살색)을 선택하여 다리에 뚜렷한 구분 없이 색상이 이어지도록 한다.

스커트는 의심할 필요도 없이 바지에 비해 삼각형 체형 여성을 훨씬 더 돋보이게 한다. 무릎까지 내려오는 긴 스커트가 더 좋다(하이 웨이스트 디자인이라면 무릎 아래로 내려오는 길이도 좋다). 플레어 스타일이나 클래식한 스트레이트 튜브 스커트(자루 모양 드레스)는 완벽한 선택이다. 더 섹시하고 매혹적인 디자인으로 자신의 형태를 강조하고 싶다면 조금 더 타이트하고 착용감이 좋은 디자인을 선택하는 것도 좋다. 미니스커트는 라인 문제로 인해 가장 잘 어울리지 않을 수 있는데, 특히 무게중심이 낮은 경우에는 더욱 그렇다(책 뒷부분의 '형태 사전' 참고).

양말도 중요한 역할을 한다. 어두운 색의 매트한 양말은 밝은색이나 광택이 있는 소재에 비해 놀랄 만큼 슬림한 효과가 있다. 자수가 있는 타이트한 스타킹이나 클래식한 망사 양말을 좋아한다면 좀 더 작은 직조와 패턴을 선택하는 것이 좋다. 넓은 직조는 팽창 효과를 줄 수 있기 때문이다.

레깅스는 논쟁의 여지가 있는 아이템이다. 반바지와 마찬가지로 보통 피하는 것이 원칙이지만, 이 경우에도 방법이 있다. 예를 들어 같은 색상의 부츠에 레깅스를 착용하는 것이다(클래식한 블랙 온 블랙을 선택하는 것이 좋다). 레깅스를 신발이나 샌들과 함께 사용하면 전체적으로 체형을 낮출 수 있기 때문이다.

속옷의 경우 푸시업 브래지어가 한 치수 크게 보이게 해주지만 때로는 효과를 약간 왜곡시켜 모두가 좋아하는 것은 아니다. 무엇보다 작은 가슴을 반드시 '수정'해야 할 필요는 없다는 것을 기억하라. 상체와 하체를 균형 있게 맞추기 위해 작은 트릭들을 이용할 수 있다. 허벅지와 엉덩이도 마찬가지다. 굳이 사용할 필요는 없지만 현재 많은 브랜드가 최고 수준의 성형(shaping) 제품군을 제공하고 있으며, 이는 이제 (더 이상) 비밀도 아니다. 레드 카펫 드레스 속에는 항상 실루엣을 형성하는 데 효과적인 만큼 지옥과 같이 불편한 속옷이 있다.

의상 패턴에 대해서는 다음과 같은 규칙을 따른다. 가로 라인은 팽창 효과가 있으므로 강조하려는 부분에 사용한다(예를 들어 세일러복 줄이 있는 스웨터가 완벽하다). 반면 세로 라인은 신체를 길게 또는 가늘게 보이게 하기 위해 사용한다. 예를 들어 클래식한 스트라이프 패턴의 바지나 사이드 라인이 있는 스포츠 바지 등이 좋다.

기본적으로 색상 선택이 중요하다. 여기에서도 시선의 인식(지각)을 참고해 삼각형 체형의 특징을 부각시킬 수 있는 색상을 선택하는 것이 좋다. 상체는 밝고 팽창 효과를 주는 색상을 선택하고, 반대로 하체는 시각적으로 배 아래 영역을 균형 있게 조절해 주는 어두운 색상의 스커트나 바지를 선택하는 것이 좋다.

직물, 액세서리 및 특성

삼각형 체형에 이상적인 몇 가지 귀중한 팁을 검토하면서 직물, 액세서리 및 기타 세부 사항에서 조화롭고 여성스러운 스타일을 유지하는 방법을 알아본다.

스카프, 목걸이 또는 기타 화려한 액세서리를 사용하면 시선을 사로잡을 수 있으며, 꼭 맞는 드레스나 멋진 벨트로 강조하여 슬림한 부분, 예를 들어 허리선 같은 삼각형 체형의 가장 아름다운 부분으로 시선을 유도할 수 있다. 팔을 레이스 소매나 다른 패턴으로 감싸는 것도 좋은 방법이다.

벨트부터 시작하여 액세서리에 대해 자세히 살펴보자. 삼각형 체형에는 폭이 넓고 거의 '밴드'처럼 보이는 벨트가 잘 어울린다. 가능하다면 바지(또는 스커트)와 동일한 색상으로 항상 허리 높이에 착용하는 것이 좋다.

신발은 매우 중요하다. 스타일을 구축하는 데 있어서 신발은 매우 중요한 요소이며, 많은 사람들이 신발에 관심을 가지고 있다.

플랫 슈즈, 모카신 등 너무 납작한 신발은 다리를 길어 보이게 하지 않는다. 굽이 약간 있는 신발이 발목을 길어 보이게 하고 체형과 보행에도 효과가 좋다. 많은 사람이 하이힐을 신지 않거나 신을 수 없을 수도 있지만, 걱정하지 않아도 된다. 차이를 보려면 몇 센티미터면 충분하다. 발끝이 날카로운 신발이나 충분히 드러난 신발은 다리를 시각적으로 연장시키는 데 이상적이다. 그러나 발목 스트랩이 있는 신발이나 글래디에이터 샌들 및 색상 중단이 있는 신발은 착용하지 않는 것이 좋다. 반면 무릎까지 오는 클래식한 부츠는 항상 잘 어울리며, 발목까지 올라오는 짧은 부츠나 너무 긴 부츠보다 확실히 더 좋다. 어둡고 광채가 없으며 꼭 맞고 바지 또는 양말과 색채 연속성이 있는 스타일이 좋다.

중요한 것은 색채의 연속성이며, 다리와 발 사이에 구분선을 만들지 않는 것이다. 여름에는 누드, 클래식 베이지나 분 색상 또는 맨다리에 가죽 색상의 신발을 선택할 수 있으며, 피부 타입에 따라 가장 밝은 것부터 가장 어두운 것까지 다양한 색조로 동일한 효과를 얻을 수 있다(크리스찬 루부탱(Christian Louboutin)은 다양한 컬러를 제공하고 있다). 겨울에는 연속성과 길이의 착시 현상을 만들기 위해서 양말과 신발(또는 바지와 부츠)을 잘 매치하기만 하면 된다.

가방의 경우에는 시선을 위쪽으로 이끌어 주고 아래쪽에 대한 무게와 부피의 균형을 유지하기 위해 가슴 높이에서 어깨에 위치한 스타일이 이상적이다. 어깨끈이 있는 가방은 시각적으로 상체를 길게 하고 엉덩이에 기대어 신체 아래쪽에 볼륨을 더해준다. 그러나 어깨끈이 있는 가방을 좋아하거나 그 편리함이 좋다면 어깨끈을 몇 센티미터 줄이는 것만으로도 충분히 그 효과를 볼 수 있다.

에드바르트 뭉크(Edvard Munch)의
〈마돈나〉(1894~1895년), 오슬로 노르웨이
국립 미술관

3
역삼각형 체형

주요 특징

사과형('딸기형'이라고도 함) 또는 V형 체형으로도 알려진 역삼각형 체형은 매우 매력적이고 독특한 특징을 보인다.

삼각형 체형은 상체가 하체에 비해 좁은 반면, 역삼각형 체형은 그 반대다. 이 체형을 가진 사람들은 주로 가슴과 어깨가 크고 발달해 있으며, 근육질 또는 둥근 라인의 팔, 상대적으로 좁은 엉덩이와 골반, 날씬한 다리를 보여준다.

실제로 역삼각형 체형은 상체 의상의 사이즈가 하체보다 (반 사이즈라도) 큰 경우가 드물지 않다. 또한 허리가 약간 휘어 있고 시간이 지남에 따라 쉽게 살이 찔 수 있다.

이 체형의 대표적인 인물은 페데리코 펠리니(Federico Fellini) 감독의 영화 〈달콤한 인생(La Dolce Vita)〉(1960년)에서 트레비 분수에서의 목욕으로 불멸의 여신이 된 아니타 에크베르그(Anita Ekberg)다. 이 유명한 장면에 나오는 검은색 드레스는 가슴과 목선을 강조하면서 엉덩이 선을 둥글게 만드는 것으로(당시 유행) 역삼각형 형태를 이해하는 데 도움을 준다.

또 다른 유명한 인물로 모나코의 왕비 샤를렌(Charlène)과 배우 다이앤 레인(Diane Lane), 그리고 마라 베니에(Mara Venier)와 알레시아 마르쿠지(Alessia Marcuzzi)가 있다. 이들은 모두 풍만한 목선으로 유명하다.

이 체형은 가장 '반듯한' 선으로 구별하기도 하는데, 어깨와 가슴 근육이 더 강하기 때문이다. 그러나 불쾌한 시선과 언급로부터 자신을 보호하기 위해 많은 여성들이 눈에 띄지 않도록 자세를 구부리곤 한다. 가슴을 강조하지 않으려고 말이다. 그러나 자신을 숨길 필요도 부끄러워할 필요도 없으며, 오히려 그것을 잘 관리하고 강조해야 한다.

앞서 말했던 것처럼 역삼각형 체형 또한 지방 축적이 복부, 팔 등 상반신에 집중되는 체형이다. 반대로 다리는 더 가늘어 때로는 '뼈만 남은' 상태이며, 대부분의 경우 상체보다 길게 보이고(즉 무게중심이 높음), 하체에 셀룰라이트나 지방 축적이 적게 나타나는 편이다. 또한 매우 아름다운 다리가 특징이기 때문에 나이가 들어도 이 체형을 즉시 알아볼 수 있는데, 신체의 다른 부위가 약간 무거워지는 경향이 있더라도 마찬가지다.

이 체형의 특성을 더 잘 부각시키기 위해 적합한 운동은 지방 축적 부위인 허리와 상체 상단 부분에 작용할 수 있는 유산소 운동으로, 달리기와 조깅이 가장 좋다. 그러나 수영은 적합하지 않은데, 이는 상체를 발달시켜 장기적으로 체형을 더욱 불균형하게 만들 수 있기 때문이다. 대신 댄스, 필라테스, 요가 같은 운동이 좋다.

컷과 세부 사항

역삼각형 체형은 비율에 주의를 기울여야 한다. 이러한 체형을 가진 사람들은 보통 상체가 강점이고 이를 강조해야 하지만, 다리 및 엉덩이와의 균형을 맞추어야 하며 지나치게 불균형하게 만들어서는 안 된다.

역삼각형 체형

역삼각형 체형에 가장 적합한 겉옷은 버튼이 하나뿐인 긴 싱글 브레스트 재킷과 코트다. 앞에서 교차하는 장식이 있는 겉옷도 잘 어울린다. 또한 칼라가 없고 선이 간단한 것이 좋은데, 이 경우 선의 직선성이 특히 유리하다. 더블 브레스트 재킷은 상체를 부각시켜 원하지 않는 부분을 강조할 수 있다.

이러한 체형의 고객들은 상체를 늘릴 수 있는 옷을 선택함으로써 더 큰 만족을 찾을 때가 많다. 짧은 코트 또는 베이스라인이나 페플럼이 있는 겉옷도 매우 좋다(책 뒷부분의 '형태 사전' 참고).

상의의 경우 바지 밖으로 내놓은 블라우스가 잘 어울리는데, 우아하고 부드러운 소재라면 더 좋다. 또한 가슴을 감싸고 강조하는 교차 디자인 티셔츠도 잘 어울린다. 역삼각형 체형 고객들과 이야기하면서 나는 가슴 부분의 피팅이 잘 맞는 셔츠를 찾는 것이 얼마나 힘든지 알게 되었다. 이 경우 내부에 있는 2개의 버튼으로 확실하고 깔끔한 착용감을 보장하는 셔츠를 추천한다.

다른 체형과 마찬가지로 역삼각형 체형에도 다양한 변형이 있을 수 있으며, 따라서 목표를 명확히 해야 한다. 어깨에 집중한다면 기모노 효과를 가진 라그랑 소매 또는 어깨선을 부드럽게 만들어 주는 디자인이 좋다. 가슴에 집중한다면 V 네크라인과 교차 디자인이 특히 적합하다. 두 경우 모두 수직 라인을 강조하는 것이 유용하며, 패턴이 크거나 디테일(큰 포켓, 패치, 주름 등)이 너무 많지 않은 것이 좋다. 이 아름다운 체형에는 그런 것들이 필요 없다. 높은 칼라와 터틀넥은 논란이 여지가 있다. 숨기려고 하는 사람에게는 편안하지만 한 사이즈 크게 보일 수 있다. 그러나 자신의 곡선을 숨기고 부끄럽게 생각하는 것은 좋지 않다.

다리는 이 체형의 절대적인 강점이다. 이 때문에 시가렛 팬츠부터 스키니, 레깅스에 이르기까지 다양하게 선택할 수 있다. 미디엄 또는 로우 웨이스트 컷(중간 또는 낮은 허리선을 가진 컷)이 확실히 효과적이다. 이처럼 팬츠가 아주 잘 어울리지만, 그 외 아름다운 다리를 돋보이게 하는 최고의 옷이 있다. 직선형, 플리츠, 플레어 또는 고데 스커트가 완벽하며, 이 스커트들은 밑단의 움직임으로 상체의 볼륨과 전체적인 비율을 균형 있게 맞춰 준다. 스커트 밑단도 선택하기가 더 쉽다. 미니스커트와 롱스커트 둘 다 완벽하며, 프릴이나 주름 또는 프린지가 있는 스커트도 매력적이다.

패턴과 디테일에 대해서는, 상체에는 비교적 어두운 색상이 좋으며—비율을 강조하고 싶지 않은 한—하체에는 밝은 색상과 꽃무늬부터 격자무늬, 줄무늬, 점무늬, 동물무늬까지 모든 종류의 패턴을 자유롭게 선택할 수 있다.

이 체형에 이상적인 드레스에는 랩 스타일이나 크로스 라인, 아메리칸 네크라인의 드레스가 있다. 1950년대 스타일의 드레스는 보통 인기가 별로 없지만, 특히 상체를 늘리거나 허리 포인트를 '우회'하려는 경우 앞면에 버튼이 있는 간단한 오버롤이나 허리 포인트보다 낮게 달린 부드러운 허리띠가 있는 드레스가 좋다. 슈트의 경우에도 마찬가지다. 벨트가 마음에 들지 않는다면 언제든지 벨트를 없애고 사이드 루프(측면 고리)를 풀 수 있다.

스웨터를 좋아한다면 얇고 따뜻한 실(캐시미어, 고운 양모)로 만든 긴 스웨터가 특히 잘 어울린다. 더 두꺼운 원사 또는 꼬거나 디테일이 있는 실은 상체에 볼륨을 더해준다. 또한 가슴을 길게 하기 위해서는 오픈한 카디건과 아름다운 컬러 블록을 만드는 것이 큰 도움이 된다.

직물, 액세서리 및 특성

앞서 언급한 바와 같이 직물(원단)은 역삼각형 체형의 볼륨 균형을 맞추는 데 매우 중요하다. 상체에는 부드럽고 가벼운 소재가 더 어울리지만, 하체에는 더 다양한 소재와 스타일을 선택할 수 있다. 그러나 우리의 목표는 강조하는 것이며, 따라서 선택하는 소재는 형태를 잃지 않아야 한다. 의상은 실루엣을 동반하고 강조해야 하며, 모호하게 감추지 않아야 한다.

복부에 자신이 없다면 낮은 위치에 착용하는 얇은 벨트가 더 전략적이다(스웨터 색상과 매치하면 더 좋다). 시각적으로 무게중심을 낮추는 것이 목표다. 이를 위해서는 상체를 수직화할 필요가 있으며, 넓은 벨트로 상체를 조여서는 안 된다. 따라서 부드러운 허리띠가 잘 어울리며, 시선을 다리로 유도하고 체형의 비율을 균형 있게 맞춰 준다.

역삼각형 체형의 강점이 다리에 있는 만큼 신발은 선택의 폭이 매우 넓다. 다른 체형에 비해 이 체형의 사람들은 일반적으로 논란이 되고 있는 플랫 슈즈나 로퍼와 같은 신발을 신을 수 있다. 또한 특별한 색상과 패턴의 부츠나 부츠 형태의 신발을 선택하여 포컬 포인트를 만들 수 있다. 역삼각형 체형의 발목은 스트랩이나 끈이 있는 신발, 샌들, 앵클 부츠로 강조할 수 있다. 글래디에이터 스타일이나 발목에 끈 또는 스트랩이 있는 코르셋 샌들, 클래식한 로프 스트랩 스타일도 좋다.

가방의 경우 가슴을 따라 (대각선이 아닌) 곧게 내려오는 어깨끈이 매우 우아하고 균형을 이루며 무게를 재분배하고 몸통을 수직화한다고 할 수 있다. 스케일의 비율을 잊지 않는다면 팔이나 손에 드는 가방도 좋다.

역삼각형 체형에서는 속옷과 수영복을 선택하는 부분이 특히 흥미롭다. 날씬한 다리와 좁은 엉덩이 같은 특성으로 인해 다양한 의상을 선택할 수 있다. 스타킹은 컬러풀한 스타킹이나 패턴(예: 줄무늬나 물방울 모양)이 있는 스타킹뿐만 아니라, 스타킹 홀더나 스타킹 벨트도 선택할 수 있다.

브래지어 선택은 특히 중요하다. 풍만한 가슴은 건강, 자세 및 드레스의 핏에도 영향을 미치기 때문에 브래지어의 품질이 중요하다. 역삼각형 체형 여성들에게 인기 있는 속옷으로 보디 슈트를 들 수 있다. 특히 추운 겨울에 편안하며, 우아한 코르셋이자 필요에 따라 섹시한 이너웨어로 사용된다. 그 비밀은 보통 다리보다 짧은 상체를 수직으로 만드는 것에 있으며, 가벼운 압축 소재를 사용해 형태 잡아주는 효과를 얻을 수 있다.

수영복을 선택할 때는 주요 관심사와 전반적인 비례를 고려하여 미학과 기능성을 조화시킨다. 역삼각형 체형 여성을 위한 수영복 중에서 가장 인기 있는 것은 일체형 스타일이다. 특히 가슴 아래에서 교차되고 좋은 지지력을 갖춘 것이 좋다. 대각선으로 닫히는 미국식 스타일도 좋지만, 가슴이 풍만한 사람에게는 목 뒤에 묶는 디테일이 불편하거나 심지어 고통스러울 수 있으므로 주의해야 한다. 중간-넓은 끈이 좋은데, 이는 지지력 및 비례와 관련이 있다. 하의의 경우 중간-낮은 허리로 입는 것이 좋다.

허버트 구스타브 슈몰츠
(Herbert Gustave Schmalz)의
⟨추방된 이브(Eva in esilio)⟩,
개인 소장

4
직사각형 체형

주요 특징

직사각형 체형은 '균질한' 체형으로, 기하학적 특성이 시사하는 바와 같이 균일하고 중성적인 실루엣이며 체중과 관계없이 특별히 곡선이 강조되지 않는다. 체중이 증가하는 경우에도 몸 전체에 균등하게 분포되지만, 보통 날씬한 형태를 유지하는 경향이 있다. 직사각형 체형의 사람에게 체중이 어디에 축적되는지 질문하면 일반적으로 다음 두 가지 중 하나로 대답하는데, 하나는 체중이 증가하는 경향이 없다는 것이고, 다른 하나는 팔, 얼굴, 허리, 다리, 복부 등 전신에 균일하게 분포한다는 것이다.

이 체형은 자연스럽게 균형 잡혀 있으며 어깨와 엉덩이가 일직선으로 배치된다. 일반적으로 상·하의의 사이즈가 동일하다. 다른 체형과 비교하여 눈에 띄는 주요한 차이점은 허리 라인이며, 흉곽이 엉덩이와 골반 뼈 바로 앞에서 끝나기 때문에 몸의 나머지 부분과 비교하여 눈에 띄게 좁아지는 부분이 없다. 따라서 직사각형 체형의 사람들은 일반적으로 높은 무게중심을 가지며, 주된 특징은 다리가 길고 날씬하다는 것이다(따라서 어떤 종류의 바지나 스커트도 잘 어울린다). 엉덩이는 다른 부위와 비교하여 항상 슬림하고 일렬로 유지되며, 삼각형이나 모래시계형 체형처럼 둥글지 않다.

직사각형 체형은 가장 흔하며, 최근 몇 년 동안 가장 성공적인 형태로 인기를 끌고 있고, 현재 잡지와 패션 산업에서 아름다움의 기준으로 정의되고 있다. 1920년대 '재즈의 시대'에는 양성적인 체형과 스타일로 유명한 플래퍼(Flapper)가 큰 인기를 끌었고, 1960년대의 스윙잉 런던(Swinging London)에서도 이러한 체형이 매우 인기가 있었다. 모던 패션 역사에서 중요한 두 시대는 직사각형 체형 여성들의 옷에 큰 영감을 주었다.

그 매력은 시들지 않고 지속되었는데, 이른바 '플러스' 사이즈 곡선으로 미의 이상을 대표하는 영화의 황금 시대에 가장 인기 있었던 디바 중 한 사람인 오드리 햅번은 직사각형 체형 여성의 훌륭한 본보기다.

대표적인 스타로는 빅토리아 베컴(Victoria Beckham)과 기네스 팰트로(Gwyneth Paltrow), 앤 해서웨이(Anne Hathaway)와 니콜 키드먼(Nicole Kidman)을 들 수 있으며, 요르단 왕비 라니아(Rania)나 다이애나 스펜서(Diana Spencer)도 이에 해당한다.

컷과 세부 사항

직사각형 체형은 모든 옷이 잘 어울리며, 실제로 요즘 유행하는 옷차

림으로 입기 쉬운 체형이다. 그러나 자신의 특징을 인
식하고 세부 사항에 주의하는 것이 좋다. 예를 들어
겉옷은 허리에 벨트가 있는 교차 스타일로 가는 것은
그리 의미가 없으며, 허리가 강점이 아니므로 다른 부
분을 강조하는 것이 좋다. 키에 따라 달라질 수 있지
만, 긴 스트레이트 코트나 탈착 가능한 트렌치 코트
등이 잘 어울린다. 특히 등 뒤에 묶는 벨트가 있는 트
렌치 코트는 직사각형 체형에 아주 잘 어울린다.

직사각형 체형

직사각형 체형은 다른 체형에 비해 남성적인 컷의
재킷이 잘 어울린다. 예를 들어 싱글 브레스트 컷은 허리를 향하는 효
과를 만들어 특별한 강조 없이도 체형에 움직임을 준다. 재킷의 경우
부드러운 라인과 둥근 컷은 실루엣에 움직임을 주는 반면, 각진 컷이
나 너무 딱딱한 컷은 별로 좋지 않다. 그러나 모든 것은 스타일에 달
려 있다.

직사각형 체형의 상체는 다양한 종류의 셔츠, 폴로 및 티셔츠와
잘 어울린다. 사실 대부분의 상의가 잘 어울린다고 할 수 있다. 다만
너무 깊은 네크라인은 주의해야 한다. 대신 한국식 칼라, 보트 네크라
인, 미국식 어깨 노출 또는 아름다운 (그리고 매우 섹시한) 백 네크라인
은 잘 어울린다.

만약 자연스럽게 남성적인 기반에서 여성스러운 스타일로 가고
싶다면 부드러운 블라우스가 완벽한 선택일 수 있다. 앞쪽에 부드러
운 리본이나 프릴이 있는 것이나 넓고 둥근 칼라가 있는 것 등 다양한
스타일을 선택할 수 있다. 대각선으로 어깨 한쪽을 드러내는 컷은 더

많은 움직임과 곡선 효과를 준다.

직사각형 체형에는 다양한 바지 스타일이 잘 어울린다. 이 체형에 해당하는 많은 사람들이 스커트보다는 바지를 훨씬 선호하며, 공식적인 자리나 행사에서 드레스 대신 종종 슈트나 바지를 선택한다.

중간 또는 낮은 허리의 바지가 선호되는데, 무게중심을 올리거나 허리를 강조할 필요가 없다. 이 외에도 선택의 폭이 크며, 청바지, 카고 팬츠, 모멘트 팬츠, 캐롯 팬츠, 오버롤, 다양한 길이의 숏 팬츠 및 남성적인 컷의 모든 바지들이 잘 어울린다.

쉽게 짐작할 수 있듯이 이 체형는 둥근 곡선과는 정반대이므로 플레어 스타일은 덜 선호된다. 사실 직사각형 체형은 엉덩이 원형의 균형을 맞출 필요가 없다(책 뒷부분의 '형태 사전' 참고).

직사각형 체형에 가장 잘 어울리는 스커트는 일자 컷이나 랩 스커트다. 1960년대 패션 아이템 중 하나인 미니스커트도 잘 어울리는데, 다리가 직사각형 형태의 강점 중 하나이기 때문이다. 얇은 주름이 있는 디자인도 좋다. 움직임을 만들고 싶다면 비대칭 컷(예: 앞이 짧고 뒤가 긴 스커트) 또는 밑단이 있는 스커트가 적합하다. 이 체형에는 1920년대와 1960년대 스타일이 큰 영감을 주는 반면, 1950년대 스타일은 직사각형 형태와 조화를 이루기에는 약간 부적합할 수 있다.

드레스 선택에는 더 신경을 써야 한다. 그다지 두드러지지 않은 허리, 길고 가느다란 다리, 직선적인 곧은 어깨 등 독특한 특징을 기억해야 한다. 직사각형 체형의 자연스런 신체 라인에는 허리선을 기준으로 가슴 높이로 체형을 재단하는 엠파이어 스타일의 드레스가 아주 잘 어울린다. 또 다른 대안적이고 흥미로운 선택은 컷이 허리보다 낮아진 1920년대 칼럼 드레스다. 이 외에도 트라피즈 드레스나 클래식한 셔츠 드레스, 데님 드레스 등 다양한 스타일이 어울린다.

그렇다고 허리선을 강조할 수 없다는 것은 아니다. 몸을 감싸는 드레스는 매력적인 모래시계형 체형과는 다른 효과를 보여주지만, 그럼에도 불구하고 특히 프린지나 스팽글과 같은 특별한 디테일이 있는 타이트한 드레스는 흥미롭다.

우리의 체형을 가치 있게 표현한다는 의미에서 몇 가지 트릭으로 직사각형 체형을 창의적으로 표현할 수 있다. 예를 들어 직사각형 체형에서 허리를 강조하는 방법 중 하나로 드레이프 디자인의 상의를 풍성한 스커트와 조합하고 모든 것을 벨트로 고정하는 것이다. 물론 이는 다른 종류의 드레스에도 적용된다. 약간 풍성하게 착용하면 실루엣에 움직임과 부드러움을 더해주고 수직적인 느낌을 깨뜨릴 수 있다.

패션에서도 도움이 된다. 실제로 몇 년 동안 디자이너들은 일루전 드레스의 컬러 블록(color block) 방식을 채택하고 있다. 이는 강렬한 색상과 기하학적인 패턴의 조합으로 허리가 강조된 듯한 느낌을 준다. 또한 패션쇼에서 페플럼 드레스에 영감을 받을 수 있다. 이 드레스는 엉덩이 부위에 볼륨과 곡선을 더해주며 허리를 시각적으로 가늘게 보이게 한다. 허리에 대해서는 걱정하지 않아도 된다. 아름다움의 기준은 계속 변하기 때문이다. 그 어떤 것도 제한하지 말고 자신의 체형을 즐겨라!

직물, 액세서리 및 특성

직사각형 체형은 대부분 가늘고 긴 날씬한 체형이기 때문에 튼튼하고 구조적인 직물이 특히 잘 어울린다. 가볍고 부드러운 소재는 주로 러플이나 그 외 부드러운 효과를 줄 수 있는 디테일에 사용하는 것이 가장 좋다.

강력한 색상 조합과 대부분의 패턴, 광학적 패턴이나 클래식 마린 스트라이프 또한 잘 어울린다. 어떤 체형이든 제한은 없지만 몇 가지 요령을 알고 있다면 직사각형 체형에 권장되지 않는 아이템이라도 선택할 수 있다. 특히 벨트를 언급하고 싶은데, 이 경우 부드러운 드레스에 느슨하게 착용하면 아주 잘 어울리며, 또한 새롭게 활용할 수도 있다. 언젠가 특별한 날에 고객을 도와 드리면서 드레스에 있는 천끈을 머리띠로 사용한 적이 있었는데, 재미있는 경험이었으며 동시에 교훈적이기도 했다. 이는 허리에 꽉 조인 벨트보다 효과적이며, 이러한 장난스러운 접근과 새로운 사고방식으로 사람들에게 칭찬을 받았다. 패션은 게임이자 창의성이며, 직관이어야 하고, 결코 포기와 좌절이어서는 안 된다!

가방은 최대한 자유롭게 선택해도 되며, 다만 이 책 전체를 관통하는 두 가지 핵심 개념을 기억하자. 첫째, (체형에 관계없이) 몸의 비율에 맞는 크기를 선택하는 것이고, 둘째, 강조하고자 하는 요소를 고려하는 것이다. 예를 들어 작은 가방은 더 작은 직사각형 체형에 잘 어울리고, 대형 가방은 몸집이 큰 직사각형 체형에 잘 어울린다. 사소한 것 같지만 이것이 중요한 포인트다.

신발의 경우 오드리 햅번으로 유명해진 로맨틱한 플랫 슈즈에서부터 레이스업 슈즈와 남성적인 스타일의 모카신에 이르기까지 낮은 굽 신발이 잘 어울린다.

헤어스타일의 경우 특히 날씬한 직사각형 체형이라면 곱슬머리, 웨이브 또는 물결 모양 스타일은 전체 실루엣에 멋진 움직임을 줄 수 있다. 샤를리즈 테론(Charlize Theron) 스타일의 아주 짧은 헤어스타일도 잘 어울린다.

또한 양말과 스타킹에 집중할 수 있다. 다리가 강점인 직사각형 체형은 다른 체형에 비해 더 화려한 컬러와 패턴의 양말을 선택할 수 있다. 이를테면 1920년대에 탄생한 장식이 있는 양말과 1960년대 산물인 팝 컬러 스타킹을 들 수 있다. 수영복의 경우 대각선으로 자른 스타일이나 한쪽 어깨를 드러내는 스타일이 잘 어울리므로 라인을 조금 섞어보자. 캘빈 클라인(Calvin Klein)이나 아디다스(Adidas)와 같이 스포티한 스타일도 좋다.

장 오귀스트 도미니크 앵그르(Jean Auguste
Dominique Ingres)의 〈발팽송의 목욕하는
여인(Baigneuse de Valpinçon)〉(1808년),
파리 루브르 박물관

5
다이아몬드형 체형

주요 특징

다이아몬드형 체형은 일반적으로 '타원형'으로 알려져 있으며, '풀 피겨(full figure)'라고도 한다. 나는 체중과 연관하여 체형에 대해 언급하는 것을 좋아하지 않는데, 이는 실제 형태에 대해 아무런 정보도 전달하지 않기 때문이다. 굴곡이 뚜렷한 (커브형) 여성은 어떤 체형에도 속할 수 있고, 마찬가지로 타원형 여성도 날씬할 수 있다. 여기서는 다음과 같은 두 가지 이유로 타원형이라고 하지 않고 다이아몬드형이라고 부르려고 한다. 첫 번째는 기술적인 이유이고, 두 번째는 문화적인 이유이다.

첫 번째 이유, 즉 기술적인 이유부터 시작하자. 다이아몬드형 체형은 복부와 몸의 중심 부분이 가장 넓고 지방이 쌓이는 경향이 있는데, 이는 다이아몬드(영어로 diamond는 '마름모'를 의미하기도 함) 모양과 정확히 일치한다. 두 번째 이유는 이 책을 쓰게 된 것과 관련이 있는데, 모든 형태를 인정하고 각각의 아름다움과 스타일을 존중하는 필요성 때문이다.

단어가 주는 의미가 중요하다. '타원형'이라고 지칭할 경우 혼란스러워 하는 사람들도 있는데, 타원형이 둥근 형태와 형상이 없는 것을 연상시키기 때문이다. 그러나 '다이아몬드형'라는 용어는 우리 머리속에서 이미지를 명확히 정의하는 데 도움을 주며, 아름답고 희귀하며 귀중한 것을 연상시킨다.

다이아몬드형 체형은 어깨가 약간 둥근 형태로 엉덩이와 동일한 폭이거나 조금 더 좁을 수 있다. 가슴은 상대적으로 풍만할 수 있지만 항상 그렇지는 않다. 팔은 비교적 통통하며, 다리는 일반적으로 꽤 날씬한 선을 보인다. 복부는 체중 변화와 상관없이 보통 부드럽게 유지된다. 나는 다이아몬드형 체형 운동 선수들을 본 적이 있는데, 그들은 근육이 엄청났지만 복부에 가장 탄력이 적었다. 이것이 다이아몬드형 체형과 직사각형 체형 사이의 가장 큰 차이로, 직사각형 체형은 건강이 좋을 때 복부 근력이 우수하다.

한편 직사각형 체형은 통계적으로 외배엽 또는 중배엽형인 반면, 다이아몬드형 체형은 내배엽형일 가능성이 높다. 다이아몬드형 체형 또한 '균질한' 체형으로, 체중이 증가할 경우 중앙 부분의 부피 증가가 몸 전체에 나타나는데, 복부의 전형적인 '러브 핸들'이 그 예다. 근육과 골격 면에서 이 체형의 독특한 특징 중 하나는 옆면에서도 볼 수 있는데, 복부 부분에 약간의 돌출이 있다는 것이다. 이것은 운동을 많이 한 사람에게서도 나타날 수 있다.

분명히 이 경우에도 사이즈의 문제가 아니라 형태의 문제다. 따라서 다이아몬드형 체형에는 가수 셀레나 고메즈(Selena Gomez)와 같이 날씬한 여성들과 배우 멜리사 맥카시(Melissa McCarthy)와 같이 보다 풍만한 여성들이 포함된다.

　이러한 형태의 체형을 강조하기 위한 주요 미션은 어깨부터 무릎까지 수직화하고 실제 포컬 포인트를 만드는 디테일과 색상을 사용하여 다리, 얼굴 및 상체를 강조하는 것이다.

컷과 세부 사항

겉옷부터 시작해 보자. 이 경우 역삼각형 체형에서 언급한 내용을 참고할 수 있다. 다이아몬드형 체형을 강조하기 위해서는 깔끔한 커팅이 가장 적합하며, 몸을 감싸지 않고 너무 많은 디테일이나 포켓, 지퍼, 큰 버튼 또는 더블 브레스트 스타일로 무겁게 만드는 것을 피하는 것이 좋다. 실제로 약간 '계란형'의 코트, 셰일 칼라의 코트, 또는 싱글 브레스트 스타일의 코트가 매우 잘 어울리며, 허리를 강조하고 싶지 않다면 벨트나 특히 타이트한 옷은 피한다. 이를 위해 매끄러운 판초를 추가하면 좋다(책 뒷부분의 '형태 사전' 참고).

다이아몬드형
체형

　가장 적합한 카디건은 얇은 원단의 오픈 스타일이며, 앞서 본 것처럼 컬러 블록(color block), 즉 더 어두운 색상의 스웨터와 바지에 대조되는 색상의 카디건이 좋다. 가벼움과 수직감을 주는 캐스케이딩 카디건 또한 아주 잘 어울린다.

　상의의 경우 바지 밖으로 꺼내 입는 가벼운 블라우스가 특히 적합

195

하다. 이 체형의 라인을 강조하기 위해서는 대각선 라인이나 V 네크라인, 다양한 종류의 교차 디테일을 사용하는 것이 좋다. 그러나 하이 네크라인이나 스트레이트 핏의 옷은 적합하지 않을 수 있다. 티셔츠의 경우 어깨 높이에 있는 소매는 팔을 보다 슬림하게 보이게 하며, 상반신의 가운데에 있는 반팔보다는 7부 소매가 더 좋다. 탑이나 탱크탑의 스트랩은 미국식 스타일보다 약간 더 넓은 것이 좋다.

하체의 경우 다리를 최대한 활용하는 것이 중요하다. 이를 위해 가장 적합한 바지와 청바지는 스트레이트 컷이나 부츠컷으로, 주머니가 없고 허리끈 대신 사이드 지퍼가 있는 매끈한 디자인이 좋다. 반면 맞춤형 커팅은 직사각형 모양의 튜닉과 잘 어울린다. 허리에 대해서는 중간-낮은 위치가 더 잘 작용하는데, 착용감(핏)과 편안함을 위해 신축성 있는 소재를 사용하는 것이 좋다.

스커트의 경우에도 다리 형태를 돋보이게 해주는 디자인이 효과적이다. 직선형, 튤립형, 가도 형태, 랩 또는 패널 스커트와 같은 스타일을 선택하는 것이 좋다. 반면 1950년대 스타일이나 일반적으로 허리가 높은 스커트는 체형에 불리하고 불균형을 초래할 수 있으므로 조심해야 한다.

다이아몬드형 체형에 가장 적합한 드레스는 허리 바로 위 갈비뼈 전체를 따라 표시되며 (따라서 엠파이어 스타일처럼 높은 허리 스타일은 아님) 복부를 우회하여 부드럽게 내려가는 드레스다. 가슴 아래에 디테일, 매듭, 프릴이 있는 드레스도 훌륭하다. 묶음과 대각선 장식 같은 디테일과 덜 타이트한 원피스나 부드럽게 교차되거나 드레이프된 드레스도 좋다. 또한 겉옷과 마찬가지로 약간 '계란형'의 드레스도 적합하다. 트랩, A 라인, H 라인과 같이 1960년대를 연상시키는 스타일도 잘 어울린다(책 뒷부분의 '형태 사전' 참고). 실루엣을 부드럽게 만들어 주고 아름다운 다리를 강조하는 고데 디테일도 매우 매력적이다.

패션은 실제 착시를 만들어 내는 일루전 드레스와 같이 색상의 조합으로 전략적으로 아름다운 솔루션을 제공한다. 속옷 선택에서 가장 선호되는 아이템은 단연 편안하고 섹시한 보디 슈트, 베이비 돌 및 슬립 등이다.

직물, 액세서리 및 특성

다이아몬드 형태의 실루엣을 강조하는 데 가장 적합한 원단은 매끄럽고 가벼운 구조를 가진 것으로, 추가적인 볼륨이나 뻣뻣한 느낌을 피하기 위해 저지나 크레이프와 같은 유동적인 원단이나 매트하고 광택이 없는 원단이 좋다. 가죽 제품의 경우 에나멜 가죽보다 벨벳 스웨이드가 더 좋다. 이브닝 의상 원단으로는 새틴보다 쉬폰이 좋다.

패턴의 경우 일반적으로 단색이 체형을 더 슬림하게 만들 수 있다. 이 체형에 잘 어울리는 패턴은 특히 중대형 패턴과 더 촘촘한 디자인(예: 도트 무늬 또는 페이즐리)이다.

액세서리는 주로 상체 상단 부분에 초점을 맞추는 것이 좋다. 물론 개인 스타일에 의해 좌우되지만, 귀걸이와 목걸이(긴 것은 피하는 것이 좋음), 머리띠, 특이한 안경 또는 다른 디테일이 포함될 수 있다. 이 체형에서는 벨트가 별로 선호되지 않으며 신발과 가방으로 쉽게 보완할 수 있다.

신발은 실루엣을 슬림하게 만드는 데 큰 역할을 할 수 있다. 이를 위해 중간 크기의 두꺼운 힐이나 웨지힐이 매우 효과적이다. 반면 플랫 슈즈나 펌프스처럼 밑창이 아주 얇은 신발은 위험할 수 있다. 가능하면 작은 스타일의 신발을 피함으로써 다리와 전체 체형의 비율에 해를 끼치지 않도록 해야 한다.

선호되는 가방은 길고 얇은 어깨끈이 있으며 중간 크기이지만 모양이 납작하고 너무 부피가 크지 않은 스타일이다. 손에 들거나 손에 매는 가방도 좋다.

존 싱어 사전트
(John Singer Sargent)의
〈마담 X〉(1883~1884년),
뉴욕 메트로폴리탄 미술관

6
모래시계형 체형

주요 특징

"나는 지금 시대에 맞지 않는 여자인 것 같아."

이와 같이 말하는 모래시계형 체형 여성들이 있다. 모래시계형 체형은 아름답고 매우 여성스러우며 예술과 패션의 역사에서 큰 성공을 거두었지만, 최근에는 그렇게 선호되는 체형은 아니다.

모래시계형은 매우 균형 잡힌 체형으로, 1950년대에는 리즈 테일러(Liz Taylor)나 소피아 로렌(Sofia Loren) 같은 여배우들 덕분에 시대의 아이콘으로 자리매김했다. 이 체형의 경우 '수정'할 것이 없다. 현재 패션의 기준이 때로는 다른 특성을 지향하는 것처럼 보여도 상관없다. 모래시계형 체형을 인식하는 데 도움이 되는 특성은 확실히 허리이며, 또한 어깨와 엉덩이 크기의 균형도 포함된다.

모래시계형 체형 또한 '균질한' 형태로, 역삼각형 체형의 상부와 삼각형 체형의 하부를 가진 것 같다. 이 경우 몸의 상부와 하부 두 부분에서 동일한 사이즈를 갖게 된다. 등을 보면 모래시계형은 V자를 그리는 백라인이 있고 허리에서 좁아지는 반면, 옆면을 보면 가슴 부분과 엉덩이 부분의 균형이 눈에 띈다.

유명한 모래시계형 체형 중에는 자신만의 스타일을 가지고 있는 인물들이 많이 있다. 비욘세 놀스(Beyonce Knowles), 스칼렛 요한슨(Scarlett Johansson), 크리스티나 핸드릭스(Christina Hendricks) 같은 사람들이 그 예다. 크리스티나 핸드릭스는 1950년대를 배경으로 한 TV 시리즈 〈매드맨(Mad Men)〉으로 유명해졌다. 많은 사람이 모래시계형 체형의 특징 중 하나는 몸매의 풍만함이라고 생각하지만, 에밀리 라타이코프스키(Emily Ratajkowski) 같은 톱 모델은 체형이 크기나 체중과는 상관없다는 것을 증명해 주고 있다. 물론 이 체형에서는 비율이 매우 정확하다. 엉덩이가 더 강조된 사람은 가슴도 그에 비례하여 클 것이고, 반대로 엉덩이가 좀 더 슬림하다면 가슴도 작아질 것이다. 하지만 형태는 변하지 않는다.

엉덩이에 대한 관심—바이올린 모양이며 둥근 형태—때문에 많은 모래시계형 체형이 자신을 삼각형 체형이라고 착각하지만 그들은 분명히 다른 점이 있다. 모래시계형 체형은 체구가 균일한 형태이지만, 삼각형 체형은 하부에 국한된 형태이다. 역설적으로 오늘날 모래시계 체형의 여성은 더 직선적인 선과 중성적인 체형을 선호하는 패션의 표준화로 인해 어려움을 겪을 수 있지만, 작은 조치만으로 그들의 아름다움을 강조할 수 있다. 어떤 조치를 취할 수 있는지 살펴보자.

컷과 세부 사항

모래시계형
체형

모래시계형 체형은 1950년대 패션과 스타일에서 우
세한 형태였기 때문에 그 시기의 스타일을 참고할
만하며, 현재에도 여전히 적용될 수 있다.

마찬가지로 겉옷부터 시작해 보자. 모래시계형
체형의 특징을 강조하기 위해서는 비율과 허리선을
강조하는 컷이 제일 좋다. 예를 들어 벨트가 있는 재
킷이나 코트, 교차 컷이나 웨이스트 컷, 스커트와 매
칭된 슈트이거나 청바지와 바지에 맞는 재킷이거나
상관없다. 하지만 더 직선적인 컷은 허리선에 볼륨을 만들고 체형을
넓히는 결과를 초래할 수 있다.

물론 개성에 따라 선택이 달라질 수 있지만, 꼭 타이트한 드레스
를 입을 필요는 없다. 그러나 스타일의 일관성과 적절한 형태의 강조
사이에서 항상 타협점을 찾을 수 있다. 예를 들어 클래식한 컷의 재킷
을 벨트를 이용하여 보다 여성스러운 방식으로 채우는 방식이다.

일반적으로 모래시계형 체형에 가장 잘 맞는 상의 컷은 (상체와 가
슴 부분을 효과적으로 부각시켜 주는) 교차 컷, 사선 컷 및 조이는 컷, 측
면 디테일이 있는 것들이다. 여성스러운 카디건이나 보온용 탑, 신축
성이 있는 슬림핏 등도 좋은 선택이다. 상체와 엉덩이 라인 간의 비율
을 더 잘 맞추기 위해 V 네크라인, 라운드 네크라인, 그리고 넓은 네
크라인도 좋다. 이러한 종류의 네크라인을 좋아하지 않거나 데콜테
를 드러내기 불편하다면 목걸이를 착용하거나 네크라인이 깊이 패인

스웨터 안에 밝은 (또는 중립적인) 색상의 상의를 입어 상체를 수직화할 수 있다(책 뒷부분의 '형태 사전' 참고).

중요한 것은 모래시계형 체형에 최대한 꼭 맞는 컷을 유지하는 것이다. 너무 타이트하거나 너무 넉넉한 옷을 선택하면 자연스러운 라인을 올바르게 표현하지 못할 수 있기 때문이다.

모래시계형 체형에 드레스는 완벽한 선택이다. 어떤 스타일의 드레스도 잘 어울린다. 단, 트라페즈(사다리꼴), 계란 모양, 오버사이즈 스타일은 이 신체의 매력을 잘 드러내지 못한다. 많은 경우 커다란 셔츠와 엑스트라 라지 사이즈 옷 안에 '보석'이 감춰져 있어 안타깝다.

일반적으로 교차 컷과 튜브 스타일은 항상 좋은 선택이다. 또한 랩 스타일이나 허리를 강조하는 벨트, 드레이프, 작은 매듭이나 측면 디테일과 같은 포인트가 있는 드레스도 매력적이다. 반면 저녁 시간에는—레드 카펫에서 보여주는 것처럼—인어 드레스나 비스듬한 컷의 드레스를 선택할 수 있다.

모래시계형 체형은 매우 여성적인 형태이기 때문에 양성적인 체형과는 정반대로 바지를 신중하게 선택해야 한다. 신체의 특징은 삼각형 체형의 경우와 같으므로 엉덩이와 골반의 형태를 공유하는 부츠컷이나 와이드 팬츠를 선택하는 것이 좋다. 스키니 모델은 곡선을 강조하거나 확대하고 싶은 사람들에게 적합하다. 숏 팬츠와 카프리 팬츠도 좋은 선택이다. 일반적으로 하이 웨이스트 팬츠가 안정감을 주는 반면, 로우 웨이스트 팬츠는 허리 라인을 특징으로 하는 실루엣에 어울리지 않는다.

나는 개인적으로 모래시계형 같은 굴곡이 심하고 여성스러운 몸매에는 스커트가 바지보다 훨씬 잘 어울린다고 생각한다. 여기서도 역삼각형 체형과 동일한 특징을 갖는다.

몸에 꼭 맞는 시스 스커트는 원형을 강조하고 싶을 경우 이상적인 반면, 플레어 스커트나 유동적인 원단은 볼륨감을 더하지 않으면서도 실루엣을 돋보이게 해준다. 벨 스커트나 1950년대의 특수한 고데 스타일도 완벽하다. 스커트가 항상 잘 어울리는 모래시계형에는 특히 무게중심이 높지 않은 경우 무릎까지 오는 스커트가 잘 어울린다.

직물, 액세서리 및 특성

앞서 보았듯이 모래시계형 신체 형태를 가장 잘 살릴 수 있는 것은 그 특징적인 형태를 강조하는 것이다. 따라서 몸을 감싸는 부드럽고 가벼운 또는 중간 무게의 소재가 적합하며, 라이크라나 스판덱스 함유 소재도 좋다. 패턴의 경우 선택의 자유가 있지만, 강조하고자 하는 몸의 비율과 측면에 비례하여 선택해야 한다. 이 체형은 형태가 뚜렷하기 때문에 어떤 패턴(수평 또는 수직 줄무늬, 점무늬 또는 꽃무늬)이라도 강조해 준다.

반면 반드시 필요한 액세서리는 허리띠다. 허리가 강조되지 않는 디자인에서도 허리를 부각시키기 위해 필수적이다. 앞서 상체를 강조하기 위해 네크라인이 얼마나 효과적인지 언급했는데, 여기서는 V 네크라인이 너무 깊을 필요가 없다. 단, 원형 칼라나 일반적으로 목을 '닫는' 것에 주의해야 하며, 가벼운 방식으로 목을 드러낼 수 있는 방법을 찾는 것이 좋다.

속옷과 수영복의 경우, 상체에 대해서는 역삼각형 체형과 특히 풍만한 가슴을 가진 모든 여성들을 위한 것들과 같은 원칙이 적용된다. 좋은 브래지어는 가슴과 등의 건강에 좋을 뿐 아니라, 미적으로나 착용감 면에서 최상의 투자다. 바스트 형태를 잘 잡아주는 반컵 브래지어와 적절한 지지력을 제공하는 모델이라면 모두 좋다.

모래시계형은 삼각형 체형의 특징도 가지고 있으므로 하체의 경우 삼각형 체형의 가이드라인을 따르는 것이 좋다. 허벅지를 잘 드러내는 슬립과 브라질 스타일도 좋으며, 하이 웨이스트 팬티와 다양한 종류의 코르셋이 최상이다. 1950년대에 영감을 받은 란제리도 모래시계형 체형의 여성에게 잘 어울린다.

가방의 경우 모래시계형 체형에는 다양한 선택지가 있지만, 특히 '손에 드는' 백이 잘 어울리며 무엇보다 허리선 근처로 시선을 이끄는 '팔에 거는' 가방이 잘 어울린다. 어깨끈의 경우 엉덩이 아래 부분까지 오지 않는 중간 길이가 좋다. 또한 가끔씩 패션쇼 무대에 등장하는 허리에 착용하는 힙색도 이 체형에 특히 잘 어울린다.

신발의 경우에도 모래시계형 체형은 모두 잘 어울린다. 이 체형의 특징은 상체와 하체를 모두 강조해야 한다는 점에서 액세서리를 매우 자유롭고 적응성 있게 만든다. 신발이 얼마나 멋있고 중요한지 아는 만큼 우리는 행복할 수밖에 없다! 드레스와 스커트가 특히 잘 어울리는 체형에서 빠질 수 없는 것은 바로 데콜테다. 무게중심이 높지 않다면 앞서 언급한 색채 연속성 및 다른 트릭들을 기억하자.

아뇰로 브론치노(Agnolo Bronzino, 본명 Agnolo di Cosimo)의
〈비너스와 큐피드의 알레고리(Allegoria del Trionfo di Venere)〉(1540～1545년),
런던 내셔널 갤러리

7

8자형 체형

주요 특징

나는 형태에 관한 연구에서 8자형 체형이라고 부르는 이 실루엣을 무시하고 많은 매뉴얼들이 앞서 살펴보았던 '전통적인' 매뉴얼로 넘어서는 것을 알 수 있었다. 이는 많은 사람들이 다른 규정된 형태 중 자신이 어떤 것에도 속하지 않는다고 느끼는 이유라는 점에서 아주 안타까운 일이다.

실제로 8자형 체형은 모래시계형 체형과 매우 유사하게 여겨지기도 하고, 두 형태 사이에는 많은 유사점들이 존재하여 8자형 체형이 모래시계형 체형의 더 '집약된' 하위 그룹이라고 할 수 있다. 그러나 이러한 미적인 유사성 때문에 이 특이한 형태를 특별하게 취급할 필요성이 없는 것은 아니다.

8자형 체형의 특징을 살펴보면, 이 체형 또한 '균질한' 형태이며, 신체의 상부와 하부가 일렬로 정렬되어 있고, 허리선이 분명히 눈에 띈다. 모래시계형 체형이 엉덩이가 서혜부(즉 대퇴골) 높이에서 넓어진다면, 8자형 체형에서는 더 높은 위치, 즉 허리선 바로 다음 장골능 높이에서 넓어진다. 이 체형의 훌륭한 예시는 영화배우 셀마 헤이엑(Salma Hayek)이며, 마릴린 먼로(Marilyn Monroe)와 지나 롤로브리지다(Gina Lollobrigida) 또한 이 형태의 완벽한 대표자다.

모래시계형과 8자형 체형의 핵심 요소인 허리선은 서로 다른 방법으로 인식된다. 모래시계형에서는 허리가 명확하게 들어가는 아치로 인식되는 반면, 8자형에서는 숫자 8과 같이 부드러운 어떤 것을 조이는 일종의 '벨트'로 인식된다. 일반적으로 다음과 같은 경험에서 비롯된 규칙이 적용될 수 있는데, 가슴 아래에 손을 대보고 공간을 찾을 수 있다면, 즉 복부에 이르기 전 수직성을 찾는다면 모래시계형 체형이고, 반면 손이 복부에 바로 근접해 있다면 8자형 체형이다.

8자형 체형의 다리는 보통 가늘며, 명확한 허리선이 있음에도 불구하고 엉덩이 윗부분과 배에서 찾아볼 수 있는 둥글게 말아올려진 특징―퀼로트 드 슈발처럼―이 나타나지 않는다. 모래시계형 및 삼각형 체형과 달리 8자형 체형은 허벅지 및 엉덩이 하부에 특별히 지방이 축적되지 않는다.

하지만 그 차이는 미묘하며 어떤 면에서는 8자형 체형을 모래시계형 체형과 연결시키는 것은 잘못된 것이 아니다. 마릴린 먼로가 전형적인 예로, 종종 모래시계형 체형과 연관되지만 더 정확하게는 8자형 체형이다. 그 차이를 확인하기 위해 소피아 로렌(모래시계형 체형)과 마릴린 먼로(8자형 체형)의 수영복 사진을 찾아보는 것도 괜찮은 방법이다. 이 체형을 강조하기 위해 여기서는 이와 같은 것들을 참고할 것이다.

컷과 세부 사항

8자형 체형의 형태와 특징을 강조하기 위한 방법은 앞
서 언급한 모래시계형 체형과 동일하다. 그러나 이 체
형의 사람들이 가장 만족감을 느끼는 것에 초점을 맞
출 필요가 있다.

겉옷으로는 허리선을 강조하거나 페플럼이 있는
핏의 재킷이 좋은데, 이는 8자형 체형에 딱 맞는 컷이
다. 앞에서 본 것처럼 직선으로 떨어지거나 '박시한'

8자형 체형

남성적인 컷의 재킷은 별로 예쁘지 않을 뿐 아니라, 이 체형의 균형과
조화를 따르지 않는 선택이다.

상의의 경우 크로스되거나 벨트로 마감된 카디건을 선택할 수 있
다. 가끔은 없어도 되는 벨트를 추가하는 것도 좋다. 중요한 것은 허
리 부위의 강조를 잃지 않는 것이다. 이를 위해 짧은 카디건을 선택할
수 있다. 일반적으로 체형에 딱 맞고 약간 테이퍼진 디자인을 선택하
는 것이 더 쉬운데, 반면 풍성하거나 오버사이즈 디자인은 체형의 실
루엣을 완전히 잃게 만든다. 이는 사이즈와 상관없이 정말 안타까운
일이다! 윗부분을 슬림하게 만들기 위해 티셔츠나 스웨터를 바지 밖
으로 꺼내 입을 수도 있지만, 몸에 꼭 맞게 입거나 허리에 벨트를 착
용하는 것이 좋다.

드레스의 경우에도 모래시계형 체형의 가이드라인을 따라야 한
다. 특히 허리를 조이는 시스 드레스와 랩 드레스가 좋으며, 비대칭
잠금 장치가 있거나 매듭, 측면 다트 또는 드레이프가 있는 드레스도

좋다. 또한 페플럼 디자인도 고려할 수 있다.

스커트에 대해서도 모래시계형 체형을 강조하기 위해 앞서 언급한 내용과 동일하게 적용된다. 즉 8자형 체형을 강조하는 데 스커트는 훨씬 더 전략적이다. 이 체형은 엉덩이 하부가 아닌 상부에서 더 둥그런 형태를 띠기 때문에 일자형 스커트가 특히 적합하다. 반면 플레어 스커트는 주로 모래시계형과 역삼각형 체형에 적합하며, 이 경우 너무 넓은 스커트는 상부에서 넓어져 전체적으로 더 많은 부피를 만들 수 있다. 대신 무릎 부근에서 퍼지는 스커트나 페플럼 디자인, 베이스코트 디자인, 허리 라인에 넓은 밴드가 있는 스커트가 아주 잘 어울린다(책 뒷부분의 '형태 사전' 참고).

넓은 허리띠는 바지의 경우에도 좋은 선택이다. 8자형 형태와 아주 잘 어울리는 멋진 바지들이 많이 있다. 이 경우 상체와 하체 사이에서 너무 강한 색채 대비를 만들지 않는 것이 중요하다. 바지 디자인은 직선 컷 또는 부츠컷이 특히 좋다. 넓은 팔라초 팬츠는 추가적인 볼륨(이것이 모래시계 체형과 다른 차이점이다!)을 만들기 때문에 더 어렵게 할 수 있다. 엉덩이 상부에 있는 포켓 같은 디테일과 포컬 포인트도 주의해야 한다. 이는 8자형 체형의 특징을 최대한 부각시키기 위해 무겁게 만들어서는 안 되는 정확한 지점이다.

직물, 액세서리 및 특성

모래시계형과 마찬가지로 부드럽고 가벼운 재질의 원단이 8자형 체형 실루엣을 더욱 돋보이게 하고 비율을 쉽게 조절할 수 있도록 도와준다. 색상의 경우 8자형 체형은 몸의 중간 부위에서 강한 색상 대비를 최소화하기 위해 단색 옷이 잘 어울린다. 패턴 선택에 있어서는 수평적으로 실루엣을 끊지 않고 수직 라인과 특히 대각선 라인을 선택하는 것이 좋다.

한편 상하의 균형을 유지하고 허리선을 강조하는 것이 특히 중요하기 때문에 벨트는 모든 8자형 체형의 가장 귀중한 요소다. 비율을 수직으로 만들고 몸통을 압박하는 것을 피하기 위해서는 중간 또는 작은 크기의 벨트가 더 좋다.

액세서리의 경우에는 귀걸이가 완벽한 아이템이며, 목걸이는 목의 모습을 잘못 보여줄 수 있으므로 주의가 필요하다. 이에 대해서는 이 책 2부의 목에 관한 부분을 확인한 후 본인에게 가장 잘 맞는 아이템을 선택하면 된다.

수영복의 경우 모래시계형과 비교하여 8자형 체형의 고객들은 일체형 수영복뿐 아니라 하이 퀼로트와 발코니 브라 등 1950년대 스타일을 연상시키는 수영복에 특히 만족감을 보인다.

가방과 신발에 관해서는 모래시계형 체형에 대한 내용이 동일하게 적용되며, 무엇보다 자유롭고 창의적인 선택이 항상 중요하다. 몇 가지 주의 사항을 참고하여 자유롭게 창의성을 발휘해 보자.

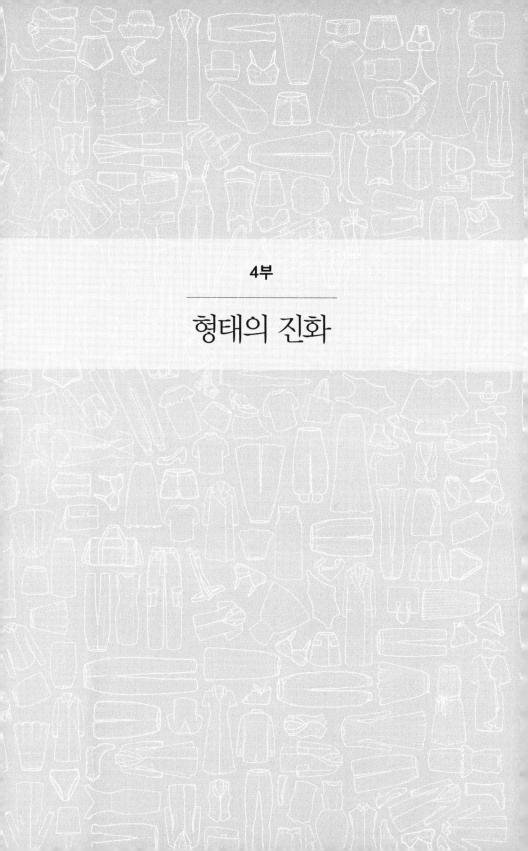

4부

형태의 진화

미켈라 이야기

미켈라가 나의 강의에 참석했을 때 그녀는 만감이 교차했다고 한다. 한편으로는 무언가 새로 시작한다는 호기심이 있었고, 다른 한편으로는 회의감과 의심까지 들었다. 미켈라는 몇 달 전에 예쁜 아기의 엄마가 되었기 때문에 자신만을 위한 시간을 가질 수 있도록 남편이 강의 수강을 선물해 주었다고 말했다. 미켈라가 자신의 이야기를 할 때 그녀가 얼마나 단호한 여성인지 알 수 있다. 그녀는 아이를 얻기까지 불임 문제를 해결하기 위해 오랫동안의 치료로 상처를 받기도 했다.

따라서 미켈라는 자신과 출산에 대해 이야기할 때 매우 비판적이고 엄격했다. 그녀는 자신의 몸이 바뀌었다는 것을 알고 있었지만 좋아하지 않았다. 미켈라는 운동할 때(테니스를 칠 때)나 대학과 직장에서 항상 자신에게 많은 것을 요구했다. 임신으로 인해 몸무게가 증가한 것은 완전히 정상적인 것이었지만, 그 사실이 그녀를 정말 화나게 만들었다.

"나는 편안한 옷은 하나도 사지 않았어요. 그건 임신 전 형태로 돌아가기 위한 또 하나의 자극이죠." 미켈라는 당장 모든 것을 원했고 그것에 대해 매우 엄격했다. 목적은 분명했다. 그녀는 즉시 이전의 모습으로 돌아가고 싶었으며, 임신이 몸에 흔적을 남긴다는 사실을 받아들이고 시간을 가져야 한다는 것을 이해하려 하지 않았다. 하지만 그녀는 이미 충분히 매력적이고, 운동을 잘하며, 매우 당당한 여성이었다.

강의가 진행되고 시간이 지나면서 미켈라는 다른 수강생들과 상호작용하면서 천천히 누그러지기 시작했다. 그녀는 어떤 상황은 자신이 통제할 수 없으며, 항상 완벽한 결과를 얻을 수는 없다는 것을 이해했다. 미켈라는 자신의 몸이 바뀌었으며, 임산부는 자신이 상상했던 것보다 더 근본적인 변화의 시점일 수 있다는 것을 받아들이기 시작했다. "나는 나에게 시간을 주지 않으면서 항상 가능한 한 가장 빠른 방법으로 완벽한 결과를 얻고 싶어하는 편이에요. 내 몸에 대해서도 마찬가지였죠. 예전처럼 곧바로 몸매를 되찾고 싶었지만, 내 몸이 예전과 다르다는 사실을 이해하지 못했고, 서두르지 않고 시간을 가져야 했어요."

이것이 바로 자신을 보는 새로운 방법이었다. 미켈라는 자신의 몸을 보는 방식뿐만 아니라 자신을 다른 방식으로, 즉 덜 '엄격하게' 가치 있게 여길 수 있다는 것을 배우고 있었다. 임신으로 몸이 약해지고, 아이가 태어난 후 몇 달 동안 힘든 육아에 짓눌려 마지못해 내 강의에 참가한 미켈라는 점점 더 자신의 삶을 다시 잡아가는 사람으로 변모하고 있다.

강의가 끝나고 몇 달 뒤, 미켈라는 자신의 삶에서 만든 변화에 대해 나에게 편지를 써서 알려주었다. 먼저 그녀는 강의에서 배운 것을 실천하여 '엄마' 옷을 사러 가고, 남들에게 판단 받거나 불편하게 느낄 필요 없이 자신을 표현할 수 있었다. 그녀는 소재와 전략적인 디자인 선택을 통해 몸매를 부각시킬 수 있음을 발견했다. 그녀는 "선생님 덕분에 시간을 허용할 수 있다는 것을 깨달았어요. 나를 쫓아오는 사람은 없었고, 압박은 내가 만든 나 자신만의 것이었어요!"라고 말했다.

또한 그녀는 새로운 전망을 갖고 직장을 그만두기로 결정했다. 그녀는 임신과 출산에 어려움을 겪은 사람들에게 도움을 주기 위해 헌신할 수 있다는 것을 깨달았다. 수업에서 배운 것에서 영감을 받아 그녀는 이미지 컨설턴트가 되기로 결심했다. 그녀의 변화는 단지 몸뿐만 아니라 세상을 보는 시각까지 바꾸었다. 몸이 멋진 것을 만들기 위해 변화한 것처럼, 마음도 새로운 시각으로 사물을 보기 위해 관점을 바꾸었다.

우리는 자신의 아름다움을 볼 수 있는 기회를 스스로에게 주어야 한다.

1
타원형으로 태어난 사람이 사각형 체형이 될 수 있을까?

시간이 지나면서 체형이 바뀔 수 있을까?

여러분도 느껴보았겠지만 이웃의 잔디는 항상 더 푸르다. 마찬가지 의미로 삼각형 체형의 여성은 역삼각형 체형의 가슴을 원하고, 역삼각형 체형의 여성은 삼각형 체형의 엉덩이를 갖고 싶어 한다. 직사각형 체형은 곧은 직선을 불평하며, 모래시계형 체형은 굴곡진 곡선을 불평한다. 또한 다이아몬드형 체형은 허리선이 더 잘록하기를 바라며, 8자형 체형은 더 슬림한 몸매를 원한다. … 아무튼 우리는 절대로 만족하지 못한다!

강좌를 수강하는 사람들이나 상담을 하는 사람들에게 가장 많이 듣는 질문 중 하나는 "체형을 바꿀 수 있을까?"라는 것이다. 대답은 항상 신중해야 했는데, 완전히 "예"라고 답하는 것은 정확하지 않고, 전적으로 "아니요"라고 답하는 것도 정확하지 않다. 몸이 변화할 수 있다는 사실을 부정할 수는 없는데, 성장과 호르몬적 발달 같은 자연 과정이 있고, 신진대사와 근골격 구조의 변화도 있기 때문이다. 또한

221

체육 활동(특히 발달기에 하는 경우), 수술 같은 외부 개입도 영향을 미칠 수 있다.

여기서는 유전학, 운동, 수술 등이 어떻게 작용하는지 과학적 용어로 설명하지 않는다. 나는 의사도 과학자도 아닌, 몸의 변화와 발전을 연구하여 가치를 높일 수 있도록 연구하는 이미지 컨설턴트이기 때문이다. 다음은 우리 몸에 작용하는 요인들이며, 우리 체형에 적절한 가치를 부여하기 위해 잘 인식하여 받아들이는 것이 중요하다.

많은 경우 체형은 유년기 때부터 예상할 수 있다. 부모를 관찰하여 얻는 것뿐만 아니라, 근골격 구조를 보면 그 결과의 일부를 알 수 있기 때문이다. 예를 들면 유난히 다리가 얇은 아이, 종아리가 상대적으로 근육질인 아이, 몸통에 비해 어깨가 넓은 아이를 볼 수 있다. 이는 키에 따라 크게 달라지지 않는다. 소아과 의사들은 성장 백분위 수라는 성장 표를 사용하여 아동의 발달을 평가하고 동일 연령 및 성별의 대표적인 아동군과 비교한다. 이는 발달이 측정 가능하고, 적어도 일부는 예측 가능하다는 것을 의미한다. 여기서 '일부'라고 한 이유는 신체는 20세 정도까지 성장하지만, 자연 성장을 어떻게든 변화시키는 외인성 요인이 발생할 수 있기 때문이다. 이 요인에는 수영, 사이클링, 체조와 같은 몇 가지 운동 외에 담배, 갑상선 기능 장애 등도 포함될 수 있다.

갑상선에 대해 이야기하면서 발달과 관련된 또 다른 중요한 자연 요인인 호르몬에 대해 알아보자. 몸의 최종 형태를 예측할 수 없게 만드는 것이 바로 호르몬이다. 호르몬은 몇 개월 안에 이전에 예상하지 못할 정도의 둥그런 형태를 제공하거나, 더 슬림하고 직선적인 형태로 만들어 주거나, 짧은 시간 동안 몇 센티미터의 키를 늘려 주는 것도 가능하다. 청소년기에는 체형이 변하며, 이러한 변화는 거의 항상 발생한다. 그러나 성장기가 끝나면 신체 형태는 거의 확정되고 구조적인 변화는 드물어진다. 적어도 자연적 변화는 그렇다.

이후에는 운동, 식이요법 및 성형 수술과 중요한 호르몬의 변화에 대해 살펴볼 것이다. 또한 임신, 폐경과 관련된 중요한 측면에 대해서도 알아보겠다.

운동과 다이어트: 피트니스와 체형

청소년기에는 신체가 더욱 유연하며, 따라서 운동과 같은 외부 요인이 체형을 형성하거나 다른 형태로 변화시킬 수 있다. 수영을 생각해 볼 수 있는데, 수영은 어깨를 강화하고 흉곽을 넓히는 데 도움을 준다. 상체가 보통 더 얇고 엉덩이가 부드러운 삼각형 체형의 소녀가 수영을 하면 자연스럽게 균형을 맞추어 모래시계형 체형에 가까워질 수 있다. 직사각형 체형은 특히 어깨가 발달함으로써 역삼각형 체형에 근접할 수 있다.

이러한 사실은 어릴 때 운동이 아이들에게 영향을 미친다는 점에서 흥미롭다. 교육적인 측면에서만이 아니라 몸의 형태를 형성하는 데 중요하다는 의미에서도 그렇다. 실제로 운동은 우리 몸이 평생 동안 갖게 되는 형태를 형성하는 데 영향을 끼친다. 이러한 영향력은 어린 시기에 시작될수록 효과적이며, 성인이 되어서도 우리 몸을 돌보고 신체적 및 정신적 웰빙을 달성하기 위한 큰 자원이 된다. 그러나 성인이 되면 체형을 안정적이고 영구적으로 변경하는 것은 불가능하다.

더 자세히 설명하자면, 꾸준하고 효과적인 운동은 중요한 특성이 있는 경우에도 체형의 균형을 잡는 데 도움이 된다. 그러나 우리 신체가 실제로 '고무줄'처럼 작동한다는 것을 알아야 한다. 고무줄은 잡아당긴 만큼 항상 시작점으로 돌아가려고 하며, 말하자면 지속적인 관리와 운동을 요구한다. 개인 트레이너들이 말하는 것처럼 '몸은 기억한다.' 근육이 잘 훈련된 상태이고 운동에 익숙한 몸은 적당한 기간 동안 휴식을 취하더라도 이전 수준으로 복귀하는 것이 훨씬 더 쉽다. 마찬가지로 체형에도 동일한 원리가 적용된다. 분명히 운동, 특히 목표를 설정한 운동은 중요한 결과를 얻는 데 도움이 되지만, 멈추게 되면 몸은 어디서 시작했는지 기억하고 다시 원래 상태로 돌아간다. 유명한 '세트 포인트(set point)'가 바로 그것이다.

이 개념은 남성이든 여성이든 스포츠 선수들을 관찰하면 잘 이해할 수 있다. 같은 팀 내에서 동일한 식단과 훈련을 받지만 체형이 서로 다르다는 사실이 흥미롭다. 어떤 사람은 근육이 있지만 마르거나 날씬한 체형을 가지고 있고, 또 어떤 사람은 근육량이 상당하지만 둥근 형태를 유지하고 있는 등, 신체 구조의 다른 특징들(신장이나 무게 중심 같은 골격적 특징)이 있다. 또한 경기에 대한 지속적인 열정과 노력이 줄어들면서 각 개인의 몸은 다르게 반응한다. 어떤 사람은 거의 마른 상태로 남아 있고, 어떤 사람은 곧바로 체중이 증가하고, 또 어떤 사람은 몸의 일부에만 지방이 축적되고 다른 부분에는 덜 축적되는 경우도 있다.

세트 포인트(set point)

매일 아침 우리는 잠에서 깨어 전날 저녁 잠자리에 들었을 때와 거의 같은 모습의 자신을 본다. 그러나 실제로는 수십만 개의 세포가 죽고 새로 태어나며, 이런 현상은 계속해서 반복된다. 세포 교체는 실제로 지속적인 과정이다.

유전적으로 우리 각자는 자신만의 세트 포인트가 있다. 여기서 세트 포인트란 테니스에 관한 것이 아니라, 태어날 때부터 가지고 있는 지방세포의 양에 관한 것이다. 세월이 흐를수록 우리의 세트 포인트를 계산하는 것이 더 어려워지지만, 우리는 생명과 세포 사멸 사이에 균형점이 있다는 것을 알고 있다. 이것이 체중 감량을 위해 (우리가 생각하는 것처럼) 지방세포를 무한정 줄일 수 없는 이유다.

이러한 세포들은 특정한 구형을 가지고 있는데, 이는 체내 지방의 분포를 결정하며, 지방으로 가득 차거나 물로 비워지는 경우에도 모양이 변하지 않는다(그래서 얼마 지나지 않아 더 이상 체중이 감소하지 않는 것처럼 보인다).

앞서 3부에서 윌리엄 셸던(William H. Sheldon)의 생체 유형 및 그 생체적 특징에 대해서 이야기했다. 피트니스 분야에서는 각 신체의 특성을 인식하고 다양한 목표에 따라 운동 프로그램 및 식단을 맞춤화하기 위해 널리 사용하고 있다. 다양한 연구에 따르면, 자연스럽게 마른 형태이면서 근육이 발달한 중배엽형은 힘과 근육의 증가 같은 결과를 쉽게 얻을 수 있는 반면, 거의 마른 형태이며 근육량이 적은 외배엽형은 동일한 운동에서 훨씬 더 많은 노력을 기울여야 한다. 한편 내배엽형은 웨이트 트레이닝과 유산소 활동을 번갈아 가며 하면 좋은 결과를 얻을 수 있다. 이러한 전제를 바탕으로 (태어날 때 가지고 있는) 우리의 신체 구조는 우리를 특정 종목에 더 적합하게 만든다. 예를 들어 외배엽형은 지구력 운동 및 및 상대적으로 경량이 이점인 운동, 즉 배구, 축구, 농구, 사이클링, 달리기, 댄스 등과 같은 스포츠에 소질이 있다. 반대로 중배엽형과 내배엽형은 파워 스포츠에 적합한 성향을 가지고 있다. 특히 중배엽형은 다양한 스포츠 활동에 적합한 체형을 가지고 있다. 실제로 내가 아는 대부부의 중배엽형 여성들은 모두 운동을 잘한다.

어떤 운동을 선택하든 중요한 것은 그것이 즐거워야 한다는 것이다. 이것은 운동뿐만 아니라 어떤 활동에서든 최고의 결과를 얻는 비밀이다. 이와 관련하여 사소하지만 기본적인 몇 가지 조언을 하고자 한다. 먼저 신체에 과부하가 걸리지 않도록 적절한 운동량을 설정해야 한다(지나친 운동량은 유해할 뿐만 아니라 비생산적이다). 그리고 계획을 세웠다면 지속적으로 실천해야 한다. 체계적이고 지속적으로 운동하는 것이 가끔 하지만 많이 하는 것보다 좋다.

유산소 자극은 지방을 연소하는 데 필수적이며, (흔히 소홀히 여기고 과소평가하는) 무산소 자극은 근육을 만들거나 강화하는 데 중요하다. 특히 나이가 들면서 근육량이 약해지는 경향이 있어 두 가지 모두 중요하지만, 종종 한 가지에만 집중하고 다른 것은 완전히 소홀히 하는 경향이 있다.

운동과 관련된 잘못된 믿음에 대해서는, 많은 트레이너들이 특정 체형에 따라 몸의 특정 부위에만 노력을 집중하는 사람들에 대해 이야기하곤 한다. 몇 가지 예를 들어보면, 삼각형 체형은 다리만 운동하고 나머지 부위를 소홀히 하고, 다이아몬드형 체형은 복부를 슬림하게 하는 유일한 방법인 것처럼 복근 운동에만 전념한다. 더 신경 쓰이는 부위를 운동하는 것도 좋지만, 원하는 목표를 달성하기 위해서는 전반적인 운동이 필요하다. 삼각형 체형은 비율의 균형을 맞추고 전체적으로 신진대사를 촉진하기 위해 상체 근력 운동에 전념해야 한다. 마찬가지로 다이아몬드형 체형은 전체적으로 근육량을 강화하는 운동을 포함하여 유산소 활동에도 주력해야 한다.

앞서 몇 가지 체형에 대해서 이야기했지만, 마지막으로 자세에 대해서도 알아두어야 한다. 자세의 경우 자주 저평가되고 이있지만, 특정 체형을 결정하거나 강조하는 것이 바로 자세다. 실제로 자세는 특정한 체형을 정의하거나 강조하는 역할을 하며, 무엇보다도 자세가 체중과 마찬가지로 아름다움이 건강과 웰빙에 관한 것임을 상기시켜 준다.

식이요법도 잊지 말아야 한다. 물론 철저한 건강 관리를 위해 식단을 조정해야 한다고 판단되면 영양 전문가와 상담하는 것이 좋다. 그러나 자신의 체형을 이해한 후에는 몇 가지 일반적인 지침을 따를 수 있다.

예를 들어 비교적 쉽게 체중을 늘리는 경향이 있는 내배엽형은 칼로리 섭취, 특히 탄수화물 섭취에 더 주의해야 하는데, 이들은 단백질에 의해 대사가 더 활성화되기 때문이다. 반면에 외배엽형은 근육을 형성하고 체지방을 분해하는 데 유리한 조건을 갖추고 있으므로 특별한 주의 사항이 필요하지 않다. 또한 중배엽형은 내배엽형과는 반대로 탄수화물 섭취를 강조하여 식이요법을 따라야 한다. 이것은 규칙이 아니라 일반적인 지침이며, 전반적인 방향성을 제시하기 위한 단순한 가이드라 할 수 있다. 중요한 것은 자신이 어떤 체형을 가지고 있고 어떻게 그것을 가장 잘 관리할 수 있는지 이해하는 것이며, 언제나 전반적인 웰빙에 주의하는 것이다. 이것이 전반적인 조화를 달성하는 진정한 비결이자 아름다움을 얻는 비결이다.

호르몬, 임신 그리고 폐경

여성의 몸은 임신으로 엄청난 변화를 겪는다. 그 변화는 일시적이기도 하고, 일부는 영구적이 되기도 한다. 실제로 임신 과정은 자연과 인체의 신비를 생각하게 하는 것들 중 하나다.

임신 기간 동안 체내에서는 분만을 돕기 위해 골반 형성을 이완시키고 풀어주는 역할을 하는 릴렉신(relaxin)이라는 호르몬의 분비가 증가한다. 그러나 이 이완은 직접적으로 영향을 받지 않은 다른 부위에도 근육 조절력의 감소를 가져온다. 예를 들어 팔다리와 같이 직접적으로 관련이 없는 부위에서도 마찬가지다. 혈류의 경우 혈액 흐름이 증가하여 부기와 부종를 일으킬 수 있는데, 특히 다리에서 많이 발생하며 얼굴이나 몸의 다른 부위에서도 발생할 수 있다. 크기 증가는 특히 발에 두드러지게 나타난다. 발 앞쪽이 넓어지고 발 아치가 평평해지며, 발 크기 자체가 영구적으로 변경될 수도 있다(임신 후에 신발을 모두 새로 구입해야 했던 여성도 있다). 그러나 이런 경우는 드물게 발생하므로 지나치게 걱정할 필요는 없다.

이러한 것들은 임신의 정상적인 영향으로 몇 주 안에 정상으로 돌아온다. 그러나 가슴과 관련된 일부 변화는 영구적일 수 있다. 임신 중에 가슴은 큰 변화를 겪으며, 9개월 동안 점진적으로 커지게 된다. 출산 후에는 '유방 융기'라고 하는 현상이 발생하며, 모유 수유 여부와는 상관없이 유방 조직이 신장되고 볼륨 감소와 염증이 발생할 수 있다. 이에 대한 영향은 유전적인 요인도 큰 역할을 한다. 어떤 사람에게는 더 뚜렷하게 나타나지만, 또 어떤 사람에게는 그렇지 않을 수 있다.

복부도 마찬가지다. 조직들이 어느 정도의 힘을 받아 이전 상태로 돌아가기 위해서는 약간의 시간이 필요하다. 적어도 볼륨과 근육 조직, 나아가 가장 탄력이 있는 피부라도 이전 상태로 돌아가기 위해서는 인내심이 필요하다. 드물게 복부 근육의 영구적인 분리를 의미하는 복근 분리 상태가 발생할 수 있는데, 여러 가지 불편을 초래해 때로는 수술이 필요할 수도 있다(하지만 이는 극단적인 경우다).

엉덩이도 마찬가지로 넓어진다. 이는 태아가 지나갈 수 있도록 골반이 넓어지기 때문이며, 대부분의 경우 출산 후 몇 달 동안 넓은 상태를 유지한다. 중요한 것은 몸이 이 자연스러운 반응을 알고 받아들이며 불안하게 생각하지 않아야 한다는 것이다.

시간을 가지고 자신에게 너무 엄격하거나 까다로운 태도를 갖지 말자. 임신 기간은 특별한 기간이지만 지나가는 시간일 뿐이다. 있는 그대로를 즐겨라. 몸을 회복할 충분한 시간이 있다.

한편 신체 생리적인 과정과 관련하여 여성의 몸은 폐경과 함께 깊은 변화를 겪는다. 여기서는 이 자연스러운 과정과 관련된 문제들을

229

알고 공유하기 위해 신체적인 변화에만 초점을 맞출 것이다. 단, 폐경 과정은 중요한 정서적 측면도 포함한다.

폐경은 월경이 멈추는 것을 의미하며, 생식 기능의 종료를 알리는 신호라고 할 수 있다. 보통 45~55세 사이에 발생하지만, 조기 또는 지연된 폐경의 경우도 드물지 않다. 신체적으로는 난소에서 그동안 생산되던 에스트로겐 호르몬 수치가 감소하고, 이로 인해 체중이 증가하게 된다. 이는 대사 속도의 저하와 함께 발생하는데, 사람마다 다를 수 있다. 체중 증가와 상관없이 변화하는 것은 체중의 분포인데, 주로 복부 지방에 집중된다. 이는 역삼각형이나 다이아몬드형 체형뿐만 아니라 다른 체형에도 모두 적용된다.

예를 들어 8자형 체형은 직사각형이나 다이아몬드형 체형으로 변해 허리 라인을 점점 잃어갈 수 있다. 또한 모래시계형 체형은 시간이 지남에 따라 가슴이 볼륨을 잃고 몸이 무겁게 되면서 배 아래쪽이 삼각형 형태에 가까워질 수 있다. 원래 상체에 무게를 집중하는 삼각형, 역삼각형 체형은 다이아몬드형 체형과 점점 비슷해지는 경향을 보인다. 마찬가지로 직사각형 체형도 복부에 더 많은 체중이 쌓일 경우 이러한 유사점을 나타낼 수 있다.

성형 신화

성형 수술은 옳건 그르건 자연이 창조한 것을 바꿀 수 있는 강력하고 기적적인 것으로 인식되어 왔고, 그렇기 때문에 항상 많은 호기심을 불러일으키고 있다. "성형 수술로 체형을 바꿀 수 있을까?"라는 질문에 내가 할 수 있는 대답은 "그것은 상황에 따라 다르다"라는 것이다. 그 이유는 복잡하고 다양하기 때문이다.

무엇보다 먼저 그것은 수술이 얼마나 침습적인가에 달려 있다. 유방 확대술 같이 비교적 간단하지만 일반적인 수술은 삼각형 체형 상단에 부피를 추가하여 균형을 잡아줄 수 있다. 그러나 대부분의 경우 이러한 수술만으로도 체형을 모래시계형으로 바꿀 수는 없다. 상체와 어깨의 구조는 변하지 않기 때문이다. 그래서 체형을 분석할 때는 다른 부피에 속지 않도록 어깨도 평가한다.

반면에 사람의 기본 구조를 완전히 바꿀 수 있는 매우 침습적인 수술도 있는데, 최근 새로운 모래시계형 체형의 유행과 함께 주로 미국에서 유행하고 있다. 예를 들어 몇몇 모델이 허리를 극도로 가늘게 만들기 위해 갈비뼈를 제거한다는 이야기도 있고, 어떤 사람은 엉덩이와 허리 상부의 부피를 늘리거나 유방에 보형물을 이식하는 수술을 한다고 한다. 참고할 만한 모델로 킴 카다시안(Kim Kardashian), 니키 미나즈(Nicki Minaj), 비욘세(Beyoncé) 등이 있다.

나는 개인적인 (합법적) 선택에 대해 판단을 내릴 의도는 없지만, 이러한 수술들이 매우 위험하다는 점을 강조하고 싶다. 이와 같은 수술은 몸의 형태를 돌이킬 수 없이 변화시키기 때문이다. 선택을 하기 전에, 단순히 외모에 대한 질문뿐만 아니라 다른 질문들도 고려해야 한다. 예를 들어 "이 유행이 지나가면 어떻게 될까?"(유행은 변화무쌍하기 때문에 결국 지나갈 것이라는 것을 알고 있다.)

개인적으로 나는 성형 수술에 대해 반대하지 않으며, 그 이유를 알 필요도 없다고 생각한다. 이는 외모를 개선하는 또 다른 방법에 불과하며, 치아 교정과 크게 다르지 않다. 때로는 자기 자신을 더 잘 느끼기 위해 필요한 경우도 있고, 이미지로 일하는 사람들에게는 직업적인 선택일 수도 있다. 숨길 것도, 과시할 것도 없다. 생각해 보면 미용 산업의 초기에는 여성들이 화장품을 사용한다고 공언하지 않았는데, 바로 그들의 아름다움 뒤에 감춰진 '화장'을 드러내지 않기 위해서였다. 아마도 우리는 어느 날 성형 수술에 대한 오늘날의 병적 호기심을 생각하고 웃을지도 모른다!

나는 아름다운 사진을 보고 "전부 성형한 거야!"라며 비웃는 댓글을 다는 사람들을 이해할 수 없다. 정확히 어느 정도의 수술을 거쳐야 '전부 성형한' 공식적인 지표가 되는지 궁금하다. 이 분노는 무슨 이유에서 오는 걸까? 이에 대해 생각해 보는 것이 도움이 될 것 같다. '수정된 아름다움'에 대한 칭찬은 부당하게 여겨지나? 이것이 불공정한 경쟁이라고 생각되나?

왜 우리는 이것을 경쟁으로 생각해야 하나? 다르게 생각하는 사람들을 판단할 필요 없이, 성형 수술을 할 것인지 말 것인지는 우리 모두의 자유로운 선택이다. 단어에 주의하자. 성형 수술 역시 보디 셰이밍(body shaming, 이에 대해서는 5부에서 다룸)이기 때문이며, 또한 여성의 신체에 대한 공격이고, 여성들 사이에서 공감할 기회를 놓치는 것이다.

성형 수술에 대해 내가 걱정하는 것은, 매체에서 계속해서 홍보하는 아름다움의 이상에 대해 압박을 느끼는 사람들의 수가 많아지고, 그것을 달성하기 위해 빠르고 쉬운 해결책으로서 수술을 원하는 사람들의 수가 증가한다는 것이다. 그들은 자신이 불완전하다고 생각하고 자신의 몸을 탓하며 수술을 통해 행복을 얻을 수 있다고 생각한다. 최상의 결과라도 내면의 행복과 평화를 선물할 수는 없다. 사실 자신의 '큰 코'를 탓하고, 코 성형 후에는 '작은 가슴'으로 옮기는 등, 이러한 과정이 끊임없이 계속되고 있다.

어떤 사람들은 유명인과 닮기 위해 수술을 한다. 그 순간에 그 인물은 미적 이상일 뿐만 아니라 성공적인 모델을 상징한다. 그러나 우

성형 수술의 역사

성형 수술은 전쟁에서 돌아온 병사들의 끔찍하게 훼손된 얼굴이나 신체 다른 부분을 재구성해야 하는 필요성에 의해 제1차 세계대전 시기에 탄생했다. 참호에서 살아남은 많은 병사들은 극심한 우울증에 빠지거나 자살을 선택했다. 따라서 그들이 적어도 일부라도 일상생활로 돌아갈 수 있는 성형 및 재건 수술을 보장하는 데 엄청난 노력을 기울여야 했다. 그 이후로 이 기술은 순전히 미적인 목적을 가진 수술로 확대되었으며, 멈추지 않고 계속되었다. 그 발전 과정은 모두가 알고 있다.

오늘날 유전 공학에서도 비슷한 일이 발생하고 있다. 처음에는 순전히 치료적이고 과학적인 목적으로 시작되었지만, 획기적인 의미의 시나리오를 열어주고 있다. 질병을 없애기 위해 DNA에 개입할 수 있는 기술은 우리에게 자녀의 눈 색깔을 선택할 수 있는 기회를 줄 수 있다. 이는 공상 과학 시나리오일 수 있지만, 사실 그렇게 멀지 않았다. 과학은 준비가 되었지만 도덕적인 인식은 아직 준비되지 않았다. 즉 윤리적인 질문들은 아직 해결되지 않았다.

리가 보는 것은 공공의 인물에 불과하며, 모델의 사적인 면에 대해서는 아무것도 알지 못한다. 또 어떤 사람들은 사랑을 얻거나 또는 되찾거나, 누군가를 기쁘게 하거나, 다른 여성 또는 자신과 경쟁하기 위해 수술을 한다. 이러한 것들은 건강한 접근 방식이 아니다. 성형 수술에 대해서는 의학의 기회로 보고 편견 없이 그것이 가치 있는 만큼 평가해야 한다.

체형은 유전될까?

우리 각자의 체형은 부모에게서 영향을 받는다. 기본 구조, 신진대사, 체지방 분포까지 물려받는다. 따라서 유전적 소인에 따라 왜 어떤 사람들은 신체의 특정 부위에 더 많은 지방을 축적하고 다른 부위에는 더 적은 지방을 축적하는지, 왜 체중과 키가 같은 사람들이 완전히 다른 실루엣을 가질 수 있는지 그 이유를 설명할 수 있다. 친구와 치수가 동일하지만 옷을 입어보면 핏이 완전히 다른 경험을 한 적이 있을 것이다. 이러한 차이는 체중이나 비만과는 관련이 없다. 이러한 이유로 나는 곡선형 체형을 마치 별개의 범주인 것처럼 말하는 것이 이치에 맞지 않는다고 생각한다. 우리는 체중계 숫자와 상관없이 각자 자신만의 고유한 형태와 특성, 그리고 고유한 곡선을 가지고 있다.

몇몇 과학적 연구는 동일 유전자 쌍둥이 형제에 초점을 맞추어 진행되었는데, 유전 요인이 지방 조직의 양보다는 분포에 큰 영향을 미친다는 결과가 나왔다. 이러한 특징은 형제 간에도 적용되는데, 이는 한 부모 또는 가계도의 다른 조상으로부터 물려받을 수 있기 때문이다. 일부 특성은 하나의 유전자가 아닌 여러 유전자의 결합에 의해 결정되므로 한 세대 이상의 세대를 건너뛸 수 있다. 예를 들어 어떤 사람은 비만 상태일 때에도 복근이 상당히 뚜렷하게 보일 수 있고, 또 어떤 사람은 체형이 좋은 시기에도 복부가 탄력적이지 않을 수 있다.

어린이의 경우 체형을 식별하기 어려운데, 청소년기 동안의 호르몬 변화로 인해 체형이 많이 변할 수 있기 때문이다. 그러나 부모의 체구를 기반으로 추측할 수는 있다. 그리고 보통 속담처럼 "사과는 나무에서 멀리 떨어지지 않는다." 우리는 체형을 부모로부터(성별이 다를 수도 있음) 또는 가계도의 다른 가족으로부터 물려받는다. 가족은 가슴이 풍만한데 자신은 왜 가슴이 작게 태어났는지 궁금할 때가 있다. 그 해답은 동일한 특성을 가진 이모나 할머니에게서 찾을 수 있다. 실제로 일부 특징은 한 세대를 건너뛸 수 있다.

그러나 주로 환경적 요인이 신체 발달에 결정적인 역할을 한다. 올바른 식습관, 운동, 건강한 생활 방식은 건강과 체형을 향상시킬 수 있으며, 이는 우리 자녀들에게 해줄 수 있는 투자이자 소중한 선물이다.

후성유전학: 다음 세대

우리 모두에게 해당되는 또 다른 흥미로운 질문이 있다. 인간의 신체 구성은 어떻게 진화(변화)하고 있을까? 왜 이전 세대는 체격(몸집)이 더 작았고, 왜 새로운 세대는 점점 더 크게 된 걸까? 이에 대한 답은 유전학 외에 후성유전학에도 있다고 할 수 있다. 후성유전학은 "유전체 기능에서 발생하는 유전자 염기 서열의 변화 없이 유전적으로 상속 가능한 변화를 연구하는 학문"으로 정의할 수 있다.

후성유전학(Epigenetics, 그리스어 ἐπί(epi, '위'라는 뜻) + γεννητιχός (gennetikòs, '가계 상속에 관한'이라는 뜻))은 환경적 자극과 생활 방식―식습관, 신체 활동, 정서적 균형 및 일반적 건강 상태―에 대한 적응적 변화로 발생하는 유전자의 변이를 연구한다. 이러한 변화는 인생의 여러 단계에서 발생할 수 있는데, 신체가 이미 성장한 후에도 나타날 수 있다. 실제로 우리의 DNA는 불변의 코드가 아니며, 이는 각자가 자신의 유전자 발현을 바꾸고 자신의 건강 운명을 변화시킬 수 있는 기회가 있다는 것을 의미한다. 후성유전자의 변화는 가역적이고 유전적이다. 즉 시간이 지남에 따라 외부 자극에 반응하여 추가적인 변화를 겪을 수 있고, 한 세포에서 다른 세포로 세포 간에 전파될 수 있다.

이러한 과학적 발견은 미래 의학을 위한 큰 장을 열었으며, 질병 퇴치에 큰 희망을 주었다. 그러나 여기서는 우리 몸의 형태에 관한 측면에만 초점을 맞추고자 한다.

1950년대 여배우들의 잘록한 허리를 보면 그들이 어떻게 이러한 체형을 갖게 되었을까 궁금해진다. 무엇보다도 그동안 무슨 일이 있었을까? 몇 년 전 《타임스》에 게재된 통계에 따르면, 지난 몇십 년 동안 여성의 허리둘레가 약 17cm 늘어난 것으로 보인다. 이 시절에는 뷔스티에(bustier)라는 불편한 옷을 입는 것이 흔했는데, 이는 사각형 체형 여성들에게도 모래시계 효과를 만들어 줄 수 있는 것이었다. 또한 허리를 더욱 조이기 위해 스트링 벨트도 사용되었다. 이와 같은 옷들은 스타일링에 도움을 주었지만, 시간이 지나면서 신체 모양을 형성하는 데에도 영향을 미치며 다소 부자연스러운 셰이핑(shaping) 효과를 가져왔다.

북캐롤라이나 주립대에서 수행한 연구도 흥미롭다. 이 연구는 경제적·인종적 배경 및 연령대별로 구분한 1만 명의 미국 여성을 대상으로 하였는데, 50년 전과 비교하여 현재의 미국 여성은 더 큰 체형을 가지고 있으며, 특히 비율이 다른 것으로 나타났다. 두 세대 전에 흔했던 모래시계형 체형은 단 8%뿐인 반면, 절반 정도의 여성(46%)은 직사각형 체형으로 분류되었으며, 10명 중 2명 이상의 여성은 삼각형(배) 체형, 14%의 여성은 역삼각형(사과) 체형으로 나타났다. 여기서는 미국 여성에 대해 이야기하고 있지만, 이러한 경향은 서구의 다른 지역에서도 비슷한 양상을 보이고 있다.

이러한 통계 조사를 페미니스트 관점에서 판단한다면 이야기할 것이 많다. 실제로 여성의 몸은 항상 평가의 대상이자 관찰의 대상이었다. 그러나 이러한 연구들의 과학적 측면만을 살펴보면 유전적 진화에 대해 흥미로운 정보를 얻을 수 있다.

지난 몇 세대 동안 우리는 많이 성장했다. 몇십 년 전의 44 사이즈는 오늘날의 40사이즈와 동일하다. 신발 사이즈의 경우 우리 할머니들은 평균적으로 36~37 사이즈를 신었던 반면, 오늘날의 여성들은 40 사이즈 이상을 신는다. 빈티지 패션을 좋아하는 사람들은 이를 잘 알고 있다. 따라서 오래된 패션을 구입할 때는 사이즈만 보지 말고 실제로 측정을 해보는 것이 좋다. 박물관에 있는 고대 의상들은 현재의

키가 점점 더 커진다고?

인류학의 한 분야인 인류측정학은 인간의 체형을 물리적·생물학적·분자적·대사적 요인뿐만 아니라 문화적·인지적 변수와 연관시켜 연구한다. 키는 흥미로운 측정 중 하나로, 그중 80%는 순전히 유전적 요소에 의해, 나머지 20%는 영양, 신체 활동 및 위생상태 등 환경적 영향에 영향을 받는다.

이것이 평균적으로 북반구 사람들이 남반구 사람들보다 키가 큰 이유를 설명할 수 있지만, 이제 모든 국가에서 한 세대마다 센티미터 단위로 키가 점진적으로 커지고 있다.

예를 들어 제2차 세계대전 시절 이탈리아인의 평균 신장은 약 160cm였고 미국인은 그보다 10cm 더 컸는데, 이는 단백질이 풍부한 식단의 조기 도입과 더 나은 생활 조건 때문이었다. 그러나 지난 세기 후반에는 이러한 차이가 사라졌다.

의상에 비해 작아 보이며, 가구나 옛날 집의 문도 마찬가지다.

요컨대 우리는 성장했고, 이는 남성과 여성 모두에게 해당된다. 음식과 생활 양식이 이 변화에 영향을 미친 것은 분명하다. 20세기 후반에는 주방에 가전제품이 등장하고, 사람들은 정기적으로 고기와 기타 단백질을 섭취하기 시작했다. 의학의 진보와 항생제의 보급도 있었다. 또한 어린이를 위한 이유식 등 동물성 원료의 식품들이 우리 몸의 구조적인 성장에 영향을 주었다는 가설도 있다.

우리 키가 얼마나 더 커질지 궁금해진다. 아마도 우리 손주들에게는 오늘날 우리가 입는 옷이 작아 보일지 모른다!

2
미(美)의 표준: 어제, 오늘 그리고 내일

고대의 체형

먼 과거로의 여행은 시간이 지나면서 아름다움의 기준과 그 개념이 얼마나 변화했는지 생각할 수 있게 한다. 이는 다양한 시대의 문화적·종교적·경제적 영향을 받으며 변화했다.

이러한 먼 과거 시대의 증거로 컴퓨터, 태블릿, 스마트폰에서 볼 수 있는 이미지 정보는 충분하지 않지만, 박물관과 미술관의 진귀한 예술 유산을 활용할 수 있다. 예를 들어 고대 인물인 고생 시대의 베누스(Venus)는 여러 지역에서 발견된 선사 시대의 어머니를 나타내는 유명한 조각상이다. 가장 유명한 것은 〈빌렌도르프의 비너스(Venus of Willendorf)〉로, 역사 책에도 나오며 현재는 비엔나 자연사 박물관에 전시되어 있다. 이 작품은 부드러운 엉덩이, 풍만한 가슴, 포근한 복부를 가진 여성의 몸을 상징한다. 이 여성의 풍만함은 오랫동안 주요한 가치로 여겨졌던 생산성을 나타내고 있으며, 따라서 번영과 풍요와도 밀접한 관련이 있었는데, 이는 당시 상위 계층과 밀접하게 연관된 것이었다.

이러한 미학은 그리스·로마 시대에 이르기까지 거의 변화하지 않았다. 우리에게 전해져 온 웅장한 조각상들은 아름다움과 조화를 나타내지만 여전히 풍만한 형태와 결합되어 있다. 실제로 오늘날에도 '마트로나(matrona)'라는 용어는 키가 크고 풍만한 외모의 여성을 의미한다.

한 가지 더 주목할 것이 있다. 우리가 말하는 풍요로움은 무엇보다 신체 아래쪽에 집중되어 있다는 사실이다. 예술이 찬양하는 아름다움은 엉덩이와 허벅지, 특히 엉덩이의 둥근 모양이다. 그리스 문학에서도 여성(또는 남성)의 엉덩이에 대한 묘사나 찬사가 많은 반면, 아름다운 가슴에 대한 언급은 드물게 나타난다.

나폴리 국립 고고학박물관에 보관된 아프로디테 여신의 아름다운 엉덩이를 강조한 작품인 〈베네레 칼리피기아(Venere Callipigia)〉의 아름다움을 언급하지 않을 수 없다. 이 작품은 아프로디테나 비너스 엉덩이를 강조하며 이름을 딴 것으로, '칼리피기아(Callipigia)'는 고대 그리스어로 '아름다운 엉덩이'를, 베네레(Venere)는 '비너스'를 뜻한다.

또한 유명한 〈밀로의 비너스〉를 언급하지 않을 수 없다. 부드러운 배와 엉덩이를 가졌지만 비율적으로 가슴은 상당히 빈약하다. 폼페이와 헤르쿨라네움에서 발견되는 에로틱한 프레스코화에서도 이러한 표본을 볼 수 있다. 요컨대 고대의 이상적 여성은 배형 또는 모래시계형 체형이었다.

따라서 풍요로움에 대한 취향은 다산의 개념과 관련이 있을 뿐만 아니라, 미학적이고 에로틱한 가치를 가지고 있음을 알 수 있다.

부유한 계급의 의상도 곡선을 강조하기 위해 설계되었다. 섬세한 드레이핑 예술은 삼각형, 사각형 또는 원형으로 잘린 주름, 조각 및 단면으로 형태를 드러내거나 가리는 역할은 한다. 이러한 드레이프 (옷주름)는 18세기 신고전주의 시대에 재발견되었으며, 오늘날에도 특히 굴곡이 있는 체형의 여성을 위한 이브닝드레스 또는 웨딩드레스에 영감을 주고 있다.

중세 시대에는 순수성을 중시하면서도 옷은 더 딱 맞게 제작되고 튜닉은 부풀어 오르는 형태로 변해 여성성을 강조했다. 솔기는 엉덩이와 허리를 강조하고 충전재를 넣어 흉부를 강화시켰다. 14세기에는 재단의 탄생으로 이어지는 장인 기술이 등장했으며, 이는 혁신과 사치를 가져와 오늘날까지 이어지게 된다. 중세 시대의 화려한 세밀화에서는 부드러운 곡선보다는 날씬한 실루엣을 가진 궁정의 우아한 여인들의 모습을 감상할 수 있다.

풍만한 형태의 미적 감각은 15~16세기 르네상스 시대와 함께 다시 대유행하였다. 인간주의는 신체의 아름다움을 재발견하여 이에 대한 연구와 예술의 중심에 있었으며, 르네상스 시대에는 이 아름다움이 형태로 표현되었다. 내가 가장 좋아하는 이 시기의 작품 중 하나는 티치아노 베첼리오(Tiziano Vecellio)의 〈우르비노의 비너스〉다. 이 아름다움의 이상은 이후 바로크 시대에도 이어진다.

우리는 마른 몸만 아름다운 것으로 여기는 것에 익숙해져 있지만, 예술을 통해 새로운 시각으로 미적 감각을 다시 생각하고 형태의 아름다움을 재발견할 수 있다.

먼 과거에는 오늘날보다 패션이 훨씬 느리게 변화했으며, 취향은 수세기 동안 실제로 거의 변하지 않았다. 풍만한 선, 강조된 허리, 삼각형 체형은 르네상스(더 엄격한)와 바로크(더 부드러운) 시대까지 지속되었다.

18세기와 19세기의 패션(엠파이어 라인이 있는 신고전주의 패션 제외)은 모래시계형 실루엣의 전성기였다. 코르셋, '비둘기 가슴' 형태의 뷔스티에, 안장 패딩 및 스커트의 테두리는 볼륨을 강조했지만, 여성들을 심하게 구속시키는 '새장'과 같은 것들이었다. 너무 꽉 조이는 코르셋 때문에 숨을 쉬지 못해 기절을 하거나, 폭이 4m에 달하는 치마에 불이 붙는 경우도 있었다. 나는 이 시대의 그림을 매우 좋아하는데, 특히 프랑수아 부셰(François Boucher)의 〈오달리스크(Odalisque)〉와 19세기로 넘어가 알렉상드르 카바넬(Alexandre Cabanel)의 〈비너스의 탄생(The Birth of Venus)〉, 윌리엄 아돌프 부그로(William-Adolphe Bouguereau)의 〈황혼(Twilight)〉, 존 윌리엄 고드워드(John William Godward)의 〈거울을 든 소녀(Girl with a Mirror)〉 등이 있다.

여기서 한 번 더 눈여겨 볼 점은 번영(이 경우에는 제국의 부유함)과 형태의 풍성함이 꾸준히 함께했다는 것이다. 이러한 현상은 20세기 초까지 지속되었으며, 더 자유로운 스타일과 단순화된 실루엣을 추구하기 시작한 후에야 점차 사그라지게 된다.

과거에는 오늘날보다 훨씬 더 많은 면에서 아름다운 몸은 무엇보다 건강한 몸이었다. "건강한 모습의 초상화! 진정 아름답지 아니한가?" 아름다움은 결국 일부 계층의 특권이었다. 부유한 사람만이 규칙적이고 풍부한 식사, 단백질 섭취 및 신체적으로 덜 피곤한 생활을 할 수 있었고, 반면에 마른 체형은 저출산과 빈곤한 삶을 상징했다.

이것은 놀랄 만한 일이 아니며, 산업화된 사회에서 멀리 떨어진 농업 문화에서도 그대로 적용된다. 예를 들면, 우리 할머니들이 가졌던 세계관에서 말랐다는 것은 아름다움의 표시도 건강의 표시도 아니었다. 바로 그래서 할머니는 나를 볼 때마다 "아니 왜 이리 헬쑥해진 거니! 먹고는 다니니?"라고 말씀하셨다.

20세기 패션의 체형

이전 세기와는 달리 20세기는 믿을 수 없을 만큼 빠르게 다양한 유행과 아름다움의 모델이 번갈아 가며 등장하는 시기였다. 이것이 바로 '짧은 세기'로 알려져 있는 이유다. 이는 과학 기술의 엄청난 발전으로 인해 경제, 정치 및 문화적 구조에 영향을 미친 결과였다. 아름다움의 기준은 그 시대의 상황을 반영한다. 19세기는 이상화된 여성성으로 오로지 어머니와 아내의 역할에 전념하거나 최대한 조용히 장식물로서의 역할을 했지만, 20세기가 도래하면서 추세가 바뀌는 것을 경험하게 된다.

여성들은 자신의 자리를 요구하기 시작했고, 이전에는 남성에게만 허용된 장소에 참석하고, 자기 자신에 대해 어느 정도 인식을 하게 되었다. 19세기 말에 첫 번째 여성주의 운동이 탄생함으로써 투표 같은 기본적인 권리를 요구했다.

예술은 특정 시대의 주도적인 미학 기준을 밝혀준다. 예를 들어 아르누보(Art Nouveau) 운동의 예술가 중 한 명인 알폰스 무하(Alfons

Mucha)는 1920년대에 다양한 광고 일러스트레이터로 활동하면서 새로운 여성상을 만들어 냈다. 여성들을 광고 이미지에 포함시키는 것 자체가 새로웠으며, 어깨를 살짝 드러내고 밀 이삭과 양귀비 꽃으로 장식한 화려한 헤어스타일의 여성이 맥주잔을 손에 들고 있는 모습은 패션의 진화를 보여준다. 무하의 여성은 여전히 풍만한 형태를 갖추고 있지만, 이전 세기의 불편하고 과장된 모래시계형 체형은 점차 사라지고 양성적이고 자유로운 여성으로 대체된다. S자 형태의 라인, 즉 가슴과 엉덩이만 있는 형태는 점차 사라지고 직립 자세가 강조되며, 형태도 더욱 직선적으로 바뀐다.

잉글랜드 역사학자 제임스 레이버(James Laver)에 따르면, 사회적 불화는 항상 미적 기준을 뒤집는 원인이 된다. 예를 들어 프랑스 혁명 직후에는 엠파이어 라인이 바로 등장하며, 1920년대에는 로우 웨이스트 드레스가 주류가 되었다. 허리 위치는 역사적·정치적 움직임에 따라 변동한다.

제1차 세계대전 이후부터는 20세기 각 10년마다 기준이 되는 실루엣이 있으며, 자신의 체형과 개인적 스타일에 따라 이를 참고할 수 있다. 이에 대해 알아보자.

1920년대

화려한 1920년대는 직사각형 체형 여성의 황금기였다. 신체와 정신 모두 안드로이드적인 특징을 가졌는데, 곡선이 적고 허리가 거의 강조되지 않았으며, 다리가 처음으로 주인공이 되었다. 또한 머리도 깔끔하고 기하학적인 가르손느(Garçonne) 컷으로 잘랐는데, 이 컷은 그 시대 유명한 소설과 같은 이름이었다.

보다 실용적이고 덜 조이는 의상을 지향하는 것이 새로운 미학적 기준의 원인이자 결과였다. 확실히 실용적인 이유가 있었는데, 이전의 의상은 우아한 자세, 적은 움직임, 심지어는 적은 자율성을 요구했지만, 다른 사람의 도움 없이는 옷을 착용하는 것이 사실상 불가능했다. 하지만 이제 여성들은 사회에서 더 활동적인 역할을 하였다. 자동차를 운전하고, 담배를 피우고, 술을 마시고, 스포츠에 열중하며, 춤을 사랑한다. 샤를스톤(Charleston)이나 래그타임(Ragtime), 폭스트롯(Foxtrot)은 제1차 세계대전 이후의 집단적인 황폐감을 따르는 분위기를 활기차고 활발한 리듬으로 묘사했다.

일상의 복장은 직사각형 형태의 실루엣을 위해 집중도가 있는 칼럼 형태의 튜닉이나 낮은 허리의 분리형 스커트, 긴 니트 등을 선택하였는데, 이 모든 것은 긴 진주 목걸이로 강조하였다.

이 스타일은 상체 무게중심이 높은 직사각형 실루엣에 이상적이다. 외투로는 기모노(kimono)를 언급할 수 있는데, 기모노는 일본에서 유럽에 전해졌으며 오늘날에도 허리를 전략적으로 회피하려는 사람들에게 필수적인 의상이다.

이브닝드레스는 무릎까지 짧아지는 경우가 많았는데, 밑단이 불규칙적이고 대비되거나 기하학적인 패턴으로 장식되어 있으며, 비즈나 깃털 또는 프린지(장식 술)로 덮여 있어 춤추는 모습을 돋보이게 했다. 프린지의 효과로 더욱 날씬하고 길쭉한 체형에 아름다운 움직임을 연출했다. 초점은 주로 다양한 색상의 스타킹과 발목 끈이 달린 유명한 매리 제인(Mary Jane) 신발로 장식한 다리에 있었다.

이 시기 아름다움의 아이콘으로 루이스 브룩스(Louise Brooks)를 들 수 있으며, 이 새로운 룩을 선보였던 스타일리스트 중 코코 샤넬(Coco Chanel)을 언급하지 않을 수 없다. 샤넬 자신이 그랬던 것처럼, 그녀는 새롭고 자유로우며 진취적인 여성의 대변자였다. 이들 외에도 비범한 삶을 살았던 젤다 피츠제럴드(Zelda Fitzgerald), 아멜리아 에러하트(Amelia Earhart), 조세핀 베이커(Josephine Baker) 등이 있다.

물론 여전히 풍만한 여성들도 있었지만, 이번에는 코르셋으로 가두는 대신 가슴을 감싸 작은 모양으로 만드는 것이 선호되었다. 다시 말해 과거의 미학적 기준은 새로운 아름다움과 우아함의 개념으로 대체되었다.

1930년대

1929년의 금융위기로 시작된 이 시기는 어느 정도 엄격함을 되찾는다. 밑단이 길어지고, 라인은 단순해지며, 허리선이 제자리로 돌아온다. 이 시대의 이상적인 실루엣으로는 삼각형(배) 실루엣을 꼽을 수 있는데, 당시 가장 잘 어울리는 모습이기 때문이다.

여성 모델은 여전히 강하고 결단력 있어 보이지만 덜 남성적이다. 실루엣은 슬림하지만 특히 엉덩이에 이르면 여전히 곡선형이며, 머리카락은 짧지만 헤어스타일은 한층 부드럽다. 이 시대의 영화 주인공들을 생각해 보면 그 성격을 알 수 있습니다. 그레타 가르보(Greta Garbo)가 연기한 마타 하리와 크리스티나 여왕, 〈바람과 함께 사라지다〉의 스칼렛 오하라, 마를렌 디트리히(Marlene Dietrich)가 연기한

〈푸른 천사〉의 롤라 롤라 등이 있다. 또한 컬러 영화의 등장으로 전 세계에 영향을 미친 할리우드 스타일이 패션에 지배적인 영향을 미치게 되었다.

일상 복장은 배 체형에 잘 어울렸다. 어깨가 강조된 재킷을 포함하여 종종 페플럼이 달린 재킷 또는 허리에 끈을 묶어 입는 스타일이었다. 블라우스와 원피스에는 퍼프 소매가 있고, 상단에는 리본, 그리고 중요한 칼라 또는 장식적인 칼라로 풍성하게 장식되어 있었다. 스커트는 더욱 퍼지게 내려갔다. 어떤 사람들은 바지와 함께 코디를 시도하기도 했지만 항상 여유롭고 허리가 높은 스타일이었다. 여배우 마를렌 디트리히가 무대와 그녀의 삶에서 자랑했던 것처럼 화려한 것들도 있다. 외투에는 망토와 쇼트 코트뿐만 아니라 종종 곱슬 모피 칼라로 장식한 화려한 리버스(revers)도 있었다.

이브닝드레스는 엉덩이를 강조하며 허리가 높고 얇은 스트랩과 뒷면에 넓은 네크라인이 있었다. 이러한 디테일은 가슴보다 엉덩이가 더 큰 사람들을 돋보이게 했다. 이 모델들은 꽉 조여지며 수영복과 같은 스타일로 제작되었다. 체형을 더욱 강조하기 위해 실크와 같은 유동적인 소재를 사용하고 감싸는 대각선 컷을 활용했다. 이것이 바로 이 시기에 신체의 윤곽을 더욱 명확히 해주는 압축 속옷이 등장한 이유다.

이 시대 아름다움의 아이콘으로는 할리우드의 디바들로 그레타 가르보, 마를렌 디트리히, 진 할로우(Jean Harlow), 메이 웨스트(Mae West)가 있다. 영화로부터 유명한 의상 디자이너들이 나왔으며, 그중 마담 비오네(Madame Vionnet), 엘사 스키아파렐리(Elsa Schiaparelli), 마담 그레(Madame Grès), 코코 샤넬 등이 유명하다. 이들은 현재도 여전히 많은 영향을 끼치고 있다.

1940년대

제2차 세계대전이 발발한 1939년부터 마셜 플랜이 시작된 1947년까지는 짧지만 끔찍한 기간이다. 분명한 이유로 작업복, 유니폼 및 소박한 슈트 외에는 이 시기 패션의 역사에 대해 거의 말해주지 않지만, 여성 몸의 윤곽이 서서히 드러나고 있는 모습을 엿볼 수 있다.

위기의 시기에는 종종 풍만하고 포근한 실루엣이 다시 유행한다. 전쟁의 고난과 공장에서의 노동에도 불구하고 1940년대 여성들은 매우 여성적이었다. 몸의 곡선과 긴 머리카락이 돌아왔다. 풍만한 가슴과 긴 다리는 오늘날의 역삼각형(사과) 실루엣을 생각할 수 있지만, 이 외에도 다양한 실루엣이 있었다.

우리는 느와르 영화에서 그 시절 다양한 팜므 파탈을 볼 수 있다. 〈길다(Gilda)〉(1946년)에서 열연한 리타 헤이워드(Rita Hayworth)를 가장 먼저 꼽을 수 있다. 이 외에도 에바 가드너(Ava Gardner)나 베로니카 레이크(Veronica Lake)가 있는데, 베로니카 레이크는 몇 년 뒤 제시카 래빗(Jessica Rabbit)의 캐릭터에 영감을 주었다.

불가피하게도 전쟁 기간 동안 적어도 4년간은 프랑스 패션 하우스가 활동을 중단했고, 이 공백을 채우기 위해 찰스 제임스(Charles James) 같은 미국 디자이너들의 독창성과 기발한 아이디어가 발휘되었다. 찰스 제임스는 이브닝드레스의 창조자로, 새로운 세대의 디자이너들에게 계속 영향을 미치고 있다. 진정으로 특별한 것을 찾고 싶다면 크리스토발 발렌시아가(Cristobal Balenciaga)를 검색해 보는 것이 좋다. 이 스페인 디자이너의 웅장한 스타일은 16세기와 17세기 예술에서 영감을 받았으며, 그의 불멸의 컬렉션 중 하나인 '인판타(Infanta)'는 디에고 벨라스케스(Diego Velázquez)의 명작 〈라스 메니나스(Las Meninas)〉를 기리기 위한 것이었다. 실제로 그의 고객 중에는 스페인의 귀족 여성들뿐만 아니라 다른 귀족 여성들도 있었다. 발렌시아가는 엘리트적인 접근 방식을 가지고 있었는데, 자신의 작품은 모두에게 적합하지 않다고 하며 고객을 직접 선택하는 것에 자부심을 가졌다. 따라서 1968년 선보인 '프레타포르테(prêt-à-porter)'의 도래와 함께 그는 은퇴하기로 결정했다. 더 이상 그의 세계가 아니었기 때문이다.

1950년대

1950년대는 1947년 마셜 플랜의 시작과 경제적으로 곤경에 처한 유럽에 대한 미국의 지원으로부터 출발하여 크리스티앙 디오르(Christian Dior)의 첫 번째 컬렉션인 '뉴 룩(New Look)'의 출시로 1940년대와는 명확히 다른 스타일과 비율의 변화를 보여준다. 패션은 둥근 어깨, 잘록한 허리, 둥근 엉덩이, 주름이 들어간 와이드 스커트 등으로 여성 실루엣의 극대화를 강조했다. 이는 프랑스의 디자이너가 이후의 컬렉션에서 완성시킬 여성의 이상적인 모습이었다. '코롤(Corolle)', '앙위(En Huit)', 그리고 나중에는 '튤립(Tulip)'과 같은 컬렉션에서 그는 둥근 어깨, 바닥에서 20cm 떨어진 화관 모양의 롱 스커트, 그리고 교정용 코르셋을 사용하여 허리를 강조하는 스타일을 완벽하게 구현했다. 이 컬렉션에는 허리를 강조하고 엉덩이를 패딩 처리한 유명한 바 (Bar) 슈트가 포함되었다.

1954년에는 H 라인이 등장했는데, 꼭 맞는 상의와 날씬한 힙이 특징이라 H자처럼 가슴을 보디 라인에 맞춘 후 벨트, 장식띠, 드레이프 등으로 허리를 강조했다. 1955년에는 A 라인 모델이 등장하여 서로 교차하는 대각선 모양으로 첫 번째 알파벳 A를 만들었는데, 보통 플리츠로 된 넓은 스커트 위에 어깨가 좁은 긴 재킷을 착용하였다. 하지만 디오르의 A 라인은 우리가 일반적으로 알고 있는 것과는 다르다. 오늘날 A 라인이라고 말할 때는 1958년 이브 생 로랑(Yves Saint Laurent)이 소개한 트라페즈 컷 드레스를 의미한다. 마지막으로 1956년에는 Y 라인이 주로 사용되는데, 상체에는 더 구조적인 라인과 패턴이 사용되고, 실루엣은 허리부터 아래로 좁아지며, 전체적으로 체형이 더욱 길어지고 날씬해진다.

당시의 패션 사진을 보면 궁금해진다. 그 시대에는 모래시계형과 8자형 체형 여성들만 있었을까? 몇 년 동안 대세였던 직사각형 체형 여성들은 어디로 갔을까? 언제나 비밀은 있다. 새로운 패션 제안과 함께 적절한 속옷이 등장하고 뷔스티에와 허리 조임 장치를 사용하였다. 허리 조임 장치는 일종의 벨트로, 때로는 드레스 내부에 바느질되어 밴드처럼 허리를 조여 주었다. 대표적으로 모래시계형 체형을 가진 소피아 로렌(Sophia Loren)은 허리 조임 장치를 단 한 번도 사용하지 않은 적이 없었는데, 최근의 레드 카펫에서도 여전히 사용하고 있다.

1920년대 이후 사용하지 않았던 이러한 뷔스티에의 부활은 1950

년대 새로운 여성 아이콘의 성공과 발맞추고 있다. 이 여성들은 미국 광고에서 선전하고 있는 완벽한 전업주부로, 머리카락은 솜털처럼 부드럽고 바닥 청소를 할 때도 입술에는 립스틱을 바르고 있으며, 언제나 미소를 짓고 있는 아내이자 어머니이자 새로운 소비 촉진자로서 머릿속에는 세탁기와 진공 청소기 구입을 생각하고 있다. 이는 〈매드 맨(Mad Men)〉 시리즈에서 재현된 주목받는 캐릭터이기도 하다.

당시의 패션 사진을 통해 이 새로운 여성의 이미지를 살펴볼 수 있다. 리처드 아베든(Richard Avedon), 어빙 펜(Irving Penn), 헨리 클라크(Henry Clarke), 노먼 파킨슨(Norman Parkinson) 등과 같은 예술가들이 활약했다. 모래시계형과 8자형 체형에는 드레스나 스커트가 압도적으로 많은데, 하이 웨이스트에 종종 페플럼과 주름 장식이 있는 짧고 꼭 맞는 재킷을 함께 매치했다. 코트도 실루엣을 드러내고 벨트 또는 마르탱갈로 허리를 강조했다. 의상은 매우 세련되었고, 재단에 있어서도 황금기였으며, 목적에 맞게 디테일하게 디자인되었다. 공식 행사 때 입는 옷과 집에서 입는 옷, 저녁 칵테일 파티나 해변에서 입는 옷 등 다양한 장소와 상황에 맞는 의상을 착용하였다. 하이 웨이스트 퀄로트 수영복도 빼놓을 수 없다.

핀업 스타일이 여전히 유행하며, 그중에서도 베티 페이지(Bettie Page) 스타일, 그리고 대중 영화의 아이콘인 마를린 먼로와 리즈 테일러, 소피아 로렌, 지나 롤로브리지다와 같은 스타들의 스타일도 유행하였다. 또한 디오르 외에도 위베르 드 지방시(Hubert de Givenchy), 피에르 발망(Pierre Balmain), 발렌시아가(Balenciaga) 같은 디자이너들도 기억해야 한다.

1960년대

1960년대는 과거와 명확하게 구분되는 혼란스럽고 매우 빠른 변화의 시기로 기억된다. 베이비 붐, 베트남 전쟁에 반대하는 대규모 반전 운동 및 시민권을 위한 항의 운동, 성 혁명, 비틀스와 미국 대통령이 될 40대 존 F. 케네디의 시대였다.

또한 다이내믹하고 모더니티한 시대라 할 수 있는데, 소리의 장벽을 뛰어넘는 기종인 콩코드로 비행을 하고, 미국과 소련이 우주경쟁에서 경쟁을 벌이며 1969년의 달 착륙까지 이어진다. 무엇보다도 역사상 처음으로 청년층이 시대의 주인공이 되어 패션에서도 유행을 결정하는 주체가 되고, '스윙잉 식스티스'(Swinging Sixties, 에너지 넘치는 활기찬 1960년대를 말함)를 대변하는 미성숙한 사춘기 라인으로 직사각형 실루엣의 복귀가 이루어진다.

대표적인 인물로 십대 슈퍼모델의 선구자인 트위기(Twiggy, '잔가지'라는 뜻)로 알려진 17세 영국 미용사 레슬리 혼비(Lesley Hornby)는 짧은 머리, 동그랗고 큰 눈, 가느다란 체형으로 알려져 있다. 바로 이러한 신체가 1960년대 옷을 입은 것이다. 사다리꼴 드레스와 박시한 재킷, 달걀 모양 또는 사각형 모양의 코트 등으로 허리가 사라지고 초점이 완전히 다리에 맞춰진다. 미니스커트와 미니드레스 덕분에 밑단은 무릎 위 20cm까지 올라가며, 다채로운 패턴과 색상의 타이즈와 다양한 모양과 색상의 부츠를 착용한다.

일반적으로 라인은 직선적이며, 원피스 드레스는 엠파이어 스타일이나 사다리꼴 라인으로 대체된다. 모래시계형 실루엣과 정반대이다.

이 시기 옷의 핵심은 미니드레스로, 스타일과 싸이즈 모두에서 매우 다양하며 여러 형태에 적합하다. 이 드레스는 직사각형 체형은 물론, 복부를 강조하지 않으려는 다이아몬드형 체형에도 잘 어울린다. 보통 미니드레스는 중요하고 대비되는 칼라를 가지고 있으며, 해변 룩이나 학생 룩과 같은 스타일로도 사용되어 약간 어린아이 같은 느낌을 준다. 단색이거나 패턴이 있거나 꽃무늬로 만들 수 있으며, 이중 색상인 경우 허리 아래로 커팅해 무게중심을 낮추었다.

이 시기의 또 다른 상징적인 아이템은 짧고 직선 또는 사다리꼴 라인이 있는 코트로 최근 미우미우(Miu Miu) 컬렉션에서도 참조되었는데, 외부 포켓이 있고 덮개가 달린 디자인과 넓은 칼라가 특징이다. 버튼은 대개 더블 브레스트로 크고 다채로운 색상으로 구성되며, 소매는 보통 7부 길이다. 코트 중에서 PVC로 만든 방수 코트도 기억해야 한다. 이 코트는 재미있고 아동적인 스타일로 제작되어 일회용 소비 사회에 완벽하게 어울린다.

플라스틱, 비닐 및 아크릴은 패션에서 사용되는 일부 합성 소재에 불과하며, 이 외에도 금속화된 폴리에스테르와 메탈릭 니트도 있다. 이들은 그해 이루어진 우주탐사에 크게 영향을 받아 젊은이와 어린이들의 시장을 끌어들였고, 이제 젊은이와 어린이들은 계속해서 성장하는 대상으로 인식되었다.

이브닝드레스의 경우, 물론 사라지지는 않았지만 스타일은 이전보다 훨씬 유연해졌고 의상 선택의 폭이 넓어졌다. 짧은 것부터 긴 것까지 다양한 선택이 가능하며, 새로운 미디 길이도 추가되었다. 1960년대 스타일이 맞다면 이브 생 로랑의 컬렉션 사진을 참고하면 좋다.

프랑스의 디자이너인 이브 생 로랑은 여성복에 바지를 정식으로 도입하였는데, 이는 시몬 드 보부아르(Simone de Beauvoir)가 같은 이름의 베스트셀러 에세이에서 정의한 바와 같이 성 해방과 '두 번째 성'으로 불리는 여성들의 사회적 참여가 증가하면서 가능해진 것이다. 여성용 턱시도는 여성들에게 화려하고 세련된 이브닝드레스의 대안이자, 직사각형 체형의 여성에게는 필수 아이템이 된다.

한편 낮아진 허리, 짧은 밑단, 깃털 또는 기하학적 패턴과 같은 디테일은 1920년대를 연상시키며, 아름다움의 새로운 기준도 이제 삶을 즐기고 재미있게 살며 자기 주장을 하는 여성을 추구한다.

바비(Barbie)

우리의 상상 속 바비는 언제나 '날씬한 금발'의 미인이지만, 최근에는 실제 인체의 다양한 형태와 색상을 표현하기 위해 변모했다.

바비 패셔니스타(Barbie Fashionistas)는 피부색, 눈 색상, 머리카락의 질감과 색상, 체형, 스타일의 다양성을 제안하기 위해 탄생한 시리즈다. 이 시리즈의 의도는 아이들 각자에게 맞는 인형을 찾을 수 있도록 하는 것이다.

2016년에는 바비 패셔니스타에서 세 가지 새로운 모델(키가 큰 모델, 풍만한 모델, 작은 모델)을 출시했다. 이는 우리가 따라야 할 단 하나의 미(美)의 모델은 존재하지 않는다는 것을 보여주는 것이었다. 즉 각자의 내면에서 조화를 찾을 수 있으며, 우리는 그것을 인지하고 향상시키는 방법을 아는 것으로 충분하다.

날씬한 여성이 새로운 아름다움의 이상이었다. 마텔(Mattel) 사가 1959년 출시한 패션 돌 바비(Barbie)를 모두 기억할 것이다. 이는 최소한 150개국에서 10억 개 이상 판매된 것으로 추정되는 세계에서 가장 많이 팔린 인형으로, 수많은 소녀들에게 여성 모델로서 동경의 대상이 되었다.

트위기(Twiggy) 모델 외에 스타일리스트(디자이너)이자 트렌드 세터인 메리 퀸트(Mary Quant)도 기억해야 한다. 무엇보다 그녀의 헤어 스타일, 비달 사순(Vidal Sasson)의 작품인 그녀의 헤어컷이 유명하다. 메리 퀸트는 미니스커트의 발명자로 알려져 있으며, 특히 젊은 세대 사이에서 폭발적인 인기를 끌었다. 그러나 안드레 쿠레즈(André Courrèges)가 1964년에 미니드레스와 사다리꼴 라인의 의류를 선보인 것을 저작권으로 주장하기도 했다. 메리 퀸트는 "미니스커트의 진정한 창조자는 거리에서 볼 수 있는 여성들 자신입니다"라는 말로 매우 현대적이고 민주적인 접근 방식을 주장했다. 그녀는 자신의 상점에서 오리지널 아이템을 찾지 못해 드레스 코드의 모든 규칙을 깨고 공작부인에서부터 비서에 이르기까지 모두를 위한 옷을 직접 만들기로 결정한다.

실제로 그동안 패션은 매우 엘리트주의적이었지만, 이러한 저렴한 의상들은 미적인 측면을 넘어서 모두가 패션과 스타일에 참여할 수 있게 했다. 즉 메리 퀸트의 모토는 "스노비즘은 유행에서 사라졌다(Snobbery has gone out of fashion)"였다. 그녀는 런던 룩(London Look)을 선보이며 처음으로 파리에서 런던으로 패션 수도의 역할을 쟁취한다. 프랑스가 '오트 쿠튀르(Haute Couture)'의 본고장라면, 새로운 스트리트 스타일(street style) 트렌드를 찾기 위해 런던을 바라본 것이다.

1966년 메리 퀸트는 패션에 기여한 공로로 엘리자베스 여왕으로부터 훈장을 받았다. 그녀는 아무렇지 않은 듯이 짧은 미니드레스를 입고 버킹엄 궁전에 갔다.

1960년대는 혁신적이면서도 약간 모순적인 시기로서, 이후 수십 년 동안 강조될 추세의 시작을 알리며 동시에 다양한 스타일과 패션의 공존을 보여주었다. 이는 점점 복잡하고 다양한 사회를 반영한 것이다. 따라서 젊은 세대의 혁명이 한쪽에 있고 동시에 전통적인 스타일도 존재하여 여전히 여성의 보수적인 부분에 매력을 느끼게 한다. 박시한 재킷과 함께하는 테일러드 슈트, 7부 소매의 코트, 엠파이어 스타일의 우아한 드레스, 이브닝드레스용 긴 장갑과 동그란 드럼형 모자 등이 기억할 만하다.

이러한 여성스러운 스타일을 대표하는 아이콘은 물론 오드리 헵번(Audrey Hepburn)이다. 그녀는 발레리나처럼 슬림하고 우아한 몸매를 가지고 있었으며, 섬세한 미아 패로우(Mia Farrow)나 우아한 미국의 영부인 재클린 케네디(Jacqueline Kennedy) 같은 인물들도 이 스타일을 대표한다. 아직도 스타일의 아이콘으로 여겨지고 있는 재클린 케네디에 대해 좀더 알아보자. 그녀의 고상한 패션 감각과 탁월한 사회적 능력은 미국의 국제 관계에 상당한 역할을 했다. 또한 그녀의 예술적 감성은 그녀가 백악관 내부를 관리하고 원래의 가구를 복원하며 다양한 사회 및 문화적 행사를 위한 이벤트에 영향을 끼쳤다. 이러한 행사에는 예술가, 유명 인사 및 노벨 평화상 수상자와 정치 당국

자들이 참석했다.

우리는 재클린 케네디가 입었던 샤넬 슈트를 기억한다. 그중에서도 가장 유명한 것은 1963년 테러로 인해 남편인 케네디의 피로 얼룩진 분홍색 슈트다. 그녀를 위해 올렉 카시니(Oleg Cassini)가 디자인한 드레스, 진주 목걸이, 이브닝 장갑, 머리에 두른 스카프, 그리고 카프리에서 착용한 대형 선글라스도 기억에 남는다. 이 스타일은 수백만 여성들에 의해 모방되었고 우아함의 기준으로 자리 잡았다.

1960년대에는 이브 생 로랑과 메리 퀀트 외에도 인기 있는 디자이너들이 있었는데, 피에르 가르뎅(Pierre Cardin), 파코 라반(Paco Rabanne), 그리고 젊은 발렌티노(Valentino Garabani)가 그들이다. 발렌티노는 그리스 선주인 오나시스(Aristotele Onassis)와의 두 번째 결혼식을 위해 웨딩드레스를 의뢰한 재클린 케네디를 비롯한 일부 특별한 고객 덕분에 국제 패션계에서 자리를 잡았다.

1970년대

1970년대에는 노동자 운동과 학생 운동, 페미니즘 운동을 비롯해 사회의 토대를 뒤흔든 거대한 혁명을 겪었다. 베트남 전쟁, 석유 위기, 히피와 펑크 같은 서브컬처의 등장은 기존 사회와는 명백히 대립되는 현상이었다. 그리고 사회는 디자인, 광고, 음악 및 엔터테인먼트 전반에 걸쳐 실험적인 열망에 휩싸여 있었다. 또한 쾌락주의 및 개인주의적인 시대로서, 역사에 자기 중심주의 시대(Me Decade)로 기록될 것이었다.

여성은 새로움에 민감하게 반응했으며 이전 세계에 대해 공개적으로 반대했다. 즉 성 혁명, 의상의 근본적인 변화의 시대였는데, 이 시기를 대표하는 아이콘으로는 비앙카 재거(Bianca Jagger), 제리 홀(Jerry Hall), 제인 버킨(Jane Birkin), 제인 폰다(Jane Fonda) 등 자유롭고 도전적인 여성들을 들 수 있다. 이탈리아에서는 우아한 미나(Mina)와 함께 라파엘라 카라(Raffaella Carrà)와 패티 프라보(Patty Pravo) 같은 거친 캐릭터들이 인기를 끌었다. 아름다움의 기준은 여전히 날씬하면서 매우 여성스럽고 매력적인 모델로 안정화되었다. 그러나 이 시기의 다양한 스타일과 패션은 여러 실루엣의 다양한 룩에 영감을 주었다.

성 혁명과 점점 높아지는 여성 해방에 대한 요구로 인해 여성들은 직장에서 더 중요한 위치를 차지하게 되었고, 일부 분야에서는 남성복을 차용하기 시작했다. 많은 예술적인 디자이너들의 유니섹스 트렌드를 참고하여 바지를 입기 시작한 것이다. 앞서 언급한 이브 생 로랑은 이미 1966년에 우아하면서도 논란이 된 르 스모킹(Le Smoking, 여성용 턱시도)를 만들었으며, 이후로 점차 스커트와 드레스를 대신하여 중성적인 룩을 선보였다. 그 결과 비성별적인 패션 트렌드가 빠르게 성장했고, 종종 커플들이 동일한 의상을 입는 현상이 나타났다.

활기 넘치는 1970년대에는 다양한 서브컬처가 등장하여 여성의 이미지와 의상에 상당한 영향을 미쳤다. 사랑, 평화 및 자유를 전파한 히피 운동은 샌프란시스코에서 시작되어 빠르게 도시를 벗어나 서구 전역에 영향을 미쳤다. '꽃의 아이들'이라고 불리는 이들은 부모 세대의 생활 방식뿐 아니라 인종적 불평등, 성차별 및 미국의 베트남 전쟁 참전에 대해 의문을 제기했다. 새로운 이상과 일치하는 그들의 복장은 개인의 존중과 동양을 비롯한 원격 문화에 대한 관심, 약물(사이키테딜릭) 실험을 강조하는 반모더니즘 경향을 보여주었다. 이 시기에 유행한 선명하고 화려한 패턴은 LSD의 영향을 표현하려는 시도였다고 볼 수 있다.

강력한 평화주의적 정서와 자연으로의 회귀는 아프가니 모피 코트, 프린지 스웨이드 재킷, 카프탄, 인도 및 아프로-카리브 스타일의 드레스를 선보이는 에스닉한 룩에 반영되었다. 나팔 모양 또는 벨 형태의 바지는 남성과 여성 모두가 하이 웨지와 함께 입었다. 한편 데님은 사실상 누구나가 입는 소재였으며, 오늘날 부츠컷 트렌드로 현대화된 넓은 실루엣은 다리를 길어 보이게 하는 전략적인 아이템이다.

한편 지금도 많이 입는 미니스커트 외에도 발을 덮는 맥시 스커트가 등장한다. 드레스는 길고 넓게 퍼져 있으며 다채롭고 여성스러운 색상과 패턴, 화려한 꽃무늬나 페이즐리 패턴의 원단으로 만들어지는데, 이를 프레리 드레스(prarie dress)라고 불렀다. 이러한 스타일은 사랑스럽고 향수를 자아내는 과거의 낭만적인 이미지를 연상시키며, 시골 사랑과 빅토리아 시대의 미적 감각이 담겨 있다. 맥시 드레스는 여전히 큰 인기를 끌며 여성의 형태를 강조했다. 1970년대에는 허리에 묶어 매는 스커트와 얇은 힙 벨트로 고정하는 스커트가 많이 나왔으며, 이는 허리가 가늘고 엉덩이가 부드러운 사람들에게 적합했다. 반면 허리가 뚜렷하지 않은 사람들에게는 엠파이어 스타일의 드레스가 이상적이었다. 목 뒤로 묶고 등쪽이 깊게 패인 네크라인이 있는 디자인은 히피 스타일을 좋아하는 이들에게 시크함의 극치를 나타내며 어깨가 넓은 사람들에게 안성맞춤이었다.

조화롭고 자연적인 삶을 추구하는 이상으로 인해 의상 선택에도 변화가 나타난다. 종종 중고품도 이용되었으며, 가장 많이 사용된 원단은 일반적인 면, 다용도 폴리에스테르 또는 편안한 저지 등이었다. 또한 패치워크, 자수 및 장식적인 패턴이 있는 직물이 많이 사용되었다. 손수 옷을 만드는 것도 인기가 있었는데, 바늘과 실을 다룰 줄 알면 충분했다.

이 시대에는 디스코 음악의 유행과 스타들의 등장으로 인해 매우 독특한 스타일과 화려한 옷을 보여주었다. 다양한 색상, 독특한 소재, 일반적인 스타일에서 벗어나는 커팅 등을 사용하는 등 매우 화려했다. 레나토 제로(Renato Zero)와 데이비드 보위(David Bowie)는 특히 기억에 남는 메이크업과 아이코닉한 의상으로 유명하다. 이 시대의 이브닝드레스에는 깃털, 비즈, 장식 끈, 베일 및 터번 등을 많이 사용했다.

1960년대가 1920년대에서 영감을 받았다면, 1970년대는 1930년대에서 영감을 받았다고 할 수 있다. 1970년대에 언급할 만한 디자이너로는 맥시 드레스의 경우 로라 애슐리(Laura Ashley), 스웨터의 경우 미쏘니(Missoni), 이브닝드레스의 경우 할스턴(Halston), 직사각형 체형 여성을 위한 양성 스타일에는 이브 생 로랑, 그리고 모래시계형과 8자형 체형 여성복의 경우 머스트 해브 아이템인 아이코닉 드레스의 다이앤 본 퍼스텐버그(Diane Von Furstenberg)를 들 수 있다.

1980년대

1980년대는 과잉, 사치 및 자기애의 시기로 간주되는데, 화려하고 다채로운 의상, 경박한 액세서리, 화려한 메이크업이 이를 잘 보여준다.

미국에서는 Young Urban Professional(도시에 사는 젊은 전문직 종사자)의 머리글자를 딴 여피(Yuppie) 현상이 발생한다. 이들은 멋진 장소를 자주 찾고 이탈리아 브랜드 의상, 특히 아르마니와 베르사체를 선택하는 경향이 있는 사회적으로 성공한 야심 찬 여성과 남성을 말한다. 동시에 이탈리아에서는 명품 의류에 대한 집착과 캐주얼한 소비주의에 기반한 라이프 스타일을 고수하는 것이 특징인 파니나리(Paninari) 현상이 목격된다. 이들의 옷차림의 예로 몽클레르(Moncler) 패딩 재킷, 아르마니와 리바이스 또는 유니폼(Uniform)의 청바지, 그리고 베스트 컴퍼니(Best Company)의 스웨트 셔츠, 보트 모카신, 팀버랜드(Timberland) 부츠 또는 수페르가(Superga)와 반스(Vans)의 스티커즈 등을 들 수 있다.

이 시기의 아이콘적인 인물은 의심의 여지 없이 마돈나(Madonna)다. 마돈나는 논란의 여지가 없는 팝의 여왕으로, 강한 의지를 가진 야심 차고 도전적인 여성이며, 음악 역사상 가장 많은 음반을 판매한 여성 아티스트로 기네스북에 올랐다.

아름다움의 기준은 마른 몸매보다는 약간 근육질이고 탄탄한 제인 폰다(Jane Fonda)와 같은 실루엣이었다. 그녀는 에어로빅의 발전을 선도하고 보디 슈트와 액세서리 라인을 만들어냈다. 가장 대표적인 것은 레그워머로, 스포츠웨어뿐만 아니라 일반 의상에서도 중요한 아이템이 된다. 또한 최초의 개인용 컴퓨터, 영화의 특수 효과 및 TV의 세계에 컴퓨터 그래픽이 보급되기 시작하는데, 이러한 분위기 속에서 스포티한 스타일이 보다 형식적인 트렌드에 침투하게 된다.

1980년대에는 성공과 효율성을 숭배하는 문화가 전파되었는데, 패션에서는 과시적인 방식으로 표현되어 의상은 사회 계급과 자신의 지위를 보여주기 위해 사용되었다. 〈달라스(Dallas)〉와 〈다이너스티(Dynasty)〉 같은 TV 드라마는 이 시기의 의상에 영향을 주었는데, 부유한 여성들이 화려하고 강렬한 색상의 옷을 입고 큰 보석을 착용한 모습을 보여주었다.

이 시기의 아이콘 중 잊어서는 안 될 인물은 다이애나(Diana) 왕세자비로, 그녀는 곧 세계적인 스타일 아이콘으로 사랑받게 되었다. 그녀의 룩은 지금까지도 단정한 실루엣과 직사각형 체형에 좋은 기준이 되고 있다.

권력은 더 이상 부에만 연결되지 않고 이제 새로운 직업의 기회와 점점 더 연결되었다. 성적인 도발과 포스트 페미니스트 정신의 시대였다. 여성들은 새로운 정치와 경제 구조, 사회적 관습으로부터의 해방을 통해 남성 중심의 직장에 진출했으며, 자신의 외모를 자신감과 야망을 전달하는 데 사용했다. 1988년 개봉된 컬트 영화 〈워킹 걸(Working Girl)〉에서는 미식축구 선수 스타일의 패딩 재킷, 강렬한 색상, 거대한 헤어스타일, 대담한 액세서리 및 하이힐을 보여주고 있다.

여기서 새로운 안드로지니(androgeny, 양성성) 개념과 마주하게 된다. 이러한 의상은 외관상 남성복에서 가져온 것처럼 보이지만, 실제로는 여성적이고 매혹적인 실루엣을 보여준다. 조르지오 아르마니(Giorgio Armani)는 남성용 재킷을 시작으로 내부 지지대, 패딩 및 안감을 제거하여 구조화되지 않은 재킷을 만들었는데, 역삼각형 체형과 같이 어깨가 넓고 팔다리가 긴 사람에게 이상적이다. 브리짓 닐슨

(Brigitte Nielsen)은 이 체형의 가장 아름다운 예로, 이 시기 이러한 체형의 형태를 잘 나타내 주는 모델이다.

1980년대에는 이탈리아 제품인 '메이드 인 이태리(Made in Italy)'가 널리 퍼졌는데, 이는 이탈리아의 프레타포르테가 국경을 훨씬 넘어 확장할 수 있었다는 뜻이다. 디자이너들은 더 이상 장인으로만 인식되지 않고, 금융 제국을 이끄는 진정한 유명인으로 거듭나게 되었다. 이 전성기를 가장 잘 대표하는 사람들은 3개의 G로 요약될 수 있다. 앞서 살펴본 조르지오 아르마니가 그중 하나이고, 몸매를 잘 드러내는 깔끔한 라인과 기하학적인 패턴에 집중한 지안 프랑코 페레(Gian Franco Ferré), 금속적인 컬러의 칵테일 드레스로 유명한 지아니 베르사체(Gianni Versace)가 그들이다. 또한 포인트가 가득한 패션 컬렉션을 선보인 모스키노(Moschino), 크리스찬 라크루아(Christian Lacroix)의 벌룬 스커트, 아제딘 알라이아(Azzedine Alaïa)의 신체에 밀착된 듯한 드레스, 펑크와 빅토리아 시대에서 영감을 받은 과장된 라인으로 유명한 비비안 웨스트우드(Vivienne Westwood)도 있다.

패션쇼는 큰 이벤트로 자리를 잡았고, 런웨이는 점점 더 극장의 무대와 닮아갔다. 디자이너뿐만 아니라 모델들도 여성 아이콘을 대표하는 유명인으로 거듭났다. 완벽한 얼굴로 알려진 캐롤 알트(Carol Alt), 〈더 보디(The Body)〉로 알려진 엘 맥파슨(Elle Macpherson) 등이 유명 인사가 되었다. 1980년대 후반에는 '톱 모델(슈퍼모델)'이라는 용어가 일반적으로 사용되며 점점 더 완벽해지고 도달할 수 없는 새로운 개념의 아름다움으로 가는 길을 열어주었다. 이상적인 몸은 말랐지만 수척하지 않으며, 스포티하지만 근육질은 아니었다. 또한 키도 아름다움의 필수적인 요소로 자리 잡았다. 신체에 대한 숭배가 아름다움에 대한 집착으로 발전하여 운동, 다이어트 및 성형 수술 등으로 신체를 모델링하는 것이 거의 의무가 되었다.

1990년대

1990년대에는 톱 모델(슈퍼모델) 현상이 폭발했다. 새로운 디바들이 패션 잡지의 표지를 장악하고, 그들의 등장은 엄청난 금액을 동원하게 된다. 당시 린다 에반젤리스타(Linda Evangelista)가 하루에 1만 달러 미만을 받는다면 침대에서 일어나지도 않을 거라고 선언한《보그(Vogue)》지와의 인터뷰는 유명하다. 많은 사람들이 신디 크로포드(Cindy Crawford), 나오미 캠벨(Naomi Campbell), 그티스티 터링턴(Christy Turlington)과 팔장을 끼고 1991년 베르사체 가을/겨울 패션쇼에 선 에반젤리스타의 사진을 기억한다. 또한 피터 린드버그(Peter Lindberg)의 슈퍼모델 샷과 조지 마이클(George Michael)의 〈프리덤 '90(Freedom '90)〉 뮤직 비디오에서 주인공으로 등장하는 슈퍼모델들도 기억할 만하다. 이 모델들은 그들이 입은 의상보다 훨씬 더 유명한 모델들이다. 이들은 운동 능력이 뛰어나고 유연하며 강한 개성을 가진 아마존 여성의 원형으로 꼽을 수 있다.

  1995년에는 빅토리아 시크릿 패션 쇼(Victoria's Secret Fashion Show)가 처음으로 열렸는데, 도달하기 힘든 아름다움의 이상을 축하하고 초인간적인 모델에 도전하고자 아주 어린 세대를 포함하여 여러 세대의 여성들이 모여들었다. 이전에도 자신의 키, 체중, 여성다움에 대해 충분하지 않다고 생각하는 경우가 많았는데, 1990년대에도 상황은 결코 개선되지 않았고 오히려 악화되었다. 건강하고 비율 좋은 슈퍼모델들은 가늘고 연약하며 매우 어린 새로운 모델 유형으로 대체되었다. 이들의 외모를 설명하기 위해 사진 촬영에서는 충격적인 '헤로인 시크(heroin chic)'라는 표현이 사용된다. 이러한 변화를 패션 세계에 가져온 것은 런던 소녀인 케이트 모스(Kate Moss)다. 이 모델은 1990년대 초에 선도적인 톱 모델들과는 반대로 양성적인 특징과 매우 마른 실루엣을 가진 새로운 아름다움의 모델을 완벽하게 대변한다. 1991년 캘빈 클라인(Calvin Klein)의 첫 번째 언더웨어 광고 캠페인에 참여하면서 이 새로운 모델의 변화는 깊게 뿌리를 내린다. 이로 인한 변화가 너무 강력하여 탄생한 지 거의 40년이 지난 바비 인형까지도 모습이 바뀌었다. 실제로 1997년에는 바비의 흉곽이 좁아지고 곡선이 줄어들어 그 실루엣이 미숙한 청소년과 같이 변했다.

1990년대는 이전 10년보다 여러 면에서 더 어렵고 풍족하지 않았다. 금융 위기와 정치적인 변화가 계속해서 오고, 패션 세계에서도 어느 정도의 검소함을 유도했다. 소비자들은 과잉에 지치고 반패션적인 반응을 보이며 보다 간단하고 직선적인 취향을 나타냈다. 심지어 색상도 중립적으로 변했다. 베이지, 회색, 파우더 핑크, 검정 등의 톤이 사용되었는데, 이 색상들은 1980년대에 일본의 아방가르드 디자이너들이 커리어 우먼을 위해 더욱 많이 사용했다.

일본 스타일의 경우 지난 10년 동안 시작된 현상이 확고하게 정착되고 있음을 알 수 있다. 패션은 점점 더 국제적인 영향을 받게 된다. 마틴 마르지엘라(Martin Margiela)와 앤 드뮐미스터(Ann Demeule-meester) 같은 플랑드르 디자이너들이 주목을 받았는데, 그들은 직선적이고 어느 성별에도 속하지 않으며 독특한 소재의 옷을 디자인하여 테일러링에 대한 접근을 추구했지만, 종종 입을 수 없는 옷을 만든다는 비난을 받기도 한다.

도나 카란(Donna Karan)과 캘빈 클라인의 아메리칸 스타일 또한 확고하게 자리를 잡았다. 캘빈 클라인은 1995년에 고급스러운 캐시미어 니트웨어, 직선적인 원피스와 코트, 벗은 다리와 함께 연출하는 스타일로 회색을 주목했다. 이 덜 화려하고 더 심플한, 확실히 미니멀한 스타일은 새로운 진취적인 여성의 복장을 나타냈다.

이탈리아에서 이 추세를 대표하는 인물은 조르지오 아르마니다. 아르마니는 간결함을 특히 선호하여 유명한 팬츠 슈트의 부드럽고 우아한 컷을 선보였다. 이 슈트는 날씬한 체형의 여성을 위한 필수 아이템이 되었으며, 실용성과 세련된 우아함을 조화시켰다.

그러나 이 시기의 가장 영향력 있는 디자이너 중 한 명은 의심의 여지 없이 지아니 베르사체이다. 그는 1997년 마이애미에서 비극적인 죽음을 맞이하기 전까지 이 시기의 대표적인 아이콘인 다이애나 왕세자비의 친구이자 고객이었다. 이 시기의 다이애나는 패션 잡지에 묘사된 '슬픈 공주'와는 매우 다른 매력과 영향력을 가진 여성이었다. 1994년 남편인 찰스 왕세자가 공개적으로 부정 행위를 인정한 몇 시간 후에 크리스티나 스탬볼리안(Christina Stambolian)이라는 디자이너를 유명하게 만든 드레스(일명 Revenge Dress)를 입고 세상에 자신이 얼마나 아름답고 자신감이 넘치는지 보여주었다.

1990년대 패션을 살펴보면서 이 시대의 취향에 깊은 영향을 미친 두 가지 트렌드, 즉 그런지(grunge)와 팝(pop)에 대해 언급하지 않을 수 없다. 그런지—'먼지(더러움)'를 뜻한다—의 대표 아이콘은 코트니 러브(Courtney Love)와 커트 코베인(Kurt Cobain)이다. 그들은 닥터 마틴(Dr. Martens) 부츠, 찢어진 레이스 스타킹, 미니드레스, 어두운 메이크업, 플란넬 체크 셔츠와 오버사이즈 풀오버 등으로 스타일을 선도했다. 또 다른 아이콘인 그웬 스테파니(Gwen Stefani)는 탈색된 머리카락과 직사각형 운동선수 체형으로 잘 알려져 있으며, 카고 팬츠와 짧은 상의로 인상적인 복근을 강조했다. 영화에서 그런지 스타일의 아이콘은 배우 위노나 라이더(Winona Ryder)와 드루 배리모어(Drew Barrymore)다. 이들은 다크한 이미지로 할리우드와 거리를 두어 보다 진정성 있고 파격적인 라이프 스타일을 추구했다.

패션은 팝에서 많은 영감을 받았는데, 이 중에는 다시 한번 무대를 지배한 마돈나(Madonna)가 있다. 그녀는 장 폴 고티에(Jean Paul Gaultier)가 디자인한 원뿔 모양 컵 브레이저를 선보인 콘서트 투어(Blond Ambition World Tour)로 이 시대를 열었다. 음악 분야에서 이 시기의 상징적인 존재는 스파이스 걸스(Spice Girls)로, 이 5명의 영국 소녀들은 개성적이고 쉽게 알아볼 수 있는 각자의 스타일을 표현하여 걸 파워(girl power)를 보여주었다. 당시 다섯 멤버 중 하나와 공감하지 않는 것은 불가능했을 정도였다.

음악이 스파이스 걸스 현상을 선물했다면, 이탈리아 TV에서는 〈논 에 라 RAI(Non è la RAI)〉의 소녀들과 〈베벌리힐스 90210〉의 주인공들을 전 세계에 알렸다. 꽃무늬 패턴의 슈퍼 타이트 드레스, 현기증 날 정도로 짧은 반바지와 긴 카디건이 특징이며, 삼각형(배), 모래시계형 및 풍만한 체형의 실루엣은 확실히 하락세를 보였다.

1990년대 말에는 '버블검 팝(bubblegum pop)'이 주인공이 되었으며, 〈베이비 원 모어 타임(Baby One More Time)〉 뮤직 비디오의 섹시한 여학생 모습을 한 브리트니 스피어스(Britney Spears)가 의심의 여지 없이 이 장르의 여왕이 되었다. 그리고 로우 웨이스트 청바지, 배꼽 피어싱, 미니스커트 및 다채로운 컬러의 상의를 선보인 크리스티나 아길레라(Christina Aguilera), 맨디 무어(Mandy Moore), 제시카 심슨(Jessica Simpson)이 그 뒤를 잇는다.

또한 유명한 TV 시리즈 〈섹스 앤드 더 시티(Sex & The City)〉가 엄청난 유행을 일으켰다. 이 시리즈는 1998년에 시작하여 2000년대 전반에 걸쳐 성공을 거두었으며, 전 세계 수백만 여성의 외모와 라이프 스타일에 영감을 주었다. 주인공들은 밀레니엄이 시작되는 뉴욕에서 살고 있는 개성이 다른 4명의 여성이다. 캐리 브레드쇼는 직사각형 실루엣에 날씬한 사라 제시카 파커(Sarah Jessica Parker)가 연기한 주인공으로 다양한 패션과 브랜드를 선보였는데, 그중 하나로 명품 구두 브랜드 마놀로 블라닉(Manolo Blahnik)이 있다.

2000년대 이후의 미(美)적 표준

새로운 밀레니엄의 도래로 기술적 혁신과 사회적 변화가 많았지만, 너무 빠르게 변하는 세상에 대한 기대와 불안감도 있었다. 세계화는 큰 기회를 보여주기도 하지만 많은 모순점도 드러내었다. 휴대전화와 인터넷의 보급으로 인류 전체가 연결되어 있다는 느낌을 받지만,

때로는 현실적 삶이 우리 손에서 벗어나 있는 것 같기도 하다. 우리는 가상 현실이라는 이름하에 다시 한번 미적 표준에 영향을 미치는 현실-비현실적 세계 속으로 뛰어들고 있다. 여성의 몸은 완벽한 이상을 달성하기 위해 점점 더 인공적으로 변모하고 있는데, 이번에는 컴퓨터를 매개로 한 변화를 들 수 있다. 새로운 그래픽 프로그램인 포토샵을 통해 이미지는 믿기 어려울 정도로 가공되고, 성형 수술의 확산으로 몸매는 점점 더 인공적으로 보이게 되었다. 이러한 추세는 이후 계속해서 성장할 것으로 예상된다.

최근 몇 년 동안 날씬함에 대한 집착은 절정에 달했으며, 이들 중 거식증과 폭식증의 사례가 더 많아지고 있다. 이러한 질병들에 대해 언론에서도 주목을 하고 있지만, 취약한 사람들의 자기 파괴적인 행동을 막지 못하는 상황이다. 2007년 올리비에로 토스카니(Oliviero Toscani)는 거식증의 비극에 대해 이탈리아 대중의 인식을 높이기 위해 캠페인을 시작했다. 프랑스 모델 이자벨 카로(Isabelle Caro)의 엄청나게 마른 몸을 찍은 사진을 볼 수 있는데, 그녀는 이 질병으로 15년간 서서히 소모되다가 2010년 사망하게 된다.

패션 또한 여성의 자연스러운 체형을 변형하여 볼륨을 낮추고 직사각형 형태의 실루엣을 강조하는 경향이 있었다. 배꼽 위로 올라가는 티셔츠와 깊게 파인 상의, 허리선이 낮은 로우 웨이스트 청바지와 광택이 나는 가죽 바지, 미니스커트와 초슬림 드레스가 유행하는 시기였다.

인터넷과 리얼리티 쇼의 급증은 많은 사람들이 큰 노력 없이도 유명세를 얻고자 하는 열망과 기대를 부추였다. 어떠한 지식도, 어떠한 교육 과정도 필요하지 않으며, '아름다움'이 인생에서 성공하기 위한 유일한 방법, 유일한 목표라는 생각이 확립되었다.

소녀들은 모델이 되거나, 텔레비전 쇼의 쇼걸 또는 댄서가 되거나, 적어도 닮고자 하는 꿈을 꾼다. 소셜 미디어의 등장은 이러한 열망을 더욱 심화시키게 되고, 이제는 인스타그래머, 유튜버 또는 인플루언서로서 떠오를 수 있는 가능성을 통해 이 열망이 구체화되고 있다.

차이는 미묘하지만 본질적이다. 텔레비전에서는 경쟁하고 오디션을 통과해야 하지만, 소셜 미디어에서는 그럴 필요가 없다. 누구든지 자유롭게 인스타그램 계정을 열 수 있고, 자신의 사진을 스마트폰에서 애플리케이션으로 쉽게 수정할 수 있으며, 음성 없이 이미지로 충분한 무성 셀카를 게시할 수 있다. 물론 많은 사람들에게는 직업이 될 수도 있다. 키아라 페라니(Chiarra Ferragni)는 대표적인 디지털 기업가의 사례로 하버드대에서도 연구된 바 있다. 따라서 이는 잘못된 것이 아니다. 다시 한번 말하자면, 잘못된 것은 현상에 대한 잘못된 해석이다.

우리 시대 화제의 아이콘인 킴 카다시안(Kim Kardashian)은 먼저 텔레비전 프로그램 덕분에 유명해졌고, 그 뒤 인스타그램을 통해 성공을 거두었다. 카다시안 자매는 성형 수술, 조각화된 메이크업 및 인스타그램의 다양한 필터를 이용한 인공적인 아름다움을 대표한다. 제시된 미적 모델은 새로운 모래시계형 여성으로, 이는 대부분의 여성들과는 상당한 거리가 있지만 여전히 영감을 주고 있는 소피아 로렌형 체형이다. 여기에서 곡선은 매우 부자연스럽고 이제는 스마트폰만 있으면 누구나 할 수 있는 사진 수정 기술에 의해 왜곡되어 있다. 이 경우 전달되는 메시지는 아름다운 것(또는 그렇게 되는 것)이 중요하며, 이것이 성공의 유일한 열쇠라는 것이다. 외모가 존재를 완전히 초월했다고 할 수 있다.

매체에서 전해지는 이러한 모델은 실제로는 패션계에서 제안하는 것과는 완벽하게 일치하지 않는다. 여전히 마른 몸매의 여성에게 직사각형 옷을 입어야 한다고 주장하는데, 이는 어떤 런웨이를 보더라도 알 수 있다. 또한 거의 모든 매장에 44-46을 넘는 사이즈는 없으며, 38에서 44까지의 여성 프로토타입만 존재하는 것 같다. 이것은 미적인 한계일 뿐만 아니라 산업적이고 문화적인 한계이기도 하다.

매우 날씬한 체형의 한 예로 많은 사랑을 받고 있는 케이트 미들턴(Kate Middleton)이 있다. 그녀는 2011년 영국 윌리엄 왕자와 결혼한 세계적인 스타일 아이콘이자 긴 팔다리를 가진 늘씬한 미학적 이상을 대변하고 있다. 많은 사람들이 케이트 미들턴의 룩을 모방하고 있는데, 그녀가 가느다란 몸에 걸친 클래식 드레스는 몇 시간 내에 매진되었다.

새로운 밀레니엄의 기대와 기회를 생각해 본다면, 결과적으로 케이트도 결혼으로 인생을 역전시킨 평범한 여성일 뿐이다. 2004년 스페인 왕위 계승자와 결혼한 기자 레티시아 오르티스(Letizia Ortiz)와 2011년 모나코 왕자와 결혼한 샤를린 위트스톡(Charlene Wittstock)도 마찬가지다. 이들은 귀족이 아닌 현대의 공주이며, 시대의 평범한 딸들이다. 그러나 그들이 나타내는 이미지는 본질적으로 아름답고(또한 영리하고) 중요한 남성을 배경으로 하여 존재하는 여성의 이미지로 나타난다. 이들 모델은 어떤 면에서 1950년대의 모델과 매우 유사하지만, 자신의 야망을 이루어 가는 젊은 여성들에게는 모범이 된다.

　최근 패션 산업은 파리, 밀라노, 뉴욕의 대형 브랜드에 불만족한 대중의 요구를 충족시키기 위해 새로운 방향으로 움직이고, 독특한 아이디어와 신선한 스타일, 다양하고 개인화된 옷을 찾아 나서고 있다. 2000년대 초에 가장 유행한 패션은 밀리터리와 카우 걸(cow girl)이다. 그러나 더 오래 지속될 전망인 트렌드는 2004년경 영국에서 탄생한 보호 시크(boho chic)로, 이는 보헤미안 스타일과 히피 요소를 현대적이고 더 고가의 룩으로 선보인 앨리스 템퍼리(Alice Temperley)의 디자인으로 잘 표현되었다. 이 스타일의 애호가들은 자선 경매장이라기보다 고급 부티크에 가까운 고풍스러운 빈티지 또는 중고 상점에 가는데, 그곳에서 디자이너들은 종종 영감을 얻기도 한다. 이렇게 빈티지 패션의 유행이 폭발하면서 주류 현상이 되었는데, 그것은 줄리아 로버츠(Julia Roberts)가 2001년에 발렌티노의 빈티지 드레스를 입고 아카데미상을 수상한 것도 한몫했다.

　2008년의 금융 위기와 이에 따른 경제 위축은 패션에도 어느 정도 영향을 미쳤고, 새로운 세대의 디자이너들이 산업에 활기를 불어넣는 계기가 되었다. 그중에서도 알렉산더 왕(Alexander Wang)과 셀린(Céline)은 미니멀리스트적이면서도 세련되고 여성스러운 스타일로 주목을 받았다. 또 다른 흥미로운 인물은 빅토리아 베컴(Victoria Beckham)으로, 그녀는 몇 년 사이에 완전히 예상치 못한 방식으로 하이 레벨의 프레타포르테를 전문으로 하는 제품군을 창출하여 하나의 제국을 만들었다. 빅토리아의 타이트하고 잘 디자인된 드레스는 그녀와 같이 날씬한 직사각형 체형 여성들의 몸매를 잡아주는 데 이상적이다.

　스타일리스트들은 스타들이 등장하는 레드 카펫을 점점 더 많이 이용하고 있다. 엘리 사브(Elie Saab), 베라 왕(Vera Wang), 존 갈리아노(John Galliano), 마르케사(Marchesa) 및 아틀리에 베르사체(Atelier Versace)의 꿈의 드레스를 입고 등장하는데, 이는 사회적으로 큰 관심을 받는다. 실제로 새로운 밀레니엄을 여는 영상은 2000년 2월 23일 로스엔젤리스에서 열린 제42회 그레미 시상식에서 베르사체의 유명한 정글 드레스를 입고 새로운 패션 역사를 쓴 제니퍼 로페즈(Jennifer Lopez)의 영상이다. 구글 이미지는 실제로 그녀의 녹색 드레스에 대한 수많은 검색 요청을 처리하기 위해 만들어진 것이라고 한다. 20년이 지난 현재 제니퍼 로페즈는 여전히 주목받는 인물로, 그녀의 배 체형은 카다시안 및 인스타그램에서 유행하는 많은 미국 여성들과 완벽하게 일치한다.

　국제적인 모델들도 여전히 주목을 받고 있으며, 가장 많은 팔로워를 보유한 모델은 1980년대와 1990년대 최고 모델의 자녀들, 즉 신디 크로포드(Cindy Crawford)의 딸인 카이아 거버(Kaia Gerber), 욜란다 하디드(Yolanda Hadid)의 딸들인 벨라(Bella)와 지지(Gigi) 자매다. 욜란다 하디드는 딸들을 위해 엄격한 다이어트와 규칙을 세워 교육했다고 한다.

　새로운 밀레니엄의 패션은 대중매체의 역동성과 밀접한 관계를 가진 문화 산업이라고 할 수 있다. 언론, 사진, 광고, 음악, 예술, 공연은 패션의 코드와 스타일에 영향을 미치며, 동시에 큰 영향을 받고 있다. 스타일은 보다 넓은 라이프 스타일 개념 안에 자리 잡고 있으며,

행동, 소비 및 의견에 영향을 미친다. 이것이 바로 생산이 환경에 미치는 영향, #MeToo 운동의 네오페미니즘, 포용성, LGBTQI+ 및 다양성과 같은 문제가 소비자 선택에 직접적인 영향을 미치는 이유다. 이에 대해서는 5부에서 자세히 다룬다.

5부

다름에서 다양성까지

안나 이야기

안나는 단호하고 결연한 발걸음으로 내 사무실에 들어왔다. 그녀는 이제 막 서른 살이 되었고, 얼마 전에 초등학교 교사(그녀가 항상 원했던 직업) 경연에서 우승했는데, 남자친구에게 차인 후에는 그녀의 삶을 바꾸기로 결심했다. 안나는 강한 성격의 소유자로, 즉시 자신의 관점에서 문제점를 파악했다. "바로 얘기하죠, 저는 과체중이에요! 제가 여기만 오기로 결심한 게 아니라, 헬스클럽에 등록했고, 상담도 받고, 영양사도 만났어요. 그러니까 저는 변화하기 위해 여기에 왔어요. 다이어트를 하기로 결심했어요."

안나는 변화를 원하는 것이 아니라 자신을 변화시키고 싶어했다. 그녀의 에너지와 결단력은 칭찬할 만하지만, 그녀 자신도 알지 못하는 사이에 패션과 사회의 고정관념의 희생자가 되어 있었다. 다이어트를 시작해야 한다는 강박적인 생각은 자신이 뭔가 잘못되었다는 착각에서 나온 것이었다. 안나는 체중을 감량기길 원했지만, 시간이 지남에 따라 열정에 대해 이야기하고 그녀의 관심사와 자신을 어떻게 보는지에 대해 이야기하면서, 그런 변화가 유일한 선택인 것 같아서 이러한 과정을 시작한 것이라는 것을 알게 되었다.

내가 한 일은 안나의 옷장을 완전히 바꾸는 것보다는 초점을 옮기는 것이었다. 바꾸는 것도 좋지만 모든 변화는 자신을 받아들이는 것에서 시작된다. 그녀의 집—도시 외곽에 위치한 그녀가 근무하는 학교 근처에 있는 멋진 아파트—에 갔을 때, 나는 그녀가 음식과 운동에 대해 적어 놓은 포스트잇으로 온통 도배해 놓을 것을 보았다. "내가 다이어트를 잘했을 때만 한 달에 피자 한 판을 먹을 수 있다고 생각하면…." 안나는 씁쓸하게 웃으며 말했다. 안나의 옷장은 정말로 꽉 차 있었다. 모든 것이 있었지만 스타일의 일관성이 거의 없었으며, 특히 라인과 비율에 초점이 맞춰져 있지 않았다. "지난 몇 년 동안 저는 제가 가진 관계들 때문에도 몸이 불편했어요." 나는 그녀의 말을 이해했다. 안나는 혼자가 되고 더 이상 받아들여지지 않을까봐 두려워했다. "저는 부모님, 친구들, 대학 동기에게 받아들여지기 위해 많은 노력을 했어요. 또한 저는 뚱뚱한 마음씨 좋은 선생님이 아니라, 교사로서 신뢰할 수 있는 사람이 되고 싶어요!"

우리는 그녀가 좋아하지만 입지 않았던 옷들을 선택하여 작업을 시작했다. 적절한 커팅과 보다 직선적이고 유연한 원단으로 만들어진 옷들을 찾으면서 그녀에게 이러한 분류 작업을 계속하라고 제안했다. 또한 우리는 안나가 찾는 스타일보다 훨씬 현대적인 스타일의 옷이 있는 매장 두 곳에 쇼핑하러 갔는데, 그녀는 자기 몸의 곡선을 새롭게 자각하고 고려하면서 내가 내심 의심했던 것을 이야기했다. "저는 꽤 쾌락주의적인 사람이에요. 먹는 것을 정말 좋아하고, 그것이 인생의 가장 큰 즐거움 가운데 하나랍니다. 이 열정과 … 제 몸의 이 곡선을 더 잘 관리하는 법을 배워야 해요. 그래도 절대 깡마르지는 않을 거예요!" 문제는 패션의 규범에 순응하는 것이 아니라, 자신이 누구이고 어떤 모습으로 발전하고자 하는지, 그리고 어떻게 자신을 가치 있게 표현할지에 대해 적절한 타협점을 찾는 것이다.

몇 달 후에 내가 쓴 책 《색깔의 힘(Armocromia)》 출판기념회에서 안나를 만났는데, 그녀는 최상의 상태였다. 안나는 많은 것, 특히 변화와 스스로 변화하는 것의 차이를 알게 되었다고 말하며 내게 고마워했다. "저 또한 고정관념의 희생자였어요. 저는 제 몸의 곡선을 가치 있게 살려내는 빙법을 배웠지만, 결국 그것에 애정을 갖게 되었어요. 그것도 제 일부니까요!" 안나는 계속해서 운동을 하고 있지만, 헬스클럽은 그만두고 힙합 댄스 수업에 등록해 그곳에서 새로운 친구들을 사귀었다. 안나는 영양사는 접어두고 요리 수업에 등록하여 음식을 즐기는 법을 경험하고 있다. "음식은 더 이상 위로가 아니라 자신의 취향이죠." 안나는 다시 태어났고 아주 잘 지내고 있었다.

때때로 우리는 완벽의 노예가 되어 그것이 행복으로 가는 길이라고 생각한다. 그러나 반대로 행복은 아름다움과 마찬가지로 가장 단순하고 가장 진정한 것들에 있다.

1
윤리 없는 미학은 없다

존중의 문제

이 장의 제목 '윤리 없는 미학은 없다'는 구찌(Gucci)의 아트 디렉터인 알렉산드로 미켈레(Alessandro Michele)가 고대 철학의 격언에서 따온 것으로, 패션 세계로 가져와서 패션을 평가하는 데 있어 사회적·환경적 영향을 고려하지 않고는 더 이상 패션을 말할 수 없다는 것을 강조한 것이다. 특히 우리가 이야기하고 있는 패션 산업이 석유 산업 이후 세계에서 두 번째로 오염이 심한 산업이기 때문에 더욱 그렇다.

'존중'의 개념은 그것이 실행되는 상황과 함께 그것을 위협하지 않고 시너지 효과를 발휘하도록 전체 패션 분야에서 고무시켜야 한다. 생태계과 사람을 모두를 존중하라!

생태계는 일회용 의류 생산 시스템(이른바 '패스트 패션')에 의해 위협받고 있으며, 이는 자원낭비, 환경오염, 동물학대와도 관련이 있다. 또한 환경단체와 동물보호단체에 의해 제기된 이슈들을 계기로 이러한 문제에 예민한 대중의 호감을 얻기 위해 이전의 관행을 포기하고 친환경적이거나 동물학대를 하지 않고 윤리적인 실천을 택하는 기업들이 점점 더 많아지고 있다.

한편 제품을 소비하는 사람과 제품을 생산하는 사람이라는 두 가지 측면에서 사람에 대한 관심과 존중은 소비 시스템에서 점점 더 중요한 역할을 한다.

패션 노동자에 대한 존중에 관해서는 아직 갈 길이 멀다. 비인간적인 생산 시스템하에 있는 브랜드와 기업들을 정확히 매핑하는 것은 불가능하다. 이러한 생산 시스템은 점점 더 가난한 국가에서 고용되는 노동력을 이용하며, 종종 아동과 취약한 개인을 착취하는 상황을 야기한다. 이러한 브랜드와 기업들은 굉장히 많다.

한 시즌 동안만 겨우 입을 수 있는 저렴한 품질의 옷을 잔뜩 구매해 옷장이 넘쳐날 정도로 쌓아두는 것은 쇼핑 애호가들에게는 꿈 같을 수 있지만, 여기서 말하고 싶은 것은 다른 방법으로 열정을 충족시킬 수 있다는 것이다. 목표를 가지고 체형과 색상에 맞춰 구매를 하면 품목은 적지만 품질 좋고 조합하기 쉬운 옷장 속 옷들을 발견하게 될 것이다. 비용이 더 드는 것처럼 보일 수 있지만, 그렇지 않다!

잡지에서 TV까지: 여성의 몸

역사적으로 패션은 항상 사회적 관습과 변화의 대변자로 존재했으며, 주변 환경과 분리된 것이 아닌 사회적 변화의 트렌드를 대변했다. 앞서 4부에서 본 것처럼 패션과 시대는 서로 영향을 미친다. 예를 들어 현재 우리가 살고 있는 시기에는 사회적 변화, 포용성, 다양성의 표현, LGBTQI+ 커뮤니티에 대한 존중 등을 요구하는 목소리가 매우 강하다. 패션은 이와 같은 변화 요소들을 무시할 수 없으며, 이러한 요소들에 영향을 받고 또 영향을 미치고 있다.

최근 몇 년간 이러한 현상을 설명하는 가장 인기 있는 용어는 '다양성(variety)'이다. 그러나 우리가 경험하고 있는 변화의 규모를 고려할 때(최근 전 세계적으로 주목을 받고 있는 '블랙 라이브스 매터(Black Lives Matter) 운동을 생각해 보라!) 이 용어가 조금 부족해 보이는 느낌이 든다. 사실 다양성은 항상 '정상'에서의 차이를 전제로 한다. 즉 어떤 기준에서 벗어나는 것을 의미한다. 이 책에서는 기준 자체의 개념에 의문을 제기하여 한 걸음 더 나아가는 단계를 제안하고자 한다. 이에 대해서는 다음 장에서 '다양성'이라는 개념을 제시하면서 더 자세히 살펴보겠다.

'다양성'의 포용이라는 주제로 돌아와서, 여기서 우리는 지금까지 광고에서 제시된 기준과는 다른 다양한 몸과 형태를 참고한다. 실제로 우리는 영원히 젊고 흠잡을 데 없는 백인 모델의 이미지를 통해 신체, 특히 여성 신체의 기준을 나타내는 소비주의 시스템의 공격을 받아 왔다. 이와 관련하여 아르메니아 출신 모델 아르민 하루티윈언(Armine Harutyunyan)이 구찌의 대표 모델로 선택된 것에 대해 논란이 있었다. 몇 주 동안 패션 시스템에 대한 전문적인 의견과 상관없이 많은 사람들이 이 모델의 이미지가 "너무 추하다"고 말했다. 이러한 모욕과 논쟁의 속에서도 나는 어떤 코멘트도 하지 않았다. 여성의 몸이 심사의 대상이 되어서는 안 된다고 생각했기 때문이다. 또한 대표 모델의 선택은 표현하고자 하는 스타일과 표준적으로 받아들여지는 기준을 넘어 다른 고려 사항에 따라 결정되기 때문이다. 적어도 현재로서는 그렇다.

이러한 태도는 어디서 오며 왜 극복하기 어려울까? 고대 사회와 문화에서는 좋은 것이 또한 아름다워야 한다고 여겨졌다. 몇 년 전까지만 해도 소설과 영화에서 좋은 사람은 항상 '아름다웠고' 나쁜 사람은 항상 '못생겼다.' 그러나 앞서 말한 것처럼 시대가 변하고 있으며, 여기에서 아르민 하루티원언은 브랜드의 대표 모델만이 아니라 계속 변화하고 발전하는 사회를 대표하는 증인이다.

미적 규범의 정의에 대해 말할 때 우리가 범할 수 있는 실수는 할 수 있는 것과 할 수 없는 것 사이에 경계선을 긋는 경향이 있다는 것이다. 더 설명해 보자면, 각각의 체형에는 더 돋보이게 하는 옷이 있다고 할 때, 어떤 여성이 특정한 옷을 입을 수 있는지 혹은 입을 수 없는지 주장하는 것은 결코 아니다. 내가 주장하는 것은 따라야 할 규칙이 아니라, 체형에 따라 어떤 것이 가장 잘 어울리는지에 대한 깊이 있는 고찰이다. 이 책은 우리가 의상을 선택하는 데 도움을 줄 수 있지만 어떤 제한도 가하지 않는다. 사실 이 책은 사회가 부과하는 규범과 기준에서 우리를 해방시키는 데 도움을 주고자 한다.

과거의 이미지 컨설팅 매뉴얼에서는 "삼각형 체형은 반바지를 입을 수 없다" 또는 "모래시계형 체형처럼 보이려면 이렇게 해야 한다"라고 했다. 이 책이 주목하고자 하는 것은 모든 사람이 반바지를 입을 수 있으며, 자신의 강점을 최대한 부각시키기 위해 어떤 종류의 반바지를 선택해야 하는지 그 지침을 줄 수 있다는 것이다. 하지만 핵심은 어떤 제한도 없이 모든 사람이 모든 것을 입을 수 있다는 것이다.

행복과 아름다움

매년 UN에서는 사회학적 연구를 기반으로 1인당 소득, 기대수명, 고용률, 교육수준 등 다양한 요소를 교차 분석하여 세계에서 가장 행복한 국가의 순위를 발표한다. 상위권에는 '부유한' 국가들보다 '가난한' 국가들이 자주 포함된다. 우리는 보통 정신적 풍요를 경제적 풍요와 연관시키는 경향이 있으므로 이것이 어떻게 가능한지 궁금하다. 가난한 국가들이 어떻게 행복할 수 있을까?

이 책에서 우리가 다루고 있는 주제와 관련하여 이러한 순위를 해석해 본다면, '가난하지만 행복한' 국가들이 공통적으로 가진 특징이 눈에 띈다. 그들은 자신의 신체, 자신의 몸을 인식하고 기쁜 마음으로 살아간다. 적어도 서구 국가들보다는 말이다. 예를 들어 남미의 멋진 여성들을 생각해 보자.

이로부터 우리는 한 가지 생각을 할 수 있다. 산업화된 국가들이 아름다움, 완벽함, 미적 기준에 집착하는 것은 우연이 아닐 수도 있다. 아름다움은 수십억 달러의 시장을 움직이며, 이 시장은 개발도상국보다는 서구에서 번창하고 있다. 우리가 아름다움에 대해 이야기할 때는 화장품, 패션, 피트니스, 미용센터, 다이어트, 건강 보조제를 언급하며, 특히 미용 수술 분야는 더욱 번성하고 있다.

20세기 후반부터, 즉 여성들이 더 많이 일하게 되면서 여성의 몸에 초점을 맞춘 요구들이 생겨났고, 그동안 필요성을 느끼지 못했던 제품들을 판매하기 위해 여성 몸에 대한 모델들이 만들어졌다. 이러한 모델들은 광고로 전파되었고, 여성들은 이 모델들과 비슷해지거나 가까워지기 위해 '아름답게' 또는 적어도 '받아들여질 만하게' 여겨지도록 노력했다. 가장 분명한 예 중 하나는 이전에는 대부분의 여성이 시도하지 않았던 제모에 대한 집착이다.

시간이 흐름에 따라 이러한 '요구'들은 더욱 증가하여 오늘날에는 아이 크림, 유방 크림, 주름 개선 크림, 셀룰라이트 방지 크림 등과 함께, 일부 국가에서는 피부 미백 제품에 이르기까지 우리가 매일 쓰는 화장품에 덧붙여 은밀한 부위을 위한 전문 화장품을 구상할 정도가 되었다. 즉 우리 몸의 어떤 부분도 그대로 좋은 것은 아무것도 없는 것 같다.

따라서 어제까지는 정상적으로 여겨졌던 것들, 예를 들어 셀룰라이트, 튼살, 복부 부종 등이 이제는 해결해야 할 문제로 제시된다. 해결 방법으로 특정 제품을 구입하라는 것이다.

강조하건대, 이러한 고찰의 목적은 물론 미용 시장을 악마화하는 것이 아니며, 자기 자신을 가치 있게 여기고 자신을 돌보는 것에는 아무런 문제가 없다고 이미지 컨설턴트로서 말하려는 것이다. 아름다움을 혐오하거나 무분별하게 이 분야 산업의 모든 기업들을 보이코트하려는 반대의 오류에 빠져서는 안 된다. 중요한 것은 다른 사람이 만든 기준을 따르기 위해 아름답게 보이려는 것이 아니라, 자기 자신을 위해 더 아름다워지기를 바라고, 그것을 더 많은 인식과 자유로움으로 이루어 내는 것이다. 자신의 몸이 완전히 정상인데도 매체에서 제시하는 완벽하고 결점이 없으며 영원히 젊은 몸처럼 보이지 않는다고 좌절하지 않아야 한다.

신체이형증과 자기 인식

신체이형증(외모강박증)은 자신의 외모적 특징 중 하나 이상에 집착하며 그것을 뚜렷한 결점으로 인식하는 심리적인 상태를 말한다. 일반적으로 이러한 문제는 해당 증상을 겪는 개인만이 '문제'로 보이며, 다른 사람들에게는 작은 결함으로 보이거나 심지어 존재하지 않기도 한다.

신체이형증은 청소년과 젊은 사람들에게 더 자주 나타난다. 심각하고 지속적인 경우에는 불안, 우울, 식이장애, 강박증을 유발할 수 있다. 인지된 결함은 코, 주름, 피부(여드름 등), 모발, 가슴 크기, 엉덩이 크기, 근육 조직 등과 같은 신체의 모든 부분이 포함될 수 있다. .

이러한 증상이 있는 사람들은 종종 자신의 몸을 다른 사람의 몸과 비교하고, 알게 된 불완전함을 가리기 위해 모든 방법을 동원하려 한다. 무엇보다 다른 사람들이 자신의 외모를 평가하거나 조롱한다는 생각에 사로잡혀 그에 맞서는 것이 두려워 대면하는 상황을 피하려고 한다.

신체이형증의 원인은 명확하지는 않지만, 왕따나 학대 같은 경험뿐만 아니라 미적 기대에 대한 사회적 압박과 같은 외부적인 요인들로 인해 촉발될 수 있다.

신체이형성증은 별도로 하더라도, 거의 모든 사람들은 자신의 신체 부위 중에서 마음에 들지 않는 부분이 있다는 것을 인정해야 한다. 이 결함이 뚜렷하게 나타나는 것일 수도 있고, 경미한 것일 수도 있다. 바브라 스트라이샌드의 코, 레티샤 카스타의 '불완전한' 미소, 재클린 케네디의 곁눈질을 떠올려 보라. 이런 예시를 드는 것은 위안을 주기 위해서뿐만 아니라, 우리 스스로에게 덜 엄격해질 수 있기를 바라기 때문이다. 실제로 일부 유명인들에게 이러한 것들은 독특한 특성이 되어 그들의 성공을 좌우하기까지 했다. 이에 대해 한번 생각해 보자.

보디 셰이밍: 소셜 미디어의 (파괴적인) 힘

보디 셰이밍(body shaming)은 현재 우리가 알고 있는 슬픈 실상이다. 이 용어는 말 그대로 어떤 사람의 외모를 조롱하거나 비하하며 굴욕 감을 주는 행위를 가리킨다. 보디 셰이밍을 하는 사람들은 매체에 의해 보급되는 미적 기준에 부합하지 않는 사람들을 공격한다. 조롱의 대상은 그들이 생각하는 완벽한 체형과는 다른 특징들, 즉 과체중이거나 지나치게 말랐거나, 지나치게 풍만한 가슴이나 작은 가슴을 가졌다는 등 간단한 차이다. 이 미적 기준은 일반적이고 건강한 인체의 특성과는 멀리 떨어져 있지만, 이를 사회적으로 정상적이고 존중받을 만한 사람이 되기 위한 필수적인 요구 사항으로 간주한다. 조롱의 대상이 되는 사람의 몸은 보통 대다수의 사람들과 유사하지만 오히려 '비정상적'이라고 여겨지며, 비난을 받고 수치심을 느끼도록 유도한다. 이러한 비난은 자존감을 심하게 훼손시킬 수 있으며, 심각한 경우에는 식이장애, 우울증 및 자살로 이어질 수도 있다.

보디 셰이밍은 소셜 미디어의 무분별한 사용으로 인해 최근 몇 년 동안 크게 확산되었는데, 일부 디지털 혐오자들(haters)의 댓글을 읽으면 누구나 충격을 받게 된다.

비현실적인 아름다움의 기준과는 다른 사람들을 왜 이렇게 괴롭히고 조롱할까? 우리가 접하고 있는 이미지 문화와 커뮤니케이션 수단들이 분명히 결정적인 역할을 한다. 잡지 사진이나 다양한 광고 캠페인에는 종종 만 18세가 되지 않은 미성년 모델들이 참여하며, 때로는 15세나 16세 나이에 '보다 성숙하게' 보이도록 화장을 하곤 한다.

또한 그들의 몸은 어떠한 결함도 없도록 사진 편집 소프트웨어로 가공된 후, 주로 30대나 40대 여성들을 대상으로 참고 모델로서 소개한다. 15세 소녀의 가공된 몸과 실제 40대 여성의 몸의 차이를 상상해 보라!

이와 같은 이미지에 노출된 일반인들은 어린 모델과 자신을 동일시할 수 없으며, 종종 자신이 '되어야 할' 상태와 비교하여 그렇게 되지 않는 것에 대해 좌절감을 느낀다. 유명인이나 소셜 미디어, 음악 및 연예계 스타들도 팔로워들로부터 비난이나 보디 셰이밍을 당하는 경우가 많다. 예를 들어 몸무게가 조금 늘었을 뿐인데 맹렬한 비판을 받았던 영화배우이자 방송 진행자인 바네사 인콘트라다(Vanessa Incontrada)와 체중감량으로 인해 병적인 관심을 받았던 가수 아델(Adele)을 생각해 보자.

다행히도 공격을 받은 많은 공인들이 게시글과 성명서를 통해 이러한 행동을 고발하여 대중의 인식을 높이는 데 도움이 되었다. 국제적인 스타 리조(Lizzo)는 비정상적인 자신의 체형을 찬양하며 자연스럽게 받아들이는 자신감을 유머를 담아 주장함으로써 많은 피해자들에게 영향을 끼치는 '자기 몸 긍정주의(body positivity)' 운동의 대표적인 사례다.

물론 이 주제는 복잡하며, 이를 설명하는 것이 이 책의 목적은 아니다. 중요한 것은 가능한 한 자유롭고 규정적이지 않은 방식으로 몸의 형태에 대한 논의를 더 넓은 맥락으로 해석할 수 있도록 한다는 것이다. 나의 방법론은 중립적이고 판단을 하지 않는 접근 방식을 확산시키는 것이다. 우리가 닮아야 할 더 나은 형태는 있지 않으며, 우리 각자에게는 독특한 아름다움이 내재되어 있으며, 이를 인식하고 조화롭게 표현할 때 우리는 빛나는 존재가 될 수 있다는 전제로부터 시작한다.

자기 몸 긍정주의: 소셜 미디어의 (건설적인) 힘

다행히 소셜 미디어에서는 주류 미인 모델을 대체할 뷰티 모델을 대변하고자 하는 움직임과 공개 퍼포먼스가 끊이지 않고 있다. '자기 몸 긍정주의(body positivity)'라는 개념은 팝스타, 인플루언서 및 다소 알려진 인물들의 이미지와 진술에 공통적으로 적용되며, 있는 그대로 자연스러운 신체를 그대로 보여줌으로써 '불완전'하다고 여겨지는 신체가 얼마나 정상적인지 강조한다.

나의 바람은 이 '자기 몸 긍정주의'가 일시적인 유행이나 '좋아요'를 몇 번 더 받고 어떤 파장을 위한 무모한 기회가 되지 않는 것이다. 선택의 자유와 진정한 자기 수용이라는 기본 개념을 놓치지 말자. 결함을 드러내거나 자연스럽게 나타내는 것이 진정으로 우리를 기쁘게 하는 동시에 다른 사람들에게 도움이 될 수 있다.

또한 반대로 생각해 보고 싶은 것이 있다. 한 종류의 독재에서 다른 종류의 독재로 빠질 우려가 있다는 것이다. 곡선과 셀룰라이트를 다른 모델보다 더 정통하고 수용할 수 있는 유일한 기준 모델로 정의하는 것은 지금까지 우리에게 마른 체형의 이미지만 제공했던 사람들과 크게 다르지 않은 태도다. 언제나 존중과 선택의 자유 개념을 기억하자. 어떤 선택이든지, 요리에 전념하거나 피트니스와 기타 건강 관련 활동에 전념하든지 상관없이 말이다.

이와 관련하여 또 다른 것에 대해 주의를 기울이고 싶다. 긍정적인 태도로 자신의 신체를 받아들이는 것이 건강에 해를 끼칠 수 있는 정크푸드나 패스트푸드 같은 쓰레기 음식을 기반으로 하는 식단에 동기를 부여하기 위한 핑계로 사용되어서는 안 된다는 것이다. 여기서는 (아직) 이 문제가 제기되지 않았지만, 미국에서는 일부 사람들이 자기 몸 긍정주의가 비만을 조장하는 것으로 이어질 수 있다고 우려하고 있다.

아름다움은 건강과 연결되어 있다. 누구도 아름다움을 독점하고 자 자신만의 기준으로 레이블을 붙이지 않아야 하며, 또 누구도 자신의 (자유롭고 정당한) 선택을 정당화하기 위해 건강이라는 주제를 사용해서는 안 된다. 그것이 마른 몸매라도, 그렇지 않은 몸매라도 관계없이 말이다.

2
형태와 본질

새로운 시나리오

고대 시대에는 추한 것은 본질적으로 받아들일 수 없는 것으로 여겨졌다. 그리스에서는 "아름다운 것은 좋은 것이다(kalòs kai agathòs)"라는 원칙이 있었는데, 분명히 추한 것은 신의 선물로 간주되지 않았다. 기독교 세계 일부에서도 아름다움은 신의 은총의 명백한 표시로 여겨져 신성화되는 경향이 있었으며, 반대로 '추한' 사람들에 대해서는 적대적인 태도를 보였다.

그 이후 인류는 도덕적인 감각과 미적 감각에서 변화를 이루어 더 올바르고 진실된 방향으로 많은 발전을 이루었으며, 특히 인간의 본성을 존중하는 방향으로 나아갔다. 따라서 아름다움을 상대화하는 것은 이러한 방향으로 나아가는 것이다. 그러나 이는 아름다움이 존재하지 않는다는 의미가 아니라, 변화하는 개념이며 다양성과 무한한 면모를 가진 개념으로 시간이 지나면서 실현된다는 것이다. 그래서 다양성이 가장 중요한 주제다.

다양성의 개념과 그것이 어떻게 불공평하게 들릴 수 있는지에 대해서는 이미 언급했다. 그것은 '정상적'이고 실제로는 '더 나은' 기준에서 벗어나는 것을 가정할 때 차별적으로 들릴 수 있다.

이 주제는 또 다른 생각을 하게 한다. 우리는 종종 다양성을 두려워하며 무엇이 다르다고 분류되는지에 대해 경계하는 경향이 있다. 아이들은 이 개념을 알지 못하며 몸매나 피부색에 상관없이 친구와 놀며 상호작용한다. 우리 성인들이 아이들에게 서로 다르다고 가르치는 것이다. 우리 어머니는 왼손잡이인데 어렸을 때 왼손으로 밥을 먹으면 어른들이 꾸짖었다고 한다. 생각해 보면 실제로 오른손 대신 왼손을 사용하는 것에는 실용적인 면에서 문제나 위험성이 전혀 없다. 단지 보편적인 기준에서 벗어났기 때문에 고치라고 한 것이며, 다양성은 자기 자신과 다른 사람들에게 아무런 해를 끼치지 않았다.

따라서 이 책에서는 한 가지 표준적인 형태를 대표하는 대신 형태의 다양성에 대해 이야기하는 것을 선호한다. 다양성은 포용적인 개념으로, 동등한 방식으로 몸의 형태에 대해 언급하며 한 형태가 다른 형태보다 우월하다고 주장하지 않는다. 다양한 신체적 표현이 각각 독특한 특징을 가지고 있다고 가정하는 것이 최종적으로 패러다임을 바꾸고 기존의 규범을 완전히 버릴 수 있는 가장 효과적인 방법이다. 이것이 이 개념을 받아들이도록 제안하는 이유이며, 분명히 더 존중하고 차별적이지 않은 방식이라고 할 수 있다.

이 새로운 관점으로 들어가기 위해서는 몸에 대한 서술을 재구성하는 새로운 용어를 사용해야 하며, 우리 각자는 이를 실현하기 위해 역할을 할 수 있다.

쇼핑의 역설:
왜 매장에는 38에서 44까지만 있을까?

우리가 사는 도시의 주요 쇼핑가 상점에는 38에서 44 사이즈까지의 의류만 있다. 왜 그럴까? 이는 특정 브랜드의 스타일 선택 관련 문제일 뿐만 아니라, 특정 생산 방식의 문제이기도 하다. 이 기준에 포함되지 않는 사람들은 자신만의 스타일을 만들지 못하고 대신 '편안한 사이즈(오버사이즈)' 시장에서 제공하는 것으로 만족해야 한다. 이는 자아 수용과 자기 결정에 관한 다양한 문제들을 야기한다. 따라서 패션과 그 이미지를 전달하는 방식뿐만 아니라 패션 제조 방식도 변경해야 하는데, 이는 쉬운 일이 아니다.

저널리스트인 페데리카 살토(Federica Salto)의 뉴스레터 《패션, 토요일 아침(La moda, il sabato mattina)》에 실린 조사에서 디자이너 프란체스카 로렌치니(Francesca Lorenzini)는 그 이유를 다음과 같이 설명한다.

> "대형 브랜드의 의류를 제작할 때 우리는 이미 38 사이즈 형태에 맞는 기본 패턴을 사용한다. 첫 번째 샘플 모델을 만든 뒤 이 모델(모델의 특정 치수, 즉 어깨, 흉부, 엉덩이)을 기준으로 수정한다. 각각의 수정은 특정 모델을 기반으로 이루어지며, 최종 제품은 사실상 그 모델을 위해 맞춤 제작된 것이다."

즉 작업할 '행렬'이 존재한다는 것이다. 또한 패션 산업에서는 동일한 사이즈 내에서도 다양한 체형이 존재하기 때문에 모델을 구분하기 어렵다. 그녀는 이렇게 덧붙였다.

> "모델을 구분할 수 있다고 하더라도 또 다른 큰 문제에 부딪히게 된다. 38 사이즈의 체형은 50 사이즈와 같지 않다. 40부터 50 사이즈까지의 의류를 개발할 때 50 사이즈의 의류는 40 사이즈처럼 잘 맞지 않는데, 그 이유는 50 사이즈는 다른 구조가 필요하기 때문이다."

따라서 이는 시장의 문제일 뿐만 아니라, 생산 시스템에 적용된 스타일의 문제이기도 하다. "옷은 건축물과 같다. 잘못된 벽을 옮기면 모든 것을 처음부터 다시 설계해야 한다. 이러한 이유로 많은 브랜드가 핏을 제대로 보장할 수 없기 때문에 큰 사이즈를 만들지 않는다."

체형이 스타일에 영향을 줄까?

내가 자주 듣는 질문 중 하나는 "제 사이즈에 스타일이 멋진 옷을 어디에서 구입할 수 있을까요?"라는 것이다. 이는 46 사이즈 이상의 패션은 대부분 지루하고 실망스럽다는 사실을 나타낸다.

대형 사이즈를 위한 전용 라인과 전문 브랜드가 있는 것은 사실이지만, 이른바 '오버사이즈'를 위한 제안은 주로 클래식한 스타일이다. 현재 유행하는 표현인 '편안한 사이즈'라는 표현에서 많은 힌트를 얻을 수 있다. 많은 온라인 쇼핑 사이트의 필터링 옵션을 보면 주로 '메인(주요) 컬렉션', '플러스(편안한) 사이즈', '작은 사이즈' 등이 있고, 이러한 카테고리 내에서 다양한 스타일 제안이 있다. 즉 "당신의 사이즈를 말해주면 당신이 어떤 스타일을 선택해야 할지 알려줄게"와 같은 식이다. 필터링을 반대로 뒤집고 사람들에게 선택의 자유를 주어야 한다.

이는 국가별로 상황이 조금 다르다. 예를 들어 런던에서 쇼핑을 한 적이 있다면, 막스 앤드 스펜서(Marks & Spencer)에서는 먼저 자신의 스타일을 선택하고 'classic', 'fashion contemporary', 'office' 등 각각의 모델에 맞는 다양한 사이즈를 선택할 수 있다. 즉 그들은 각 스타일에 따라 사이즈를 구분한다는 것이다. 또한 각 스타일과 모델 내에서도 체형에 따라 구분이 가능하며, 앞서 보았듯이 46 사이즈도 모두 동일하지 않다. 액세서리도 마찬가지다. 38 사이즈 신발을 신는데도 종아리를 감싸는 부츠를 찾기 어려운 여성들이 많다. 란제리의 경우도 편안한 느낌이 아닌 작은 가슴을 위한 멋진 스타일의 브래지어만 구할 수 있다. 이 경우에도 사이즈가 스타일을 결정한다. 비만인 사람들에 대해 이야기하는 것이 아니다. 우리는 44 사이즈를 넘어선 일반 여성들에 대해 이야기하고 있다. 이렇게 중요한 다수의 사람들을 시장에서 배제할 수 있을까? 38부터 44 사이즈를 입지 않는 사람을 '오버사이즈'로 간주하는 것이 의미가 있을까?

한편 아주 작은 체형을 가진 여성들도 많은 불편함을 겪는다는 것을 잊지 않아야 한다. 나는 아동복 매장에서 옷을 사는 사람을 몇 명 알고 있는데, 특이한 경우가 아니다. 부티크에서는 그들에게 맞는 옷이 없으며, 운이 좋으면 '작은 사이즈' 코너를 만날 수 있을 뿐이다.

패션은 소수만 공연할 수 있는 무대가 되어버리고, 많은 사람들은 구경만 할 수밖에 없다. 패션의 관객이 아닌 주인공이 되기 위해서는 (사이즈가 아니라) 우리가 우리의 스타일을 결정해야 한다.

전 세계의 체형

우리가 기준으로 삼는 아름다움의 기준은 서양인에게 해당하는 것으로, 이는 역사적으로 피부색 및 사회적 출신과 관련된 차별과 연결되어 있다. 이 모든 것은 권력의 합법성을 위한 도구로 WASP(White Anglo-Saxon Protestant)라는 약어로 요약될 수 있다. 이러한 현상을 검토하기 위해 시각과 관점을 바꾼다면 상황은 달라진다. 각 나라마다 그들의 문화와 관련된 고유한 경향이 있기 때문이다.

예를 들어 라틴 문화는 예로부터 몸의 곡선에 감사하고 자랑스럽게 여겼으며, 최근 몇 년 동안 그들의 기준을 미국에 수출하여 엉덩이와 힙을 확대시키는 수술이 유행처럼 퍼졌다. 색상도 이에 맞추어 변화하였는데, 따뜻하고 어두운 색상을 시뮬레이션하기 위해 많은 여배우와 가수들이 인공 메이크업을 하고 있다.

아시아로 시선을 옮기면, 중국에서는 중성적인 체형이 주를 이루어 성별 구분이 없는 스타일(노젠더 스타일)과 사이즈가 아주 잘 어울린다.

한편 일본에서는 아름다움의 개념이 항상 불완전함과 깊게 연결되어 있다. 그중 좋은 예가 금속을 이용해 도자기를 수리하는 긴츠기

(kintsugi)로, 이는 부서진 조각들을 금과 은으로 용접하여 수리하는 기술이다. 상처와 불완전함으로부터 더욱 귀중한 물건이 탄생할 수 있다는 것이다. 이들에게 배울 점이 많다. 불완전함을 사랑하는 이 같은 원칙으로 우리는 보로(Boro)라는 고대 기법을 해석할 수 있다. 이는 재사용 천 조각들을 조립하거나 수선할 기모노를 장식하는 수를 놓는 것을 보면 알 수 있다. 이러한 문화와 전통에서 꼼 데 가르송(Comme des Garçons)과 마르지엘라(Margiela) 같은 브랜드가 탄생하였다.

중동 지역 및 종교적으로 강하게 영향을 받은 문화에서는 소위 '수수한(단정한)' 경향이 지배적인데, 실루엣을 덮는 와이드 컷과 액세서리 및 기타 장식적인 디테일을 선호한다. 물론 이런 의상 아래에는 각기 다른 기준과 전통에 따라 서로 다른 아름다움을 지니고 있다.

'다양성'의 시각으로 세상을 바라보면 가장 다양한 형태와 표현에서 아름다움을 발견할 수 있다. 이 연습을 통해 서구에서 흔한 아름다움의 모델이 실제로는 다양한 형태, 신체적 특징, 문화, 전통, 스타일 및 미적 기준의 작은 부분에 불과하다는 것을 깨닫게 된다.

아름다움에는 경계가 없다. 아름다움은 우리 모두에게 내재되어 있기 때문이다.

6부

스타일리스트 백과사전

방법

청바지 선택 방법

우리 모두는 이상적인 청바지 모델을 찾는 것이 얼마나 어려운지 잘 알고 있다. 그것은 이상적인 파트너를 찾는 것과 비슷하다. '적절한' 것을 찾는 것은 쉽지 않다.

청바지 선택에서 허리 높이는 스타일과 핏(착용감) 모두에 영향을 미친다. 허리와 비교하여 다리가 짧을 때는 하이 웨이스트가 다리를 길어 보이게 하고 엉덩이를 강조하는 연장 효과가 있다. 반면 다리가 길고 엉덩이가 상대적으로 좁은 경우에는 로우 웨이스트가 이상적이며 하이 웨이스트는 엉덩이를 납작하게 보이게 할 수 있다. 또한 얼굴 길이를 기준으로 허리에서 서혜부(허벅지)까지의 길이가 긴 경우 중간 허리 정도를 선택할 수 있다.

포켓, 특히 후면 포켓을 과소평가하지 않아야 한다. 중요한 것은 스케일 비율을 고려하여 선택해야 한다는 것이다. 엉덩이의 부피를 줄이고 싶다면 큰 포켓을 선택하는 것이 좋다. 반면 엉덩이를 둥글고 볼륨감 있게 만들고 싶다면 중간-소형 포켓이나 포켓 없는 것을 선택한다.

포켓의 위치도 주의해야 한다. 일반적으로 낮게 위치한 포켓은 무게중심을 낮추고 엉덩이를 더 낮아 보이게 한다. 그러나 직사각형 체형이나 다리가 길고 특히 가느다란 사람들은 문제 없이 선택할 수 있다. 반면 카고 팬츠의 사이드 포켓은 허벅지와 다리 전체에 볼륨을 주기 때문에, 이 효과를 원하거나 두려워하지 않는 경우에는 이상적이지만 반대로 다리를 날씬하게 보이고 싶다면 피해야 한다.

선과 볼륨 모두에서 착시 효과를 유발할 수 있는 솔기(스티치) 같은 디테일 또한 중요하다. 잘라진 선이나 틈은 다리 길이를 끊어주는 효과가 있어, 특별한 경우가 아니면 무게중심을 너무 낮추지 않도록 무릎 위쪽에 위치시키는 것이 좋다.

앞서 원단에 대해 언급했지만, 청바지에 대해서도 선택 기준을 요약해 보겠다. 가벼운 원단은 부드럽게 내려가기 때문에 풍만한 곡선형 체형에 이상적이다. 반면 단단한 원단은 마른 몸매와 남성형 체형에 잘 어울린다. 고객에게 청바지 구매에 대해 조언할 때, 나는 특히 모래시계형, 삼각형, 8자형 같은 체형에는 여성을 대상으로 하는 브랜드를 추천하는 편이다. 이러한 브랜드는 여성의 형태와 다양한 요구에 맞게 자르기, 원단 및 핏을 조정하기 때문이다. 물론 캐주얼하고 자연스러운 스타일을 선호하는 사람들은 남성적이고 유니섹스한 스타일을 선택할 수 있다.

일반적으로 어두운 색상은 시각적으로 슬림해 보이고, 밝은 색상은 반대로 체형을 확장시킨다. 동일한 청바지 모델이 밝은 버전과 어두운 버전으로 나누어지면 완전히 다른 효과를 나타내며, 심지어 사이즈 차이가 있는 것처럼 보일 수도 있다. 믿기 어렵다면 청바지(다른 옷도 가능)를 선택하기 전에 먼저 사진을 찍어보라. 그 차이가 눈에 띄며, 정지된 이미지에서는 거울 속 움직이는 이미지보다 그 차이가 훨씬 더 잘 보인다.

클래식한 흰색 청바지는 여름에는 탑 아래, 겨울에는 스웨터 아래에 입을 수 있다. 슬림하게 보이고 싶다면 주의해서 입어야 하지만, 모양을 강조하고 싶다면 필수 아이템이다.

색상의 원칙은 지역적으로도 적용된다. 밝은 부분은 어두운 부분보다 크게 보이므로 명암의 조합으로 다리의 형태를 일종의 컨투어링처럼 시각적으로 조절할 수 있다. 예를 들어 풍만한 부분을 그림자처리 하고 평평하고 마른 부분을 강조하는 것이다. 일반적으로 단색이 훨씬 더 슬림하게 보이게 하지만, 퇴색(워싱) 역시 그것만의 매력이 있으며 많은 사람들이 좋아한다. 장식은 (평범하지 않고 다용성은 다소 떨어지지만) 청바지를 더 독특하게 만들어 주며 퇴색과 동일한 규칙을 따른다. 그것이 사실상 포컬 포인트가 되며 몸의 해당 부위에 시선을 집중시킨다. 그것을 어떻게 사용할지는 여러분에게 달려 있다!

의상 디자인은 다양한 형태의 체형에 실제로 차이를 만들고 각 체형에 서로 다른 효과를 줄 수 있다.

스키니 청바지는 레깅스와 비슷하지만 레깅스와 달리 짧은 상의와 다양한 계절에 매치할 수 있고, 스웨터나 여름용 탑 그리고 부츠 또는 샌들과 함께 착용할 수 있다. 직사각형 체형에 이상적이며, 풍만한 힙이나 낮은 무게중심을 가진 사람에게는 볼륨감을 줄 수 있다.

스트레이트 핏 청바지는 가장 고전적이고 용도가 다양하다. 다양한 스타일과 의상에 잘 어울리며, 힐 또는 스니커즈, 모카신과 함께 매치해 캐주얼하고 시크한 룩을 연출할 수 있다. 특히 직사각형, 다이아몬드형, 역삼각형 체형에 다용도로 사용할 수 있다.

크롭 디자인은 더 깔끔한 스타일에 잘 어울리며, 액세서리나 특히 신발에 따라 더 트렌디한 스타일로도 연출할 수 있다. 예를 들어 플랫 슈즈와 함께 착용하면 현대적인 카프리 팬츠처럼 보이고, 부츠와 함께 착용하면 더 독특한 느낌을 줄 수 있다. 그러나 길이가 짧아 종아리와 발목 사이에 위치하기 때문에 작은 체형을 더 슬림하게 보이게 하는 데 도움이 되지 않으므로, 걱정이 된다면 하이 웨이스트를 선택하는 것이 좋다.

소위 남자친구(boyfriend) 룩 청바지는 확실히 더 캐주얼하고, 클래식한 의상도 자연스럽게 연출할 수 있도록 도와주며, 티셔츠나 재킷에 모두 잘 어울린다. 이름 그대로 이 디자인은 약간 중성적인 인상을 불러일으키지만, 짙은 워싱을 선택하면 부드러운 체형을 가진 사람들에게 도움이 될 수 있다. 유사한 디자인으로는 '맘(mom)' 청바지와 '캐롯(carrot)' 청바지가 있는데, 이러한 스타일은 모든 체형에 잘 어울리지만 특히 직사각형과 역삼각형 체형에 더 잘 어울린다.

부츠컷 청바지의 장점을 살펴보면, 캐주얼한 옷이지만 더 정제된 의상에도 잘 어울린다. 예를 들어 블레이저나 짧은 가죽 재킷, (인조) 털 재킷과 함께 매치할 수 있다. 단점은 항상 힐을 필요로 한다는 점이지만, 다행히 꼭 높을 필요는 없다. 다리를 제대로 길어 보이게 하려면 몇 센티미터만 높여도 충분하다. 또한 체형을 균형 있게 조절해주며, 부드러운 엉덩이 선을 가진 사람들에게 잘 어울린다. 따라서 삼각형과 모래시계형 체형에 가장 선호되는 스타일이다.

플레어 청바지는 부츠컷에 비해 더 넓게 벌어지는 스타일로, 1970년대 스타일을 연상시키며 전체 룩에도 참고할 만하다. 부드러운 블라우스와 굽이 넓은 신발과 매치하면 잘 어울린다. 다양한 체형에 어울리며, 특히 역삼각형 체형 여성들은 허리를 더욱 좁게 보일 수 있다.

팔라초 팬츠는 매우 실용적이면서도 여성스러운 스타일이다. 특히 하이 웨이스트 스타일을 선택하고 간단한 티셔츠나 흰색 셔츠를 바지 안에 넣어 입으면 좋다. 부츠컷과 마찬가지로 어두운 색상을 선택하고 약간 굽이 있는 신발과 함께 착용하면 다리를 길어 보이게 할 수 있다.

와이드 팬츠와 매우 유사한 큐롯 팬츠는 더 짧고 더 트렌디한 스타일이다. 하이 웨이스트로 입으면 오히려 체형을 슬림해 보이게 하며, 높은 굽도 필요하지 않다.

수영복 선택 방법

수영복을 선택할 때는 정말로 불안감을 느끼게 된다. 수영복을 입으면 (사실상) 벗은 상태라고 느껴지기 때문이다. 여름을 준비하는 것이 많은 사람들에게 스트레스가 되고 있다. 특히 옷을 자신의 몸을 가리는 용도로 사용하는 사람들에게 그렇다. 대부분의 경우 이는 수줍음이 아닌, 결함으로 여기는 자신의 몸을 보여주는 것에 대한 두려움이다. 예를 들어 셀룰라이트를 생각해 보자. 신문의 수많은 페이지, 향수 매장의 선반, 대부분의 미용 서비스가 이에 투자되고 있다. 셀룰라이트를 드러내는 것은 너무나 불편하지만, 이는 우리 모두에게 해당되는 일반적인 현상이다.

요약하자면, 각각의 체형을 균형 있게 조절하고 살려주는 팁이 분명히 있지만, 적절한 수영복을 찾기 위해서는 먼저 자신의 몸이 올바른 몸이라고 생각해야 한다.

삼각형 체형

어깨와 가슴을 넓히고 엉덩이의 균형을 잡는 것이 목표라면 수평적인 라인이나 커팅이 있는 수영복이 이상적이다. 예를 들어 끈 없는 브라 또는 바르도 스타일의 네크라인 등이 적합하다. 반대로 목 뒤에 묶는 디자인이나 아메리칸 스타일의 네크라인은 가슴을 내부로 좁히는 라인을 만들어 어깨를 좁아 보이게 한다.

가슴을 더 크게 보이게 하려면 얇은 스트랩을 선택한다. 넓은 스트랩은 그에 비례하여 컵을 더 작아 보이게 한다. 팁을 하나 소개하면, 삼각형을 바깥쪽으로 약간 이동시켜 시각적으로 목선을 확대하면 섹시하면서도 데콜테에 톤과 볼륨을 줄 수 있다.

또한 절개선이나 장식, 프린지, 꽃, 스팽글, 두꺼운 텍스처 및 움직임을 강조하는 다양한 디테일도 좋다. 색상과 패턴도 마찬가지다. 어두운 톤은 시각적으로 좁아보이게 하고, 밝은 톤과 패턴은 곡선을 강조한다. 팬티와 브래지어의 색상과 프린트를 다르게 매칭할 수도 있으며, 하단 부분은 보다 매끈하고 어둡게 선택할 수 있다. 단, 힙과 엉덩이를 강조하고 싶지 않은 경우다.

삼각형 체형 여성에게는 투피스형 수영복이 더 편안한데, 이 체형은 몸통이 긴 경우가 많아 원피스형은 서혜부를 당길 수 있기 때문이다. 비키니는 전체적인 체형의 비율을 더욱 강조해 준다.

역삼각형 체형

삼각형(배형) 체형과 완전히 대칭되는 역삼각형(사과) 체형은 비율과 지지력 때문에 중간이나 넓은 스트랩이 있는 브래지어가 좋다. 어깨가 노출된 디자인이 효과적이지만, 목 뒤에 묶는 디자인은 조심해야 한다. 가슴이 특히 풍만한 경우 얼마 지나지 않아 그 무게를 느끼게 되고, 두통이나 목과 경추의 통증을 느낄 수도 있다.

어깨 라인의 크기를 줄이고 싶다면 원 숄더와 비대칭 스타일이 완벽한 선택이다. 눈은 대각선을 따라가며 수평적인 부피에 주의를 끌게 된다. 이 경우에도 넓은 스트랩이 좋다. 반면 보트 네크라인, 밴드, 그리고 수평적인 디자인은 어깨를 넓게 보이게 한다.

엉덩이에 볼륨을 주고 상체의 균형을 잡고 싶다면 아래쪽 아이템에 수평적인 디테일을 사용할 수 있다. 이에는 줄무늬 패턴뿐만 아니라 반바지와 로우 웨이스트 밴드(허리띠)로 인해 생기는 수평선도 해당된다. 데콜테에 더 많은 볼륨을 주고 싶지 않다면 밝은 색상, 디테일 및 패턴은 몸의 아래쪽에 배치해야 한다. 그러나 어떤 경우에도 품질에 중점을 두는 것이 좋다. 몇 벌 안 되더라도 보호용 직물과 편안한 언더와이어를 사용한 고성능 수영복이 좋다.

원피스형 수영복은 투피스형보다 더 전략적이다. 가슴의 볼륨을 줄여주고 가느다란 다리를 돋보이게 해서 가슴을 길어 보이게 해주기 때문이다. 무게중심을 높게 만드는 것은 바로 긴 다리이므로 원피스형이 최상의 선택이다. 주름이나 촘촘한 패턴은 복부의 자연스러운 라인을 최소화하고 싶은 사람들에게 작은 팁이 될 수 있다. 또한 크로스 컷과 V 네크라인은 몸통을 길어 보이게 하고 가슴을 비례적으로 줄여줄 수 있다.

직사각형 체형

직사각형 체형에는 원피스형과 투피스형 모두 잘 어울린다. 약간 남성적인 구조로 인해 스포티한 스타일이 완벽하게 어울리며, 원 숄더 또는 사이드 컷 수영복과 같은 비대칭 스타일도 잘 어울린다.

체형에 볼륨을 추가하고 싶다면 프릴, 주름 장식뿐만 아니라 수평선, 곡선 및 대각선을 활용하거나 대비를 이루는 패턴을 선택할 수 있다. 물론 자신의 색상 팔레트와 조화를 이루어야 한다. 반대로 단색과 세로줄은 실루엣의 직선성을 강조하여 보다 날씬하고 길게 보이게 한다.

수평선은 프린트든 벨트든 허리선이 거의 드러나지 않거나 전혀 없다는 신호를 주므로 원피스형보다 투피스형에 더 잘 어울린다. 이와 관련하여 컬러 블록으로 만든 아름다운 원피스형 수영복의 경우 상체를 잘 조형하여 매우 여성스러운 형태를 만들어 낸다.

짧은 반바지 수용복도 매우 효과적이며, 약간 더 높은 허리의 레트로 스타일 팬츠는 허리를 강조하여 상체가 약간 각진 모습이 될 수 있다.

다이아몬드형 체형

모든 체형 중에서 다이아몬드형은 원피스형 수영복이 가장 잘 어울리는 체형이다. 형태를 잘 감싸주는 재질과 드레이프 라인의 원피스 수영복이 잘 어울리며, 특히 복부를 숨기고 싶을 때 전략적으로 사용할 수 있다. 이와 관련하여 허리 라인에 초점을 맞춘 벨트나 리본 또는 장식은 조심해야 한다.

패턴에 관해서는, 개인 스타일에 따라 페이즐리 또는 잔잔한 꽃무늬와 같이 밀도가 높은 패턴이나 도트 무늬도 선택할 수 있다. 작은 팁을 소개하자면, 푸시업 브래지어나 깊은 네크라인으로 데콜테에 초점을 맞추는 것인데, 이는 눈을 상체 상단으로 유도한다.

몸의 중앙 부분에 지방이 축적되는 경향이 있는 다이아몬드형 체형에는 등에 작은 주름과 롤이 생성될 수 있다. 이 특징이 싫다면 등 부분이 조금 더 올라오는 원피스형 수영복을 선택하는 것이 좋다.

모래시계형 체형

모래시계형 체형은 상체와 하체 사이의 균형이 매우 좋으며 허리가 비교적 얇다. 재미있게 표현하자면 이 체형은 입었을 때보다 벗었을 때 더 아름답다. 옷이 몸의 일부를 가리고 있어 우리가 갖고 있는 멋진 실루엣을 감추기 때문이다.

영화에서 비키니를 가장 효과적으로 부각시킨 것은 다른 것보다 바로 몸이다. 우르줄라 안드레스(Ursula Andress)와 할리 베리(Halle Berry) 같은 본드 걸들이 그 예다.

비키니는 실루엣을 자랑스럽게 보여주기에 이상적이다. 특히 허리를 조이는 레트로 스타일의 하이 퀼로트와 어깨와 가슴을 지지하고 강조하는 형태의 브래지어가 좋다. 팬티의 경우에는 비율을 살펴봐야 한다. 크기가 작을수록 엉덩이를 돋보이게 만들고, 조금 넓게 허벅지를 드러내면서도 몸에 잘 맞게 조여줄수록 몸매를 더 잘 어필할 수 있다.

더 많이 가리는 것을 선호한다면 원피스형 수영복이 좋다. 그러나 항상 허리 부분을 강조해야 한다. 허리가 좁고 날씬한 체형에는 벨트로 허리선을 강조하고, 실루엣이 더 부드러운 체형에는 플리츠와 대각선 라인으로 강조한다.

8자형 체형

모래시계형 체형과 잘 어울리는 점을 고려하여 1950년대 스타일의 비키니, 즉 하이 웨이스트 팬티와 하트 네크라인 브래지어의 비키니가 좋다. 원피스형 수영복은 허리선을 돋보이게 하고 상반신을 더 슬림하게 만들어 준다.

러브 핸들(옆구리살) 같이 둥근 부분을 없애고 싶다면 성능이 뛰어난 원단과 주름을 활용하면 된다.

나머지는 모래시계형 체형에서 언급한 것들을 적용하면 된다. 예를 들어 교차점이나 드레이핑 등을 활용하여 수평적인 선과 절단보다 수직 및 대각선으로 작업한다.

비키니(bikini)

1946년 프랑스 리옹 출신의 거의 알려지지 않은 재단사인 루이 레아르(Louis Réard)가 최초의 비키니 수영복을 만들었다. 루이 레아르는 이 수영복의 이름을 태평양 마셜 제도의 섬 이름을 따서 '비키니'라고 불렀다.

수영복은 여성 해방과 그에 따른 사회적 변화의 상징이었다. 비키니는 바티칸과 미국 보수주의자들, 프랑코 장군에게까지 여러 방향에서 검열을 받았다. 이탈리아에서는 비키니를 입은 여성들이 벌금을 물었지만, 스페인에서는 해안가를 순찰하는 시민 경비대에게 구타를 당하기도 했다.

비키니가 최종적으로 인정된 것은 약 15년이 지난 이후였으며, 다시 한번 트렌드를 주도한 것은 영화였다. 1953년 영화 〈마니나, 비키니를 입은 소녀(Manina, the girl in the bikini)〉와 1956년 〈신은 여자를 창조했다(Et Dieu créa la femme)〉에서 어린 브리지트 바르도(Brigitte Bardot)가 두 조각의 수영복을 입으면서 비키니 유행이 시작되었다. 이후 1961년 〈이탈리아식 이혼(Divorzio all'italiana)〉에서 연기한 스테파니아 산드렐리(Stefania Sandrelli)와 1962년 〈로리타(Lolita)〉에서 연기한 수 라이온(Sue Lyon)이 이어서 비키니를 입었다. 또한 같은 해에 〈007 살인 번호〉에서 본드 걸 우슬라 안드레스(Ursula Andress)가 흰색 비키니를 입고 물 밖으로 나오면서 미국의 검열 규정을 완전히 무너뜨렸다.

1970년대, 1980년대 및 1990년대도 비키니는 계속해서 성공적으로 유행하였고, 여러 해를 거치면서 유행의 변화에도 불구하고 여전히 최고의 수영복으로 남아 있다.

양말 선택 방법

얼마 전 한 소녀가 나에게 "저는 패턴이 있는 스타킹을 좋아하는데 배 체형이라 더는 안 신어요"라고 인스타그램 다이렉트 메시지를 보내왔다. 나는 자신의 체형을 알고 있다고 해서 선택의 폭을 제한할 필요는 없다고 답변했다. 체형을 알고 있다는 것은 더 나은 선택을 위한 참고 사항일 뿐, 원한다면 자유롭게 선택할 수 있다. 자수나 패턴이 있는 스타킹을 왜 포기해야 하나? 우리는 유쾌한 대화를 나누었고, 마지막에는 그녀에게 가장 어울리는 스타킹을 선택하는 두 가지 방법을 알려주었다. 자세히 알아보자.

패턴이 있는 스타킹을 좋아한다면 꽃무늬, 기하학적 패턴 또는 추상적인 디자인 등 어떤 패턴을 선택하든 패턴이 더 집중되고 밀집될수록 더욱 길고 날씬해 보인다. 반대로 패턴이 넓을수록 부피를 더 커 보이게 하기 때문에 얇은 다리를 가진 사람들이 좀 더 볼륨 있게 보이도록 선택하는 경우가 많다. 스타킹 패턴에는 망사 스타킹도 포함될 수 있는데, 이 역시 기하학적 패턴이므로 동일한 원리가 적용된다. 짜임이 가는 직물은 시각적으로 가늘어 보이게 하고, 짜임이 굵은 직물은 부피를 커 보이게 한다.

수직 줄무늬의 경우 스타킹에 미치는 영향이 조금 다르다. 줄무늬가 직선이라면 종아리나 다른 자연스러운 곡선을 강조하는 반면, 곡선이나 대각선이라면 전체적으로 세로로 길어 보이게 한다. 마지막으로 수평선에 주의해야 한다. 그러나 반복되는 줄무늬든, 스타킹이든, 양말이든, 섹시하게 느끼게 해주는 경우에는 무게중심에 상관없

드레스 코드: 스타킹 착용 여부

스타킹 착용에 대해서는 두 가지 유형으로 나뉜다. 패션 트렌드에 따라 겨울에도 스타킹 착용을 비난하는 패셔니스타와, 에티켓을 중시하며 스타킹의 절대적 우위를 확인하는 전통주의자다. 그 중간에는 스타킹에 대해 의문을 품고 있는 일반 여성들이 있다.

이 문제는 지리적 위치에 따라서도 달라진다. 미국 여성들은 맨다리를 선호하지만, 유럽 여성들은 스타킹에 대해 더 융통성이 있다. 미셸 오바마(Michelle Obama)만 봐도 미국의 퍼스트 레이디임에도 불구하고 항상 스타킹을 신지 않았다. 반면 영국의 케이트 미들턴(Kate Middleton)은 공개 석상에 스타킹을 신고 모습을 드러낸다. 요르단의 라니아 여왕도 항상 스타킹을 신는다. 반면에 미국의 변호사 아말 클루니(Amal Clooney)는 맨다리로 자유롭게 다닌다. 흥미로운 점은, 미셸 오바마가 바티칸을 방문할 때는 스타킹을 신었지만, 로마 교황을 미국에서 맞이할 때는 신지 않았다는 것이다. 마찬가지로 버킹엄 궁전에서는 스타킹을 신었지만, 엘리자베스 여왕이 백악관을 방문했을 때는 신지 않았다. 즉 당신의 집에서는 당신에게 맞추지만, 우리 집에서는 신지 않는다는 의미다. 이탈리아의 경우 밀라노와 그 외 다른 지역이 대립하는데, 패션에 민감한 밀라노 여성들은 스타킹을 싫어한다.

하지만 호텔, 고급 부티크, 금융계 등 일부 장소에서는 여전히 스타킹 착용이 의무화되어 있다. 그 외 분야에서는 그렇게 엄격하지 않지만 스타킹은 전체 의상에 확실히 공식성을 부여한다. 일반적으로 검은색 스타킹이 가장 안전하고, 자수가 있거나 다채로운 색상, 그물 스타킹은 덜 공식적이다. 에티켓에 따르면 신부는 기본적으로 스타킹을 신어야 한다. 물론 해변에서의 결혼식이나 보헤미안 스타일의 결혼식은 예외다. 하객은 예식 분위기에 따라 다르다. 제복을 입거나 바티칸에서 거행되는 공식적인 결혼식에서는 스타킹을 착용해야 한다. 반면 일반적인 행사의 경우 이벤트의 형식, 참가자 수, 장소 및 시간에 따라 달라진다.

그러나 여기서 우아함과 형식성 사이의 차이를 기억해야 한다. 매우 우아하지만 형식적이지는 않을 수 있고, 반대로 형식적이지만 특별히 우아하지 않을 수도 있다. 확실히 가장 얇은 검은색 스타킹은 매우 우아하며 형식적이다. 드레스 코드가 필요하지 않더라도 검은색 스타킹을 간단한 액세서리로 사용하여 룩을 완성하고 개성을 부여할 수 있다.

이 즐겁게 착용하라!

많은 여성들이 스타킹을 좋아하지 않고 공식적인 경우에도 착용하지 않지만, 스타킹을 절대적인 필수품으로 생각하는 여성들도 많다. 태닝을 하지 않은 다리를 드러내는 것을 좋아하지 않거나 정맥과 모세혈관이 뚜렷하게 보이는 사람들도 스타킹을 항상 이용한다. 여름철에 날씨가 더워서 스타킹 신기가 어려울 때 셀프 태닝 제품이나 스프레이 양말을 사용하기도 하는데, 이로써 크고 작은 결점을 균일하게 커버할 수 있다. 어떤 메이크업 아티스트는 사용하지 않는 파운데이션을 활용하라고 조언해 주기도 한다. 가끔 잘못된 톤의 제품을 구입하는 경우가 있는데, 그 파운데이션을 보디 크림과 섞어서 재활용해 보자!

웨딩드레스 선택 방법

많은 사람에게 웨딩드레스는 특별한 상징적 가치를 가지고 있으며, 보통 사랑에 빠지는 순간이나 오랜 고민 끝에 선택한다고 한다. 어떤 경우에도 쉬운 결정은 아니다. 20세기에 가장 큰 성공을 거둔 스타일은 프린세스, 엠파이어, A 라인, 칼럼(기둥), 인어, 슬립(페티코트) 및 1950년대 스타일, 숏컷 스타일이다. 웨딩드레스 패션은 특히 영국의 왕실 결혼식에서 영향을 받았다고 할 수 있지만, 일반적으로는 그 시대의 사회, 정치 및 경제적 상황에 영향을 받는다.

간단히 역사를 살펴보자.

19세기는 변화가 많은 시대로, 엠파이어 스타일의 가벼움에서 낭만주의의 풍성함과 광대함으로, 그리고 세기말 여성 패션의 특징인 S자 형태의 유연함까지 이어진다. 이 시기에서 20세기 초까지 결혼식 의상은 이브닝드레스였으며, 패션과 트렌드에 따라 다른 행사에서도 착용하였다. 하지만 19세기에는 신부 드레스와 결혼식 관련 많은 전통들이 탄생하였다. 흰색의 롱 드레스, 웨딩 케이크, 리셉션, 장갑, 오렌지색 꽃다발(순결과 축복의 상징) 등이 이에 속한다. 1840년 영국의 빅토리아 여왕이 흰색 드레스를 입고 결혼한 것이 최초이며, 사진이 발명된 후 첫 번째 왕실 결혼식이었기 때문에 그녀의 드레스는 모방되어 실제로 유행을 일으킨다. 흰색은 종교적 관점에서도 인정을 받았는데, 이는 1854년 교회에서 정화의 개념이 선포된 것과도 관련이 있다.

19세기의 넓은 스타일이 새로운 세기에는 형태와 장식이 단순해지면서 S자 형태의 우아하고 여성스러운 자태가 빛을 발한다. 스커트는 기장이 길어지고, 네크라인은 풍부한 레이스로 장식되며, 머리는 모아서 묶게 된다. 제1차 세계대전까지 웨딩드레스와 제작에 필요한 원단의 양은 신부의 사회적 지위를 나타냈다. 사용되는 원단의 양과 특이성이 클수록 신부 가문의 부유함을 보여주었다. 웨딩드레스가 자신만의 스타일리시한 아이덴티티를 가지면서 독자적인 존재로 부각하기 시작하며, 이 시기에 '신부 패션'을 보여주는 패션 일러스트가 처음 등장한다.

1920년대에 여성 패션 세계는 진정한 혁명을 겪는다. 디자인이 단순화되고 몸통 보호대, 패딩 및 드레이프가 사라지며, 드레스는 흰색이고 튜닉 형태로 앞부분이 짧아진다. 머리는 클로셰 형태의 모자나 긴 실크 또는 레이스로 된 긴 베일로 장식한다. 20세기 초에는 웨딩드레스 제작에 10m의 천이 부족했다면, 이제는 1m가 조금 넘으면 충분했다. 이 변화의 주역은 무릎까지 오는 웨딩드레스를 공식적으로 도입한 샤넬이다.

1930년대에는 길고 타이트한 이브닝드레스로 다시 돌아오며 인어 형태의 스타일이 탄생한다. 가벼움과 우아함을 연출하기 위해 비스듬하게 잘린 이 새로운 드레스를 입기 위해서는 히프를 감싸는 효과를 내는 속옷이 필요했다. 베일은 이전 10년보다 짧아지고 왕관과 진주로 머리에 고정한다. 1934년 그리스의 마리나 공주는 켄트 공작과의 결혼식에서 새로운 룩을 선보인다. 그녀의 드레스는 흰색과 은색의 메탈 섬유로 만든 지면까지 이어지는 긴 타이트 드레스였다. 머리에는 다이아몬드 티아라를 쓰고 3m 이상의 긴 툴 베일을 드리웠다. 즉 이 시기에 오늘날 우리가 알고 있는 흰색에 긴 스커트, 베일과 꽃다발(부케)이 있는 웨딩드레스가 확인된다.

1940년대는 제2차 세계대전의 끔찍한 경험으로 인해 특히 유럽에서는 엄격하고 필수적인 패션으로 변화한다. 할리우드에서 멀어지고, 옷감은 더 내구성이 있으며, 테일러 슈트가 이 시대를 상징하는 스타일이 된다. 이에 맞추어 결혼식 패션도 변화를 겪는데, 많은 여성들은 전통적인 결혼식의 꿈을 포기해야 했고, 어떤 여성들은 웨딩드레스를 직접 제작하거나 대여하거나 빌려 입었다. 미국에서는 그나마 작은 결혼식을 열고 흰색 웨딩드레스를 입는 것이 가능했는데, 그 외에는 폭격으로 인해 슈트나 간호사 복장 등을 입고 결혼식을 올려야 했다.

1950년대에 크리스티앙 디오르는 새로운 룩을 선보인다. 가슴은 베스트로 강조되어 높게 올라가고, 허리는 가늘어지며, 스커트는 부피 있고 가벼운 안감으로 풍성해진다. 신부들도 다시 로맨틱한 분위기를 갖추게 되었는데, 타이트한 베스트와 풍성한 스커트로 발목이 노출되는 스타일이었다. 이 시기에는 풍부한 원단과 풍성함을 표방하며 결혼식 무대를 연출한다. 그중 하나는 1956년 여배우 그레이스 켈리(Grace Kelly)와 몬테카를로 공작 레니에 3세(Rainier III)의 결혼식으로, 여기서 신부는 두 차례 아카데미상을 수상한 MGM의 의상 디자이너 헬렌 로즈(Helen Rose)가 디자인한 전설의 드레스를 입었다.

경제와 인구의 폭발적인 성장 시기인 1960년대는 패션에서 직선적이고 단순성으로의 회기로 돌아가는 모습을 보여준다. 여성들은 직장에서뿐만 아니라 사적으로도 해방을 위해 달려가며 자신의 스타일을 표현하고 관리할 수 있는 자유를 갖게 되었다. 웨딩드레스도 1960년대의 특징인 기하학적인 커팅을 선호하며 이전 10년의 풍성함과 둥근 형태는 줄어든다. 색상에 있어서도 흰색만이 아니라 아이보리와 크림 등의 새로운 색조가 등장한다. 광택이 있거나 신축성 있는 새로운 원단들이 시도되고, 밑단이 상당히 짧아지며, 클래식한 베일 대신 모자가 좋은 대안이 된다. 예를 들어 오드리 햅번(Audrey Hepburn)이 이탈리아 귀족 안드레아 도티(Andrea Dotti)와의 결혼식에서 짧은 드레스를 입은 것을 기억할 수 있다.

1970년대에는 성 혁명과 페미니즘으로 인해 웨딩드레스가 더 이상 특정한 스타일과 색상을 갖지 않는다. 여전히 흰색 드레스가 널리 이용되지만, 특별하고 비공식적인 것들도 많이 선택된다. 이 새로운 취향을 대표하는 결혼식으로는 1971년 비안카(Bianca)와 믹 재거(Mick Jagger)의 결혼식, 1973년 파라 포셋(Farrah Fawcett)과 리 메이저스(Lee Majors)의 결혼식이 있다.

1980년대는 세기의 결혼식으로 시작된다. 1981년 영국 왕위 계승자인 찰스 왕세자가 다이애나 스펜서(Diana Spencer)와 결혼한다. 그 화려한 드레스는 책으로 소개되기도 했으며, 이후 10년 이상에 걸쳐 신부 패션에 영감을 주었다. 디자이너들은 감싸는 형태, 풍선 소매, 드레이프, 부피 있는 의상 등 다양한 스타일을 시도한다. 그 시대의 분위기와 맞게 웨딩드레스에서 중요한 것은 풍요로움과 놀라움이었다. 어깨 패드, 리본, 이중 길이 및 긴 트레인으로 라인을 강조했다.

1990년대에는 경제 위기로 인해 단순함과 간결함의 아름다움이 재발견된다. 수수하고 우아한 라인이 지배적이며, 목걸이나 볼레로 등 작은 디테일에 중점을 둔다. 더 많은 천연 직물이 사용되며, 위기로 인해 직물 제조업체는 다양한 레이스와 원단의 조합을 만들어 낸다.

라인은 2000년대까지 상당히 갈끔하게 유지되며, 과거의 일부 디자인도 재발견된다. 지속적으로 이어갈 새로운 패션을 선보이는 혁신적인 이벤트는 여전히 왕실의 결혼식이었다. 2011년 윌리엄 왕자와 케이트 미들턴(Kate Middleton)의 결혼식에서의 드레스는 알렉산더 맥퀸(Alexander McQueen) 드레스로 알려져 있으며, 사라 버튼(Sarah Burton)이 디자인하고 햄튼 코트 궁전의 로열 자수 학교에서 제작되었다. 그레이스 켈리의 드레스와 매우 유사한 이 드레스로 인해 신부용 레이스가 다시 유행하게 되었다.

최근 몇 년 동안 신부 패션은 다양한 스타일과 길이의 모델들이 출현하였다. 흥미로운 점은, 이제 신부복 패션쇼에 정장 바지가 고정적인 위치를 차지하여 여성의 사회적 역할의 변화와 동성 결혼에 대한 열린 마음을 상징하고 있다는 것이다.

지금까지 웨딩드레스에 대한 역사적인 탐구를 통해 형태와 색상에 있어 그 다양성을 알 수 있었다. 이후에는 각 체형에 특히 돋보이는 스타일에 대해 알아보겠다.

삼각형 체형

삼각형(배형) 체형의 경우 상체가 엉덩이에 비해 작고 허리가 가늘어 꼭 맞는 코르셋으로 강조할 수 있다. 어깨가 좁다면 볼륨감 있는 소매나 넓은 가로 네크라인이 잘 어울린다. 반면에 가슴이 특히 작다면 부드럽고 둥근 라인을 주는 하트 네크라인이나 넓은 라운드 네크라인이 좋다. 삼각형 체형 여성은 중소형 사이즈 컵을 가지고 있으므로 어깨끈(스트랩)이 비교적 얇아야 비율적으로 조화를 이룰 수 있다.

엉덩이가 비교적 큰 경우 특히 하이 웨이스트의 부드러운 스커트가 잘 어울린다. 반면에 상체에 중점을 두고 강조하려면 드레스 상단 부분에 디테일을 넣을 수 있다. 꽃, 리본, 볼륨 있는 디자인뿐만 아니라 자수와 스와로브스키도 가능하다. 한편 하단은 매끄럽고 간단한 디자인이 좋다. 동시에 이 체형에서는 허리와 같이 특히 가느다란 부분을 벨트나 허리끈으로 강조하는 것이 좋다. 원한다면 세련된 장갑으로 팔을 강조할 수도 있다. 작은 체형에는 짧은 장갑, 큰 체형에는 긴 장갑이 어울린다.

지중해 지역 여성들은 일반적으로 약간 낮은 무게중심을 가지고 있고, 다리에 비해 상체가 약간 더 길다는 특징이 있다. 체형을 슬림하게 보이게 하려면 하이 웨이스트 드레스를 선택하면 된다. 로우 웨이스트나 인어 스타일은 적합하지 않다. 원단의 경우 상체에는 좀 더 두꺼운 소재를, 하체에는 가벼운 소재를 추천한다.

역삼각형 체형

역삼각형 체형은 상체가 하체에 비해 더 특징적인 형태(사과형)이며, 보통 다리는 길고 날씬하지만 시간이 지남에 따라 팔과 복부에 지방이 쌓일 수 있다.

가슴이 특히 풍만한 경우 크로스 스타일과 상대적으로 넓은 어깨끈이 잘 어울리는데, 어깨끈이 없는 모델보다 훨씬 더 비례적이고 전략적이다. 스트레이트 컷의 클래식 뷔스티에를 좋아한다면 팔과 가슴 부분에 얇은 베일이나 레이스가 있는 일루전(illusion) 스타일도 고려해 본다.

일반적으로 V 네크라인은 상체에 수직감을 주며, 이 외에 더 깔끔한 라인도 잘 어울린다. 주름이나 리본, 꽃 등의 장식은 두께와 부피를 만들어 줄 수 있다. 머리카락도 중요한 역할을 하는데, 길고 풀어진 머리카락보다는 허리 부위를 깔끔하게 남기기 위해 머리를 모아서 묶는 것이 좋다.

날씬한 엉덩이와 긴 다리를 가지고 있다면 실루엣 아래쪽 부분에 움직임을 만드는 프릴이나 주름 장식 등 디테일을 활용할 수 있다.

역삼각형 체형의 범주에는 가슴이 풍만한 것보다는 어깨와 상체가 두드러진 여성들도 포함된다. 이러한 경우 이상적인 드레스는 미국식 오프 숄더(아메리칸 네크라인)와 인어 라인 스커트로 조화롭고 우아한 효과를 만들어 낼 수 있다.

사과형 실루엣은 일반적으로 상체와 비교해서 다리가 길고 무게 중심이 높다는 특징이 있다. 따라서 로우 웨이스트 또는 인어 라인 컷을 선택할 수 있다. 또한 짧은 드레스나 비대칭 밑단이 있는 드레스, 즉 앞은 짧고 뒤는 길어서 발목이나 무릎이 드러나는 반면 뒤에는 꼬리가 길게 늘어지는 드레스도 활용할 수 있다.

상체를 연장하고 가벼워 보이게 하는 또 다른 비결은 주름과 대각선을 활용하는 것이다. 이들은 이러한 체형에 매우 효과적인 착시를 만들어 준다. 또한 드레이프 외에도 쉬폰과 같이 가벼운 원단을 사용하는 것을 권장하며, 반대로 태피터(taffetà)와 같이 두텁고 볼륨이 큰 원단은 피하는 것이 좋다.

직사각형 체형

일반적으로 무게중심이 높게 위치하며 다소 양성적이고 날씬한 체형으로, 실루엣을 부드럽게 만들어 더욱 굴곡 있고 여성스럽게 해주는 롱 뷔스티에와 라운드 및 하트 네크라인이 있는 드레스로 돋보일 수 있다. 데콜테에 볼륨을 주고 싶다면 주름, 리본, 꽃 또는 둥근 느낌의 디테일이 있는 디자인이 가장 적합하다. 머리카락이 길다면 어깨에 부드럽고 가볍게 떨어지도록 하면 좋다. 가벼운 웨이브 스타일이 지나치게 규칙적이거나 '스파게티' 효과가 있는 스타일에 비해 더 조화를 이룰 수 있다.

마른 체형이거나 키가 특히 큰 사람은 부드러운 프릴, 직물의 겹침 및 수평 컷을 시도해 볼 수 있다. 원단도 중요한 역할을 한다. 단순한 디자인을 선호한다면 실크 같은 원단을 선택하고, 그렇지 않다면 겹침 및 볼륨을 사용한 오간자(organza)와 튤(tulle)을 선택한다.

허리선을 매치하고 싶다면 복부 중심에 주목할 수 있는 디테일이나 교차 디자인을 선택한다. 리본이나 어깨에서 배꼽까지 향하는 트롬펫 모양과 같은 컷은 복부를 감추는 효과를 줄 수 있다. 실루엣을 활기차게 만드는 또 다른 비결은 원 숄더 스타일로, 실루엣 주변에 S 자 모양을 그리며 곡선과 부피를 제공한다.

로맨틱한 스타일보다 좀더 엄격한 라인을 선호한다면 란제리 스타일의 드레스나 아메리칸 스트랩 네크라인 드레스, 정장이나 재킷과 팬츠로 구성된 세트를 선택하면 항상 안정감을 준다. 20세기 패션 역사에서 영감을 받은 스타일로는 (2011년 케이트 모스의 드레스와 같은) 1920년대 컬럼 드레스나 1960년대 트라페즈 스타일의 짧은 드레스(오드리 햅번 스타일) 등이 있다.

모래시계형 체형

사이즈에 관계없이 여성적인 매력을 가진 체형으로 다양한 스타일로 강조할 수 있다. 더 타이트하거나 덜 타이트하거나, 중요한 점은 허리를 가리지 않고 강조해야 한다는 것이다. 로맨틱한 스타일을 좋아한다면 몸통과 엉덩이에서 자연스럽게 그려진 X자가 강조되고 허리에 꼭 맞는 뷔스티에가 있는 클래식한 프린세스 원피스가 매우 잘 어울린다. 곡선을 강조하고 싶지 않다면 허리에 모든 것을 집중하고 드레스의 나머지 부분은 부드럽고 가벼운 천으로 자연스럽게 떨어지게 한다. 교차선과 대각선은 곡선을 최대한 잘 보여주기 위한 최상의 방법이다. 단 과도하게 강조하지 않아야 한다. 반면에 좀 더 포근하고 고혹적인 스타일을 원한다면 모래시계형 체형의 굴곡진 라인과 눈에 띄는 아치형 허리를 가장 잘 드러내는 모델은 전신을 감싸는 인어 드레스다. 엠파이어 스타일 드레스, 보헤미안 스타일의 맥시 드레스, 혹은 사다리꼴 형태의 딱딱한 라인의 스타일은 피하는 것이 좋다. 이러한 스타일은 모두 허리선을 숨기기 때문이다.

다이아몬드형 체형

다이아몬드형 체형은 몸통과 엉덩이 사이가 균형이 잡힌 모습이지만, 모래시계형 체형과 달리 허리가 강조되지 않으며 오히려 복부에 체중을 축적하는 경향이 있다. 따라서 허리를 조여주는 전통적인 뷔스티에보다는 허리 위쪽에서 약간 구분이 되는 라인이 있거나 엠파이어 스타일이 더 잘 어울린다. 그리고 스커트와 상의 사이의 구분선이 허리의 가장 넓은 부분에 떨어지지 않도록 주의해야 한다.

이 체형은 풍만한 체형은 아니며 좁고 약간 둥근 어깨를 가지고 있어 부드럽고 너무 조이지 않는 소매로 강조할 수 있다. 1970년대 스타일이 특히 매력적인데, 구조화되지 않은 가벼운 드레스로 당시 낭만적인 프레리 드레스를 연상시킨다. 베아트리체 보로메오(Beatrice Borromeo)는 2015년 모나코 왕자 피에르 카시라기(Pierre Casiraghi)와의 결혼식에서 알베르타 페레티(Alberta Ferretti)의 드레스를 입었는데, 행사를 위한 다양한 의상 중 하나였지만 매우 특별했다.

다이아몬드형 체형에는 두껍지 않은 가벼운 베일의 일루전 효과와 겹침이 있는 데콜테가 매우 잘 어울린다. 캐디(cady)와 같이 미끄러운 직물이나 쉬폰처럼 섬세하고 얇은 직물이 아주 잘 어울린다.

8자형 체형

8자형 체형은 상체와 하체 사이에 균형이 잘 맞고 절제된 허리선도 있기 때문에 모래시계형 체형과 매우 비슷하다. 차이점은 모래시계형은 엉덩이가 둥근 반면 8자형의 엉덩이는 더 높고 직사각형이며, 이런 이유로 상체가 약간 더 납작하고 엉덩이 위쪽과 허리 바로 아래 복부에 체중이 축적되는 경향이 있다는 것이다.

8자형 체형에서 웨딩드레스를 선택할 때는 원단이 특히 중요한데, 이 체형을 가장 돋보이게 하는 것은 드레이핑이다.

이상적인 웨딩드레스는 상단 부분의 경우 크로스 웨딩 스타일로 쉬폰이나 캐디 같은 유연한 소재로 자연스럽게 흘러내리는 스타일이

드레이핑(draping)

드레이핑('휘장'이라고도 함)은 오랜 역사를 가진 예술로, 먼저 가구 및 인테리어에서 그리고 의류와 패션에서 사용된 직물 장식을 말한다. 이러한 종류의 장식은 고대 문명인 이집트, 그리스, 에트루리아, 로마(폼페이 벽화에 보이는 드레이핑) 등의 예술에서도 많이 볼 수 있다. 르네상스 시대에는 화려하고 풍부한 디테일로 최고의 전성기였으며, 최근까지도 장식의 주요 세부 요소로 남아 있다.

드레이핑은 정확히 말하면 직물이 떨어지는 기술을 의미하며, 그 결과는 직물의 무게에 따라 달라진다. 유연한 직물은 가볍고 밀착되는 드레이프를 만들어 몸에 부담을 주지 않으면서도 자연스러운 실루엣의 곡선을 감싸준다. 즉 주름을 잘 잡아주고 모아준다. 반면에 단단하고 무거운 직물은 더 풍성한 드레이프로 부드러운 파동과 주름을 만들어 원하는 부위에 부피를 추가하는 데 도움을 준다. 잘 처리된 드레이핑은 수평선, 대각선 또는 수직선을 만들어 다양한 방향으로 표현될 수 있다.

다. 옆쪽에 작은 펀칭이나 가슴 아래 부위에 매듭 또는 주름을 만들어내는 드레이핑도 매우 좋다. 이러한 드레이핑은 실루엣을 형성하고 강조하는 데 사용되며, 복부나 엉덩이 위쪽의 살이 강조되지 않도록 하는 데 도움이 된다.

고려해야 할 또 다른 모델은 직각의 스트레이트 스타일로, 모래시계형 체형에 특히 인기 있는 프린세스 스타일보다 이 스타일이 선호된다. 원단은 중간 정도의 무게감이 있는 것이 좋으며, 페플럼 또는 바스크 장식이 있는 것도 좋다. 네크라인은 수평으로 떨어지고 드레이핑되는 보트 네크라인이 좋다. 모래시계형 체형과 마찬가지로 V 네크라인도 물론 좋은 선택이다. 허리 벨트도 하는 것이 좋은데, 가능하면 얇은 벨트가 좋다.

임신 중 옷 입는 방법

임신은 여성에게 의심할 여지 없이 특별한 경험이지만, 신체의 자연스러운 변화를 받아들이는 것이 항상 쉽지는 않다. 기존에 입었던 옷들은 몇 달 동안 제쳐놓고 많은 돈을 들이지 않고도 새로운 해결책을 찾아야 하기 때문이다.

조언을 하자면 임신복 캡슐 워드로브(capsule wardrobe), 즉 임신 기간 동안 필요한 의상을 조합하여 다양한 스타일을 만들 수 있도록 몇 가지 아이템을 선별해 모아두라는 것이다. 임신 기간인 9개월은 짧게 느껴지지만 그래도 계획이 필요하다! '언제 입을 것인가?', '어떤 옷과 어울릴 수 있을까?', '품질은 적당한가?' 등의 질문들이 이 선택을 안내해 줄 수 있다.

아이템을 개별적으로 생각하지 말고 가능한 조합을 고려해 전체적인 일관성을 유지하도록 한다. 특히 색상 선택이 중요하다. 이 주제를 더 깊이 알고 싶다면《색깔의 힘(Armocromia)》의 각 계절과 하위 그룹에 대한 캡슐 워드로브를 만드는 방법을 참고하면 된다. 색상 측면에서 첫 번째 단계는 자신의 하위 톤을 확인하고 기준이 되는 중립적인 색상을 선택하는 것이다. 이를 기준으로 같은 팔레트의 3개 또는 4개의 다른 색상을 선택한다. 이렇게 하면 결국 모든 옷들이 서로 잘 어울리게 된다.

캡슐 워드로브의 개념은 임신 중이 아니라도 가치가 있다. 시간, 공간 및 돈을 절약하는 방법이기도 하며, 불필요한 낭비를 막고 환경적인 영향도 있다. 따라서 임산부뿐만 아니라 임신에 관심이 없는 사람들에게도 유용할 수 있다.

자원을 최적화하기 위해 예산이 어떻든 먼저 보관 중인 옷에서 활용할 수 있는 것들을 찾아보는 것이 좋다. 우아한 블레이저나 캐주얼한 재킷은 임신 기간 동안에도 함께할 수 있다. 처음에는 버튼을 채울 수 있지만, 나중에는 버튼을 열고 신축성 있는 드레스나 부드러운 맥시 드레스와 함께 입을 수 있다. 긴 카디건도 마찬가지며, 짧은 카디건은 첫 번째 버튼만 채우고 솟아오른 배 부분은 삼각형 모양으로 열어두면 귀여운 룩을 연출할 수 있다. 우아한 장소에서는 실크 셔츠를 오픈해서 그 안에 탑을 입고 배에 벨트를 착용할 수 있다. 신축성 있는 코튼 탱크탑과 가벼운 저지탑도 활용할 수 있다. 임신 중에는 체감 온도가 평소보다 높기 때문에 겹쳐 입는 것이 유용하며, 이렇게 하면 옷을 갈아입는 것도 쉬워진다.

임신 중 반드시 투자해야 할 것 중 하나는 허리 밴드가 있는 멋진 청바지다. 이 청바지는 다용도로 사용할 수 있는데, 출산 후에도 몇 달 동안 애용하는 사람이 많다. 이제는 다양한 색상, 원단 및 디자인이 나와 있어 많은 고객들이 임신 기간 이후에도 계속 사용하고 있다. 허리 밴드가 눈에 띄지 않고 편안하기 때문이다.

겨울이든 여름이든, 원피스도 임신 중 꼭 필요한 아이템이다. 단, 불필요한 볼륨을 추가하고 형태를 잃게 하는 너무 큰 원피스는 피한다. 임신한 둥근 곡선의 모습에 자부심을 가지고 편안하고 신축성 있는 원단을 선택하라! 타이트하게 꽁꽁 싸맬 필요는 없지만, 너무 단단하고 구조적인 소재도 피한다.

기억해야 할 점은 항상 무게중심이 의상의 착용 가능성에 영향을 준다는 것이다. 배의 볼륨이 무게중심을 약간 낮출 수 있으며, 허리에 벨트를 착용하거나 상의를 바지 안에 넣는 등의 방법은 이용할 수 없다. 다리를 길어 보이게 하고 싶다면 상·하체 사이의 색상 일관성을 최대한 유지한다. 또한 무게중심을 높이고 싶다면 7부 소매나 약간 위로 올라간 짧은 재킷과 카디건을 선택한다.

시각적으로 다리를 늘리고 균형을 유지하고 싶다면 롱 재킷과 카디건, 허리가 낮은 칼럼 드레스, 배 위가 아니라 배 아래에 벨트를 두른 롱 탑을 선택할 수 있다.

어쨌든 신체의 중심부는 불가피하게 넓어질 것이기 때문에, 앞서 언급했던 컬러 블록을 활용할 수 있다. 어두운 상의와 바지 위에 대비되는 밝은 색상의 재킷이 있는 아웃핏만큼 수직적으로 연출해 주는 것은 없다. 예를 들어 청바지와 어두운 탱크탑 위에 패턴이 있는 셔츠를 걸치고 버튼을 풀어놓거나 몸통을 따라 스카프를 늘어뜨린 모습을 상상해 보자. 또는 약간 타이트한 어두운 원피스 위에 대비되는 긴 카디건이나 조끼를 입는다고 생각해 보자. 컬러 블록의 개념은 여전히 신뢰할 만한 아이디어다!

임신 중 액세서리에 대해서는 특별한 언급이 필요하다. 이미 언급

임신 중에 체형이 변할까?

임신 중에는 호르몬의 영향으로 다양한 변화가 나타난다. 가장 뚜렷한 변화는 신체의 형태다. 직관적으로 볼 때 복부의 볼륨 증가는 체형의 비율과 실루엣을 변화시킨다. 임신 기간에 모래시계형(또는 8자형) 체형은 처음에는 직사각형에 가까워지고 마지막에는 다이아몬드형에 가까워질 수 있는데, 허리가 사라지고 복부에 볼륨이 추가되기 때문이다.

역삼각형 체형은 훨씬 더 특징적인 모습을 보이는데, 가슴과 복부가 다리와 비교하여 비대칭한 체형을 이루게 된다. 삼각형 체형은 가슴이 커지는 이점이 있지만, 약점은 허리 아래에 있으며 이때 무게중심의 균형이 특히 중요하다. 직사각형 체형은 균일하게 지속되지만 여전히 허리가 더 넓어지는 경향을 보인다. 다이아몬드형 체형은 특히 초기 단계에서 복부가 덜 돌출되고 더 넓어질 수 있다.

한 바와 같이, 의상에 부피를 추가하고 싶지 않은 곳에서도 색상과 활기를 더할 수 있으며, 무엇보다도 원하는 곳에 초점을 만들 수 있도록 도와준다. 귀걸이와 목걸이는 시선을 상체로 이끌어 줄 수 있으며, 특별한 스타킹이나 부츠는 다리를 강조할 수 있다. 독특한 핸드백, 화려한 모자 또는 컬러풀한 스카프는 어두운 색상의 의상을 선호하는 사람들에게 이상적이다.

옛 옷에서도 새로운 해결책을 찾고 창의성을 발휘할 수 있다. 키가 큰 고객 중 한 명은 임신 중 아름다운 롱스커트를 짧은 원피스로 변형시켰는데, 가슴에 고무줄을 달고 허리에 차던 벨트로 조여 고정했다. 높은 굽을 대신하여 편안하면서도 우아한 로퍼를 신으면 완성이다!

　마지막으로 작은 팁을 추가한다. 임신은 신체적인 측면뿐만 아니라 모든 면에서 변화의 시기다. 이 책의 주제와는 관련이 없기 때문에 임신의 심리적 영향에 대해 자세히 언급하지는 않겠다. 그러나 이 상황에서 관점의 전환에 대해 생각해 볼 수 있다. 어떤 대가를 치르더라도 숨기고 싶은 결점이었던 것이 사랑의 대상이 되고 자부심의 이유가 된다는 것은 놀라운 일이다. 복부가 커지기를 기다리고 다른 사람들이 임신 상태를 즉시 알아차리지 못할 때 실망하기도 한다. 최근 몇 년 동안 많은 고객이 임신 중에 나를 찾아왔는데, 살이 찐 것과 상관없이 자신의 몸에 대해 자유로움, 수용 및 사랑의 기회가 된 것을 보고 정말 기뻤다. 문제는 몸 자체가 아니라 우리가 몸에 대해 갖는 생각이라는 것을 다시 한번 강조하고 싶다.

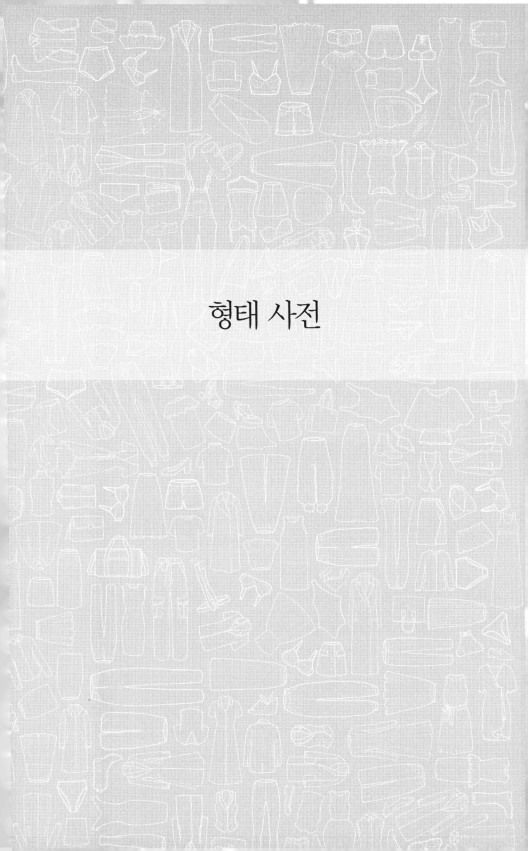

형태 사전

재킷과 베스트

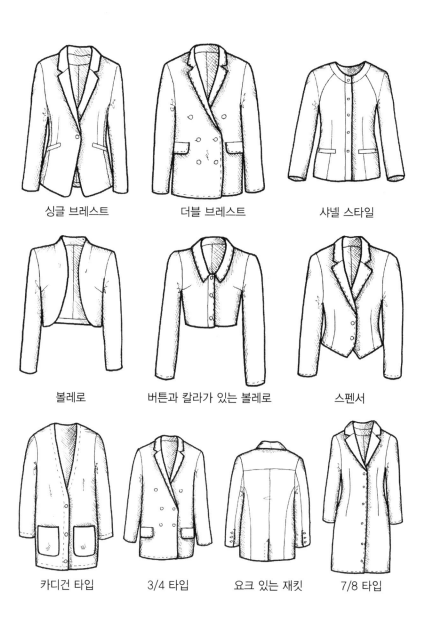

싱글 브레스트

더블 브레스트

샤넬 스타일

볼레로

버튼과 칼라가 있는 볼레로

스펜서

카디건 타입

3/4 타입

요크 있는 재킷

7/8 타입

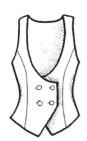

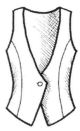

칼라가 없는
더블 브레스트

칼라가 있는
더블 브레스트

칼라가 있는
싱글 브레스트

칼라가 없는
싱글 브레스트

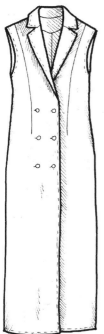

스포티한

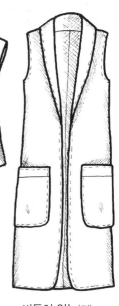

싱글 브레스트

맥시 롱 베스트

버튼이 없는(짧은)

버튼이 없는(긴)

뒷매듭(앞과 뒤)

재킷의 칼라

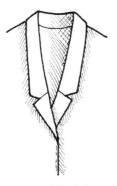

스포티한 칼라

모양이 있는 칼라

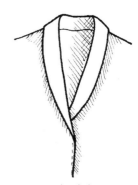

숄 칼라

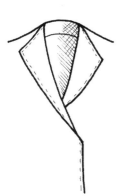

아메리칸 스타일

셰이프드 숄 칼라

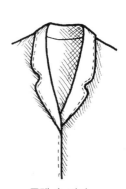

플랫 숄 칼라

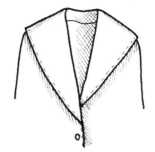

와이드 숄 칼라

코트와 망토

싱글 브레스트

더블 브레스트

레딩고트

색(sack) 재킷

로우 슬리브
(짧은 소매)

기모노 소매

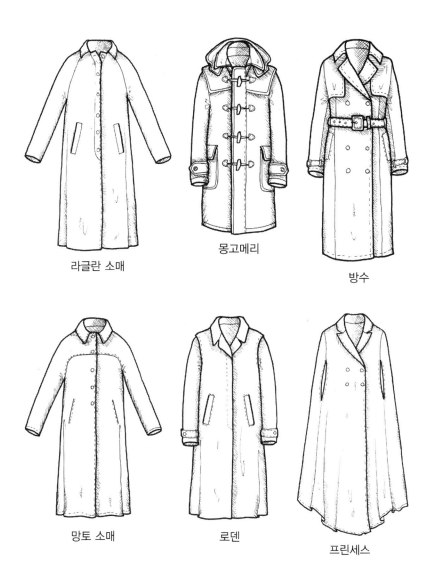

라글란 소매

몽고메리

방수

망토 소매

로덴

프린세스

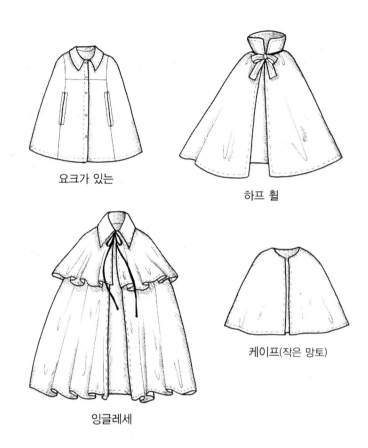

요크가 있는

하프 휠

잉글레세

케이프(작은 망토)

드레스

비대칭

비대칭

부드러운

엠파이어

열린형

찰스턴

프린세스

튜브

인어

벌룬

암포라

"X"

"A"

"H"

"Y"

삼각형

종(벨)

페플럼

소매

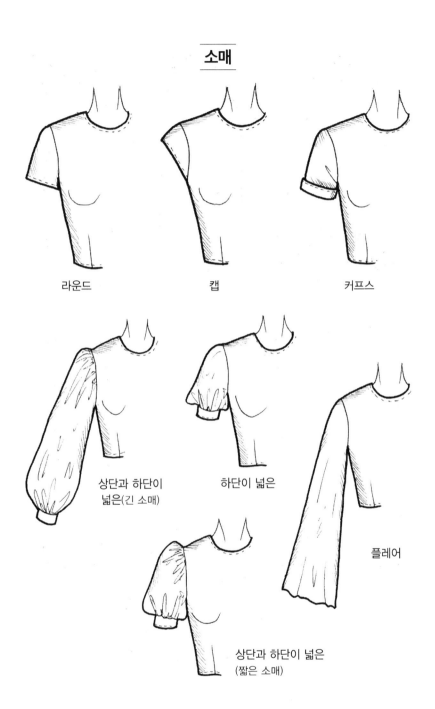

라운드

캡

커프스

상단과 하단이
넓은(긴 소매)

하단이 넓은

플레어

상단과 하단이 넓은
(짧은 소매)

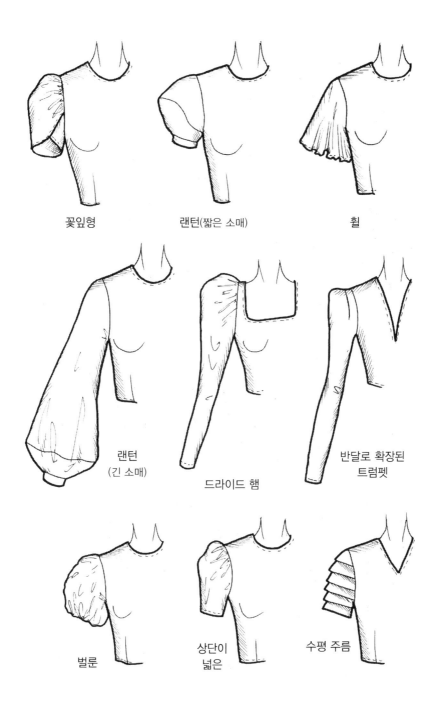

꽃잎형

랜턴(짧은 소매)

휠

랜턴
(긴 소매)

드라이드 햄

반달로 확장된
트럼펫

벌룬

상단이
넓은

수평 주름

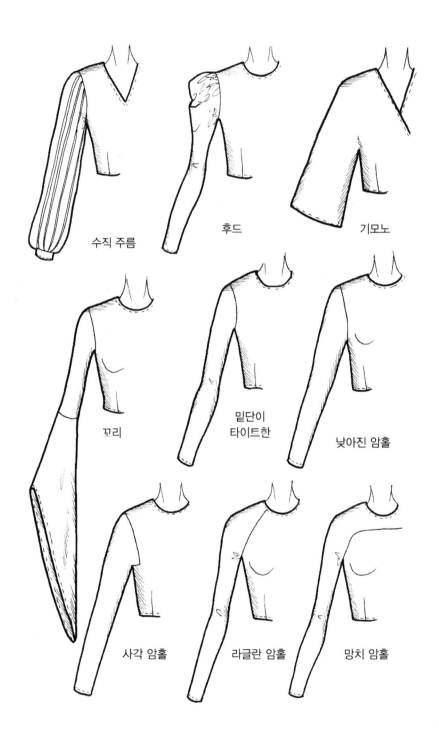

수직 주름

후드

기모노

꼬리

밑단이
타이트한

낮아진 암홀

사각 암홀

라글란 암홀

망치 암홀

속옷

퀼로트

노멀 브리프

엉덩이와
옆구리 높이

하이 브리프

T-백(G-스트링)

브라질리언

로우 퀼로트

끈

유지(보정)

밑가슴 밴드 없는 브라

윗가슴 밴드 있는 브라

어깨끈이 있는
발코니 브라

어깨끈이 없는
발코니 브라

클래식

A3 컷

코르셋

스포츠 브라

밴드

삼각형

수영복

삼각형

발코니

홀터 탑

밴드

판타지 비키니

트리키니
(비키니+비키니)

스커티니
(스커트+비키니)

탱키니
(탱크탑+비키니)

원피스

비대칭 원피스

셔츠

민소매

남성용 칼라가 있는

몸에 꼭 맞는

다트 없는

폴로

만다린 칼라

암홀에 프릴이 있는

스포츠 칼라

요크가 있는

프릴 블라우스

박쥐 슬리브 블라우스

페플럼이 있는 블라우스

슈미지에
(셔츠 드레스)

셔츠의 칼라

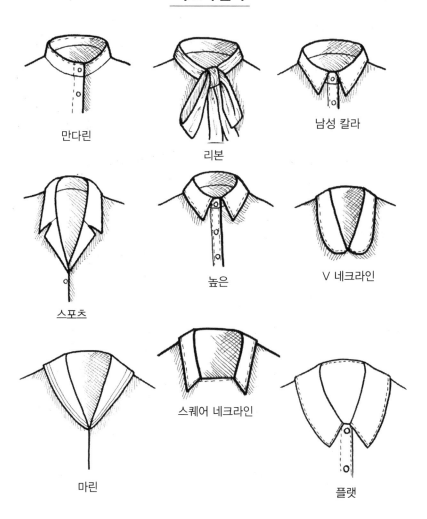

만다린

리본

남성 칼라

스포츠

높은

V 네크라인

마린

스퀘어 네크라인

플랫

네크라인

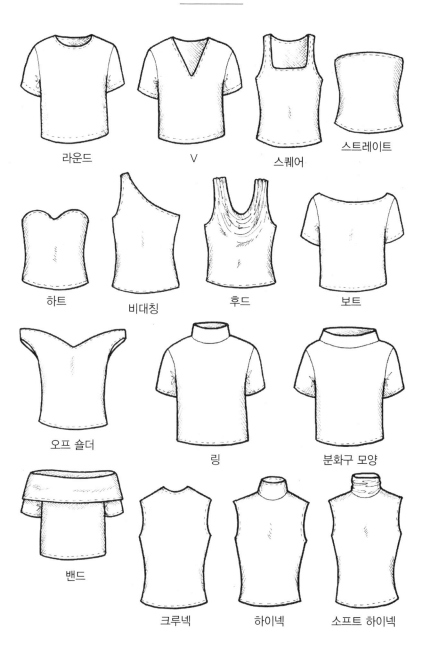

라운드

V

스퀘어

스트레이트

하트

비대칭

후드

보트

오프 숄더

링

분화구 모양

밴드

크루넥

하이넥

소프트 하이넥

바지

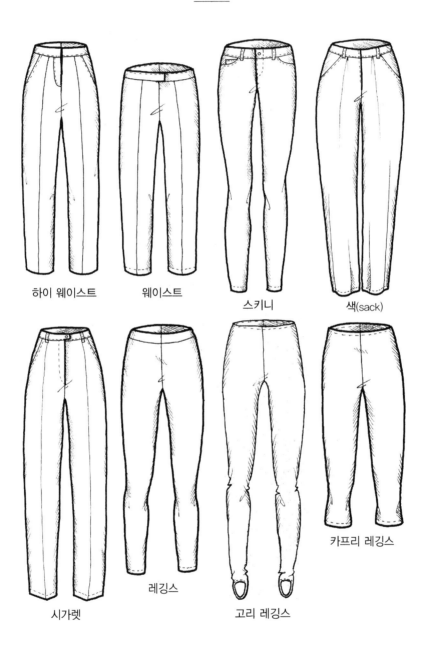

하이 웨이스트   웨이스트   스키니   색(sack)

시가렛   레깅스   고리 레깅스   카프리 레깅스

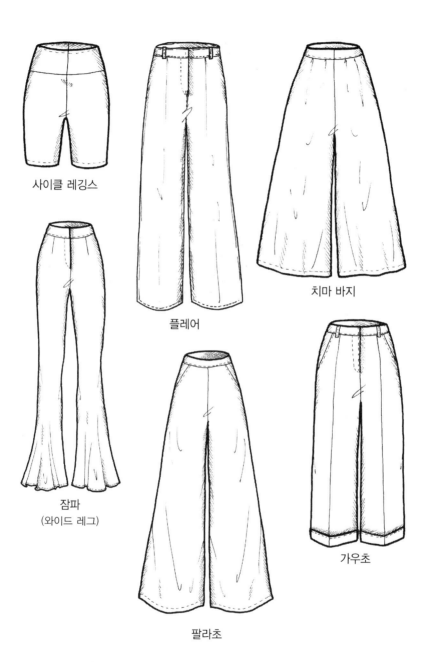

사이클 레깅스

플레어

치마 바지

잠파
(와이드 레그)

팔라초

가우초

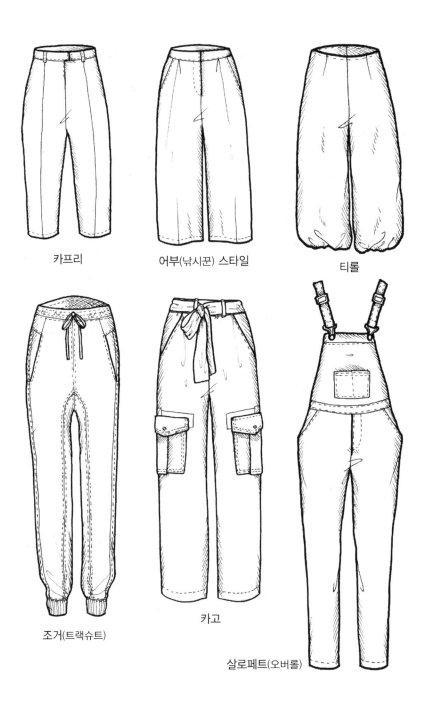

카프리

어부(낚시꾼) 스타일

티롤

조거(트랙슈트)

카고

살로페트(오버롤)

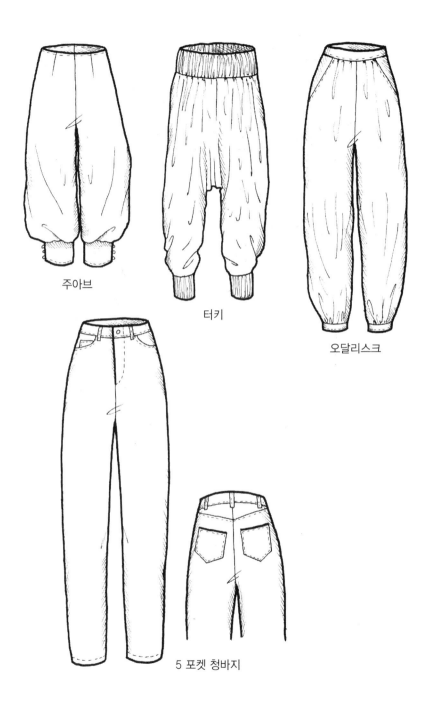

주아브

터키

오달리스크

5 포켓 청바지

진 반바지   반바지   스포츠 반바지

버뮤다   스포츠 버뮤다

주머니

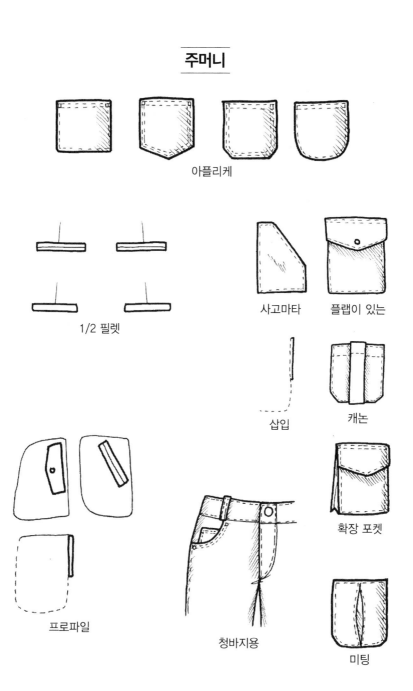

아플리케

1/2 필렛

사고마타

플랩이 있는

삽입

캐논

확장 포켓

프로파일

청바지용

미팅

스커트

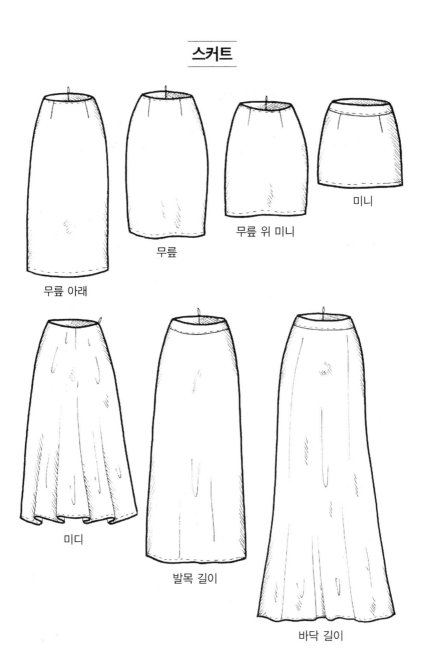

무릎 아래

무릎

무릎 위 미니

미니

미디

발목 길이

바닥 길이

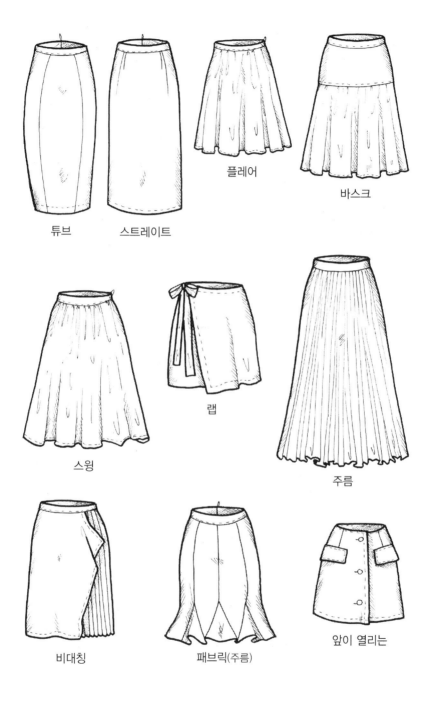

튜브

스트레이트

플레어

바스크

스윙

랩

주름

비대칭

패브릭(주름)

앞이 열리는

플리츠

수평 줄무늬

프릴

러플

페플럼

드레이프

벌룬

진

하이 웨이스트

로우 웨이스트

가방

클러치

키스 락 클러치

리스틀릿

새들

퀼팅

버킷

바게트

플랩

실린더

수제품(핸드메이드)

쇼퍼

토트백

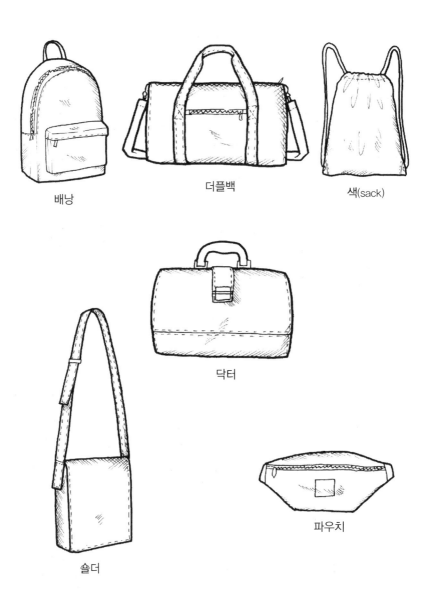

배낭

더플백

색(sack)

닥터

숄더

파우치

벨트

하이 벨트

로우 벨트

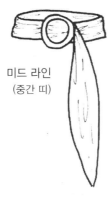

미드 라인
(중간 띠)

로우 밴드

하이 밴드

신발

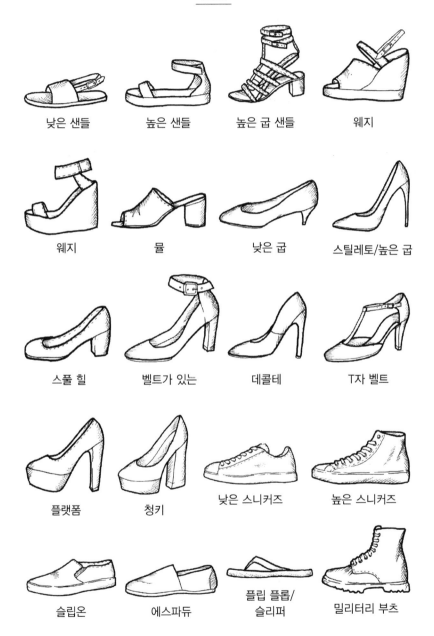

낮은 샌들

높은 샌들

높은 굽 샌들

웨지

웨지

뮬

낮은 굽

스틸레토/높은 굽

스풀 힐

벨트가 있는

데콜테

T자 벨트

플랫폼

청키

낮은 스니커즈

높은 스니커즈

슬립온

에스파듀

플립 플롭/
슬리퍼

밀리터리 부츠

플랫 슈즈

모카신

발목이 높고
굽이 낮은 부츠

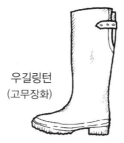

종아리까지 오는 부츠

무릎 위로
올라오는 부츠

우길링턴
(고무장화)

컨트리

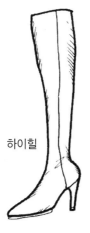

하이힐

두꺼운 굽

패턴과 프린트

핀스트라이프 (가는 줄무늬)	기린	점무늬 (얼룩무늬)	세로 줄무늬
바둑판	파이썬	물방울	웨일스 체크
수평선	수직선	가시 무늬	타탄
홀치기 염색	얼룩말	페이즐리	플로럴

결론

이 책에는 내 전문적인 경험을 모두 담았다. 기술적이고 방법론적인 측면은 물론, 최근 몇 년 동안 실제 만난 사람들의 이야기로 인간적인 경험도 포함되어 있다. 평생 동안 잘못 느끼거나 부적합하다는 느낌, 계속해서 비판받고, 비현실적이고 이루기 어려운 외모 기준에서 배제된 여성들의 이야기다. 이 책의 목표는 여러분에게 자신의 몸을 새로운 시각으로 바라보는 방법을 안내하는 것이었다. 그것은 자연의 경이로움과 기하학적인 법칙, 신의 완벽함과 연관되며, 또한 고대 예술의 아름다움과 우아함, 그리고 진정성과 관련되어 있다.

따라서 이 책이 비율 게임에 대한 안내서 이상이 되기를 바란다. '게임'이라는 단어를 사용하는 이유는 특별한 장소에 갈 때 옷을 선택하거나 청바지를 사는 것이 재미있고 보람차고 기쁜 경험이 되기를 원하기 때문이다. 그리고 모두에게 실제로 그럴 수 있기를 바란다.

"어제의 패션은 동일해지고 자기 자신을 잃는 것을 의미했지만, 오늘의 패션은 독특해지고 자기 자신을 발견하는 것을 의미한다"라는 글로리아 스타이넘(Gloria Steinem)의 말은 정확히 그 핵심을 잘 포착했다. 이것이 바로 내가 가치를 인정하고 수정하는 것이 아니라 재평가하고 숨기지 않는 것이 중요하다고 여러 번에 걸쳐 강조한 이유다. 자신의 독특함을 받아들이고 더 사랑하는 것을 배워야만 최선을 다할 수 있고, 단지 외적으로만이 아니라 내적으로도 더 나은 존재가 될 수 있다.

우리는 자신의 형태에 대해 더 관대해지고, 그것을 애정을 가지고 바라보는 법을 배워야 한다. 좋든 나쁘든 우리 몸의 형태는 평생 동안 우리와 함께하기 때문이다. 우리 몸의 형태를 올바르고 가치 있게 만드는 즐거움을 경험해 보자!

우리는 종종 너무 완벽주의자가 되고, 너무 요구가 많고, 자신에게 너무 엄격해지는데, 이것은 심각한 불편함을 초래한다. 몸은 절대로 잘못되지 않았으며 부적절하지 않다는 것을 기억하라. 종종 잘못된 옷 때문에 굴욕감을 느낄 뿐이다. 여러분이 이 책을 통해 자신의 형태의 아름다움과 자부심을 갖는 방법을 (다시) 발견했기를 바란다.

옷의 사이즈나 체중계의 숫자에 낙담하지 마라. 그 숫자는 여러분을 대변하지 않고, 여러분의 가치를 측정하지 않으며, 여러분이 어떤 사람인지를 말하지 않는다. 그리고 여러분의 형태를 말해주지도 않는다. 계속해서 시도해 보라. 덜 다니는 길을 따라가 보라. 그렇게 하면 여러분의 스타일을 찾게 될 것이다.

옷이 당신에게 어울리지 않는다면? 그 옷이 잘못된 것이다. 다른 스타일을 시도해 보라! 사회가 그 기준에 따라 여러분이 아름답지 않다고 여긴다면? 그 사회가 잘못되었다. 거기서 빠져나와라! 다른 사람들과 비교해 불편해진다면? 비교 자체가 잘못되었다. 여러분은 독특하다!

감사의 글

최근 몇 년 동안 컨설팅 과정에 함께한 모든 분들께 감사의 인사를 전하고 싶다. 그들의 이야기가 나에게 더 높은 수준과 인간성을 바탕으로 이미지를 다루는 것에 대해 사고할 수 있게 해주었다. 또한 소셜 미디어에서 애정을 가지고 나를 팔로우하고 매일 나와 함께 작은 불안과 큰 감동을 공유한 모든 분들께 감사의 말씀을 드린다. 그들이 있어서 이 책에 담긴 많은 사고들이 가능했다.

《색깔의 힘(Armocromia)》 출간 이후 나에게 형태에 대한 책을 출판해 달라고 요청해 주신 모든 분들께도 감사드린다. 이 새로운 출판 프로젝트를 시작하게 된 것은 그들 덕분이다. 그리고 출판이 가능하도록 모든 면에서 지원해준 발라르디(Vallardi) 출판편집팀에 감사드린다.

나와 함께 일하는 모든 분들께 진심으로 감사드린다. 우리 여성팀은 여성은 팀으로 일하는 방법을 모른다는 말에 반론하며 매일 그이상을 해내고 있다. 우리는 더 많은 것을 이루고, 가족처럼 지내며, 그것이 우리의 힘과 자부심이다.

나의 가족인 어머니와 여동생, 그리고 나를 사랑해 주시는 모든 분들께 감사드린다. 특히 가장 친한 친구 이레네(Irené)에게 고마움을 전한다. 내가 이 책에 생명을 불어넣고 있는 동안 그녀는 기적과 같이 뱃속에 아름다운 아기를 품고 있었다.

열정과 애정을 가지고 나를 응원해준 내 아이에게도 감사의 말을 전하고 싶다. 아이의 눈은 형태와 사람들의 '다양성'을 보지 않으며, 나는 아이에게 그것을 가르치지 않기로 다짐한다.

이 모든 것이 이루어질 수 있도록 열심히 일하고 노력하는 나 자신에게도 감사하고 싶다. 자신에게 감사하는 것이 이상하게 들릴 수 있지만, 우리는 더 자주 자신에게 감사해야 한다. 자신의 가치를 인정하는 것이 자신을 사랑하는 방법이기 때문이다. 우리의 형태를 사랑하는 것처럼 말이다.

삽화 출처

p.166, Luis Ricardo Falero, *La favorita*, 1880, Collezione privata (Photo ©
   Christie's Images / Bridgeman Images).

p.176, Edvard Munch, *Madonna*, 1894-1895, Oslo, Nasjonalgalleriet (Photo ©
   O. Vaering / Bridgeman Images).

p.184, Herbert Gustave Schmalz, *Eva in esilio*, Collezione privata (Photo ©
   Christie's Images / Bridgeman Images).

p.192, Jean-Auguste-Dominique Ingres, *La bagnante di Valpinçon*, 1808,
   Parigi, Museo del Louvre (Bridgeman Images).

p.200, John Singer Sargent, *Madame X*, 1883-1884, New York, Metropolitan
   Museum of Art (Bridgeman Images).

p.208, Agnolo di Cosimo, detto il Bronzino, *Allegoria del Trionfo di Venere*,
   1540-1545, Londra, National Gallery (Bridgeman Images).

찾아보기

패션 디자이너를 위한

형태의 힘

초판 1쇄 인쇄 | 2024년 10월 10일
초판 1쇄 발행 | 2024년 10월 15일

지은이 | 로셀라 밀리아치오
옮긴이 | 음경훈
펴낸이 | 조승식
펴낸곳 | 도서출판 북스힐
등록 | 1998년 7월 28일 제22-457호
주소 | 서울시 강북구 한천로 153길 17
전화 | 02-994-0071
팩스 | 02-994-0073
인스타그램 | @bookshill_official
블로그 | blog.naver.com/booksgogo
이메일 | bookshill@bookshill.com

정가 23,000원
ISBN 979-11-5971-555-6